普通高等教育“十三五”规划教材

概率论与数理统计教程

（第2版）

主　编　戴立辉
副主编　魏首柳　林　苗
任　丽　林志宝

同濟大學出版社
TONGJI UNIVERSITY PRESS
·上海·

内 容 提 要

本书按照教育部工科及经济管理类"本科数学基础课程教学基本要求",结合当前大多数本专科院校的学生基础和教学特点编写而成.全书以通俗易懂的语言,全面而系统地讲解"概率论与数理统计"的基本知识,包括随机事件及其概率、随机变量及其分布、多维随机变量及其分布、随机变量的数字特征、大数定律与中心极限定理、数理统计的基本概念、参数估计、假设检验共8章内容.每章分若干节,每节配有习题,同时每章还配有总习题,书末附有习题和总习题的参考答案.

本书理论系统,举例丰富,讲解透彻,难度适宜,适合作为普通高等院校工科类、理科类(非数学专业)、经济管理类有关专业的概率论与数理统计课程的教材使用,也可供部分专科院校选用为同类课程教材,还可作为相关专业人员和广大教师的参考用书.

图书在版编目(CIP)数据

概率论与数理统计教程 / 戴立辉主编. -- 2版. -- 上海:同济大学出版社,2019.8(2023.7重印)

ISBN 978-7-5608-8613-8

Ⅰ.①概… Ⅱ.①戴… Ⅲ.①概率论—高等学校—教材②数理统计—高等学校—教材 Ⅳ.①O21

中国版本图书馆CIP数据核字(2019)第146289号

普通高等教育"十三五"规划教材

概率论与数理统计教程(第2版)

主编 戴立辉 **副主编** 魏首柳 林 苗 任 丽 林志宝

责任编辑 陈佳蔚 **责任校对** 徐逢乔 **封面设计** 潘向蓁

出版发行 同济大学出版社 www.tongjipress.com.cn

(地址:上海市四平路1239号 邮编:200092 电话:021-65985622)

经 销 全国各地新华书店

印 刷 大丰科星印刷有限责任公司

开 本 710 mm×960 mm 1/16

印 张 15

字 数 300 000

版 次 2019年8月第2版

版 次 2023年7月第6次印刷

书 号 ISBN 978-7-5608-8613-8

定 价 39.00元

前　言

本书自2015年第1版出版以来，就被一些高校采用作为教材．历经几年教学实践的检验，受到广大使用院校教师和学生的欢迎，得到了广大读者的肯定，已先后重印了4次．

几年来，许多专家、学者和教师对本书提出了宝贵的改进意见，在此特向他们表示感谢．

此次我们根据在教学实践中积累的一些经验，并吸取使用本书的同行们所提出的宝贵意见，对部分内容做了修改，成为第2版．

我们在保持第1版的优点和特色的基础上，对一些内容进行了修订，对文字及符号等方面做了全面修订，删除了第8章中"分布的拟和检验"．将每章的习题进行了调整，并增加了总习题．

本次修订工作由戴立辉、魏首柳、林苗、任丽、林志宝共同完成，具体分工如下：戴立辉负责第1章、第2章和第3章，魏首柳负责第4章，林苗负责第5章、第6章，任丽负责第7章，林志宝负责第8章．全书由戴立辉统稿并定稿．

尽管本书经过了修订，但由于编者水平和学识有限，书中如有不当和疏漏之处，敬请广大专家、各位同行和读者不吝赐教，继续给予批评与指正．

戴立辉

2019年8月

第 1 版前言

“概率论与数理统计”是普通高等院校各专业普遍开设的一门重要的公共基础课程，是研究随机现象的一门数学课程，具有较强的应用性，在培养具有良好数学素质及应用型人才方面起着特别重要的作用. 为了更好地适应当前我国高等教育跨越式发展的需要，满足我国高校从“精英型教育”向“大众化教育”的重大转变过程，满足大多数高等院校出现的新的教学形势、学生基础和教学特点，我们编写了这本教材，书名定为“概率论与数理统计教程”.

在编写本书的过程中，我们严格执行教育部“数学与统计学教学指导委员会”最新修订的工科及经济管理类“本科数学基础课程（概率论与数理统计部分）教学基本要求”，同时参考了近几年来国内出版的有关教材. 编写中，我们适当兼顾全国研究生入学考试数学考试大纲的要求（概率论与数理统计部分），并深入结合编者的一线教学经验.

全书以通俗易懂的语言，深入浅出地讲解概率论与数理统计的基本知识，包括随机事件及其概率、随机变量及其分布、多维随机变量及其分布、随机变量的数字特征、大数定律与中心极限定理、数理统计的基本概念、参数估计、假设检验 8 章内容. 每章分若干节，每节配有习题，书末附有习题的参考答案.

本书各章的主要内容如下：

第 1 章随机事件及其概率，讲解随机事件及其运算、随机事件的概率及其性质、条件概率与全概率公式及贝叶斯公式、随机事件的独立性与伯努利概型.

第 2 章随机变量及其分布，包括随机变量及其分布函数、离散型随机变量及其分布律、连续型随机变量及其概率密度、随机变量函数的分布.

第 3 章多维随机变量及其分布，讲解二维随机变量及其分布、二维离散型随机变量及其分布、二维连续型随机变量及其分布、随机变量的独立性、二维随机变量函数的分布.

第 4 章随机变量的数字特征，涉及随机变量的数学期望、随机变量的方差、随机变量的协方差与相关系数及矩.

第5章大数定律与中心极限定理,介绍切比雪夫不等式、切比雪夫大数定律、伯努利大数定律和辛钦大数定律,介绍独立同分布中心极限定理和棣莫佛-拉普拉斯中心极限定理.

第6章数理统计的基本概念,包括总体与样本、直方图、统计量与样本矩,以及 χ^2 分布、t 分布和 F 分布三个重要分布与正态总体的抽样分布定理.

第7章参数估计,包括参数的点估计、估计量的评选标准和参数的区间估计.

第8章假设检验,介绍假设检验的基本思想与步骤、单个正态总体均值与方差的检验、两个正态总体均值与方差的检验、分布的拟和检验.

本书理论系统,举例丰富,讲解透彻,难度适宜,适合作为普通高等院校工科类、理科类(非数学专业)、经济管理类有关专业的概率论与数理统计课程的教材使用,也可供部分专科院校选用为同类课程教材,还可作为相关专业人员和广大教师的参考用书.

本书由戴立辉主编,林大华、林苗副主编.戴立辉编写第1章、第2章、第3章和第4章,林大华编写第5章和第6章,林苗编写第7章和第8章.全书经过编者的充分讨论,最后由戴立辉修改、统稿并定稿.

在本书的编写过程中,得到了作者单位闽江学院以及同济大学出版社的大力支持和热情帮助,在此一并表示衷心的感谢!

由于编者水平和学识有限,书中不当和疏漏之处在所难免,敬请各位同行和读者不吝赐教,并批评指正.

戴立辉

2015年10月

目　录

第 1 章　随机事件及其概率

在自然界和人类社会生活中普遍存在着两类现象：一类是**确定性现象**，另一类是**随机现象**．所谓确定性现象，是指在一定条件下必然发生的现象．如太阳从东方升起；树上苹果成熟后，在地心引力作用下一定下落；在标准大气压下，水被加热到100℃时一定沸腾等．随机现象则是在个别试验中事先无法准确预知其结果，但在大量重复试验中其结果呈现出规律性的现象，如掷一枚硬币，可能正面朝上，也可能反面朝上；从一批产品中任取一件产品，可能是次品，也可能不是次品；某网站在某时段的点击量；等等．

概率论与数理统计是研究随机现象统计规律性的一门数学学科，其理论与方法应用非常广泛，几乎遍及所有科学技术领域、工农业生产、国民经济以及我们的日常生活．

本章主要介绍随机事件及其概率，包括事件概率的概念、基本性质、计算公式和事件的独立性等，它们是概率论中最基本、最重要的内容之一．

1.1　随机事件及其运算

1.1.1　随机试验与样本空间

我们遇到过各种试验，包括各种各样的科学实验．在这里，我们把试验作为一个含义广泛的术语，对某一事物的某一特征的观察也认为是一种试验．为了研究随机现象的统计规律性，我们需要进行各种试验．

在概率论与数理统计中，一个试验如果具有以下三个特点：

(1) 可重复性．在相同条件下可以重复进行．

(2) 可观察性．每次试验的可能结果不止一个，并且能事先明确试验的所有可能结果．

(3) 不确定性．进行一次试验之前，不能预知会出现哪一个结果．

则称这样的试验是**随机试验**，也简称为**试验**，用 E 来表示．

我们是通过随机试验来研究随机现象的.

我们将随机试验 E 的所有可能结果组成的集合称为 E 的样本空间,记作 Ω. 样本空间 Ω 的元素,即 E 的每个结果,称为样本点,记作 $\omega_1, \omega_2, \cdots$. 显然 $\Omega=\{\omega_1, \omega_2, \cdots\}$.

例 1.1 写出下列六个随机试验的样本空间.

E_1: 抛一枚硬币,观察正面 H、反面 T 出现的情况;

E_2: 将一枚硬币抛掷两次,观察正面 H、反面 T 出现的情况;

E_3: 将一枚硬币抛掷两次,观察正面 H 出现的次数;

E_4: 抛一颗均匀骰子,观察出现的点数;

E_5: 记录某城市 114 电话号码查询台一昼夜接到的呼叫次数;

E_6: 在一批节能灯泡中任意抽取 1 只,测试它的寿命.

解 这六个试验 $E_1, E_2, \cdots, E_6$ 的样本空间分别是

$\Omega_1=\{H, T\}$;

$\Omega_2=\{HH, HT, TH, TT\}$;

$\Omega_3=\{0, 1, 2\}$;

$\Omega_4=\{1, 2, 3, 4, 5, 6\}$;

$\Omega_5=\{0, 1, 2, \cdots\}$;

$\Omega_6=\{t \mid t \geqslant 0\}$.

需要注意的是,样本空间的元素是由试验的目的所确定的. 例如,在例 1.1 中, E_2 和 E_3 中同是将一枚硬币抛掷 2 次,由于试验的目的不一样,其样本空间也不一样.

1.1.2 随机事件、事件的关系与运算

人们在进行随机试验时,常常关心满足某种条件的那些样本点所组成的集合. 例如,若规定某种节能灯泡的寿命小于 500 h 为次品,则在例 1.1 中的 E_6 中关心是否有 $t \geqslant 500$, 满足这个条件的样本点组成 Ω_6 的一个子集 $A=\{t \mid t \geqslant 500\}$. 我们称 A 为试验 E_6 的一个随机事件. 显然,当且仅当子集 A 中的一个样本点出现时,有 $t \geqslant 500$.

一般地,我们称试验 E 的样本空间 Ω 的子集为 E 的**随机事件**,简称事件. 在每次试验中,当且仅当这一子集中的一个样本点出现时,称这一事件发生.

我们常用大写字母 A, B, C 等表示随机事件.

特别地,由一个样本点组成的单点集,称为**基本事件**. 例如,例 1.1 中的试验 E_1 有两个基本事件 $\{H\}$ 和 $\{T\}$; 试验 E_4 有六个基本事件 $\{1\}, \{2\}, \cdots, \{6\}$.

样本空间 Ω 包含所有的样本点,它是 Ω 自身的子集,在每次试验中它总

是发生的，称为**必然事件**. 空集$\varnothing$不包含任何样本点，它也作为样本空间的子集，它在每次试验中都不发生，称为**不可能事件**. 必然事件与不可能事件本质上不具有“不确定性”，但是为了讨论问题方便，将其看作是特殊的随机事件.

既然事件是样本空间的一个集合，所以事件之间的关系与运算可参照集合之间的关系和运算来处理.

设试验 E 的样本空间为 Ω，而 A, B, $A_k(k=1, 2, \cdots)$ 是 Ω 的子集.

1. 事件的包含

若事件 A 发生必然导致事件 B 发生，则称事件 B 包含 A，记作 $A \subset B$ 或 $B \supset A$.

例如，例 1.1 中的试验 E_4，$A=\{$出现点数为 6$\}$这一事件发生就导致事件 $B=\{$出现点数为偶数$\}$的发生. 因为出现点数为 6 点意味着偶数点出现了，所以 $A \subset B$.

“A 发生必然导致 B 发生”意味着“属于 A 的样本点 ω 必然属于 B”，即 A 中的样本点全在 B 中，用维恩(Venn)图表示，如图 1-1 所示.

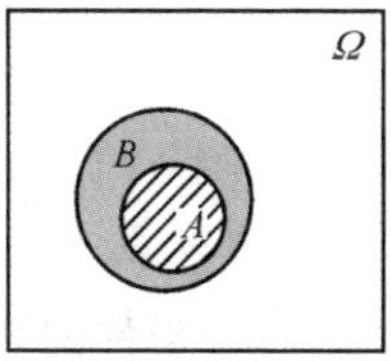

图 1-1　$A \subset B$

显然，对任意事件 A, B, C 有

①$A \subset A$；②$\varnothing \subset A \subset \Omega$；③若 $A \subset B$, $B \subset C$, 则 $A \subset C$.

2. 事件的相等

若事件 A 包含事件 B，且事件 B 包含事件 A，即 $A \subset B$ 和 $B \subset A$ 同时成立，则称事件 A 与事件 B **相等**，记作 $A=B$.

3. 事件的和

若事件 A 与 B 中至少有一个事件发生，即事件 A 发生或事件 B 发生，则这个事件称为事件 A 与 B 的**和**(或**并**)**事件**，记作 $A \cup B$，如图 1-2 所示.

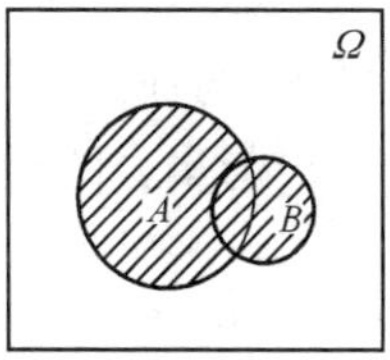

图 1-2　$A \cup B$

用集合表示为 $A \cup B=\{x \mid x \in A$ 或 $x \in B\}$.

显然有① $A \cup A=A$；② $A \subset A \cup B$, $B \subset A \cup B$；③若 $A \subset B$，则 $A \cup B=B$. 特别地，$A \cup \Omega=\Omega$, $A \cup \varnothing=A$.

类似地，n 个事件 A_1, A_2, $\cdots$, A_n 的并 $\bigcup_{i=1}^{n} A_i=A_1 \cup A_2 \cup \cdots \cup A_n$ 表示“A_1, A_2, $\cdots$, A_n 中至少有一个发生”；可列无限个事件 A_1, A_2, $\cdots$, A_n, $\cdots$的并 $\bigcup_{i=1}^{\infty} A_i=A_1 \cup A_2 \cup \cdots \cup A_n \cup \cdots$ 表示“A_1, A_2, $\cdots$, A_n, $\cdots$ 中至少有一个发生”.

4. 事件的积

若事件 A 与事件 B 同时发生，即事件 A 发生且事件 B 发生，则这个事件称为事件

A与B的**积(或交)事件**,记作AB(或$A\cap B$),如图1-3所示.

用集合表示为$AB=\{x\mid x\in A$且$x\in B\}$.

显然有① $AB\subset A$, $AB\subset B$; ②若$A\subset B$,则$AB=A$. 特别地,$A\Omega=A$, $\varnothing A=\varnothing$.

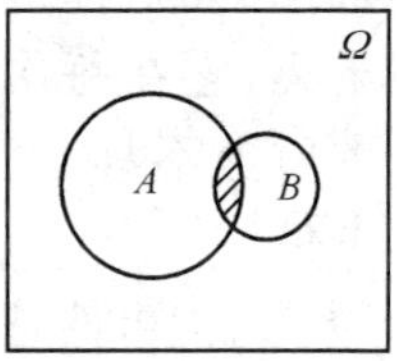

图1-3 AB

类似地,n个事件A_1, A_2, …, A_n的积$\bigcap\limits_{i=1}^{n}A_i=A_1\cap A_2\cap\cdots\cap A_n$表示"$n$个事件$A_1$, A_2, …, A_n同时发生";可列无限个事件A_1, A_2, …, A_n, …的积$\bigcap\limits_{i=1}^{\infty}A_i=A_1\cap A_2\cap\cdots\cap A_n\cap\cdots$表示"$A_1$, A_2, …, A_n,…同时发生".

5. 互逆事件

若事件A与B中至少有一个事件要发生,而且A与B不能同时发生,则称事件B为事件A的**逆事件**或**对立事件**,记作$\overline{A}$. 如图1-4中的阴影部分.

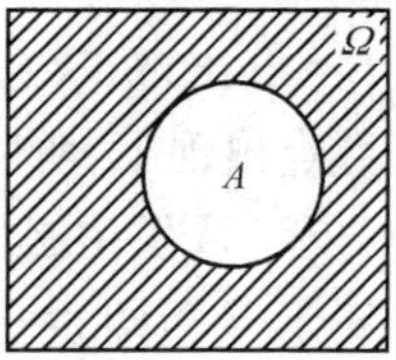

图1-4 $\overline{A}$

显然有$A\overline{A}=\varnothing$且$A\cup\overline{A}=\Omega$.

6. 事件的差

若事件A发生而事件B不发生,则这个事件称为事件A与B的**差事件**,记作$A-B$,如图1-5所示.

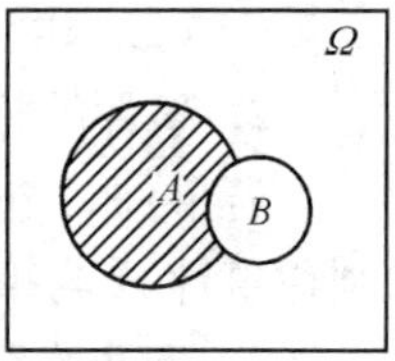

图1-5 $A-B$

用集合表示,$A-B=\{x\mid x\in A$但$x\notin B\}$.

显然有$A-B=A\overline{B}$, $\overline{A}=\Omega-A$.

7. 互不相容事件

若事件A与事件B不可能同时发生,即$AB=\varnothing$,则称事件A与B **互不相容或互斥**,如图1-6所示.

显然有①同一个试验中各个基本事件是两两互不相容的;② $\varnothing$与任意事件互不相容.

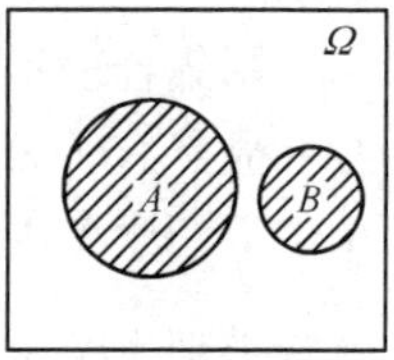

图1-6 $AB=\varnothing$

与集合的运算一样,事件的运算有如下的运算律.

(1) 交换律. $A\cup B=B\cup A$, $AB=BA$.

(2) 结合律. $A\cup(B\cup C)=(A\cup B)\cup C$,

$A(BC)=(AB)C$.

(3) 分配律. $A(B\cup C)=(AB)\cup(AC)$,

$A\cup(BC)=(A\cup B)(A\cup C)$.

(4) 对偶律(德·摩根律).

$$\overline{A\cup B}=\overline{A}\,\overline{B},\ \overline{AB}=\overline{A}\cup\overline{B};\quad \overline{\bigcup_{i=1}^{n}A_i}=\bigcap_{i=1}^{n}\overline{A_i},\ \overline{\bigcap_{i=1}^{n}A_i}=\bigcup_{i=1}^{n}\overline{A_i}.$$

例1.2 在例1.1中,对E_2,事件"第一次出现H"可表示为$A=\{HH$,

$HT\}$；事件“两次出现同一面”可表示为 $B=\{HH, TT\}$. 试求 $A\cup B$, AB, $A-B$, $\overline{A\cup B}$.

解　由例 1.1,样本空间 $\Omega=\{HH, HT, TH, TT\}$，于是

$$A\cup B=\{HH, HT, TT\},\quad AB=\{HH\},$$
$$A-B=\{HT\},\quad \overline{A\cup B}=\Omega-(A\cup B)=\{TH\}.$$

例 1.3　某人连续三次购买体育彩票,每次一张,令 A, B, C 分别表示其第一、二、三次所买的彩票中奖的事件. 试用 A, B, C 及其运算表示下列事件：

(1)第三次未中奖；(2)只有第三次中了奖；(3)恰有一次中奖；(4)至少有一次中奖；(5)不止一次中奖；(6)至多中奖两次.

解　(1) $\overline{C}$；(2) $\overline{A}\,\overline{B}C$；(3) $A\overline{B}\overline{C}\cup\overline{A}B\overline{C}\cup\overline{A}\overline{B}C$；(4) $A\cup B\cup C$；(5) $AB\cup AC\cup BC$；(6) $\overline{ABC}$ 或 $\overline{A}\cup\overline{B}\cup\overline{C}$.

习题 1.1

1. 写出下列试验的样本空间.

(1) 抛一枚硬币 3 次,观察所得结果；

(2) 口袋中有 3 个红球和 2 个白球,现从中任取一个球,观察其颜色；

(3) 记录一个小班一次数学考试的平均分数(以百分制记分)；

(4) 某十字路口每小时通过的机动车数量；

(5) 生产产品直到得到 10 件正品,记录生产产品的总件数.

2. 用事件 A, B, C 的运算关系式表示下列各事件.

(1) A, B, C 都发生；　(2) A, B, C 都不发生；

(3) A, B, C 不都发生；　(4) A 发生, B, C 不发生；

(5) A, B, C 中至少一个发生；　(6) A, B, C 中恰有一个发生；

(7) A, B, C 中至少两个发生；　(8) A, B, C 中至多只有一个发生.

3. 将一枚骰子连掷两次,令 A 表示“两次掷出的点数相同”, B 表示“点数之和为 10”, C 表示“最小点数是 4”,求下列事件所包含的样本点.

(1) $A\cup B$; (2) ABC; (3) $A-C$; (4) $C-A$; (5) $B\overline{C}$.

4. 设一名工人生产了 4 个零件,用事件 A_i 表示这名工人生产的第 i 个零件是不合格品 ($i=1, 2, 3, 4$),试用各 A_i 的运算表示下列各事件.

(1) 没有一个是不合格品；(2) 全部都是不合格品；(3) 至少有一个是不合格品；(4) 恰好有一个是不合格品.

5. 试叙述下列事件的对立事件.

(1) $A=$“投掷两枚硬币,都出现正面”；(2) $B=$“射手射击 3 次,都命中目标”；(3) $C=$“加工 4 个产品,至少有 1 个正品”；(4) $D=$“甲种产品畅销,乙种产品滞销”.

6. 举例说明下列说法不正确.

(1) 若事件 A, B 互不相容,则 A, B 互为对立事件;

(2) 若三事件 A, B, C 互不相容,则 A, B, C 两两互不相容.

7. 试问下列命题是否成立?

(1) $A-(B-C)=(A-B)\cup C$; (2)若 $AB=\varnothing$ 且 $C\subset A$, 则 $BC=\varnothing$;

(3) $(A\cup B)-B=A$; (4) $(A-B)\cup B=A$.

1.2 随机事件的概率及其性质

随机事件在一次试验中是否发生虽然不能确定,但让人感兴趣的是随机事件在一次试验中发生的可能性有多大.概率就是用来描述随机事件发生的可能性大小的.本节首先引入频率的概念,它描述了事件发生的频繁程度,进而引出表征事件在一次试验中发生的可能性大小的数——概率.

在本节,我们首先介绍概率的统计定义,其次探讨两种特殊的概率模型——古典概型和几何概型,然后在此基础上介绍概率的公理化定义,并研究概率的基本性质.

1.2.1 概率的统计定义

定义 1.1 在相同的条件下,进行了 n 次试验,在这 n 次试验中,事件 A 发生的次数 n_A 称为事件 A 发生的频数,比值 $\frac{n_A}{n}$ 称为事件 A 发生的**频率**,记为 $f_n(A)$. 即有 $f_n(A)=\frac{n_A}{n}$.

根据定义 1.1,容易得出频率的下列性质.

(1) 非负性. 对任意事件 A, 有 $0\leqslant f_n(A)\leqslant 1$.

(2) 规范性. 对必然事件 Ω, 有 $f_n(\Omega)=1$.

(3) 可加性. 若 A_1, A_2, …, A_k 是两两互不相容的事件,则

$$f_n(\bigcup_{i=1}^{k} A_i)=\sum_{i=1}^{k} f_n(A_i).$$

由于事件 A 发生的频率是它发生的次数与试验次数之比,其大小表示事件 A 发生的频繁程度.频率大,事件 A 发生频繁,这意味着 A 在一次试验中发生的可能性就大;反之亦然.因而,直观的想法是用事件 A 的频率来表示 A 在一次试验中发生的可能性的大小.这是否可行呢?我们先看下面的例子.

例 1.4　考虑著名的抛掷硬币的试验，这种试验历史上有人做过，表 1-1 是历史上抛掷硬币试验的记录. 设 n 表示抛硬币的次数，n_H 表示出现正面次数，$f_n(H)$ 表示出现正面的频率.

表 1-1　　**抛掷硬币试验的记录**

试验者	投掷次数 n	出现正面次数 n_H	频率 $f_n(H)$
德·摩根(De Morgan)	2 048	1 061	0.518 1
蒲丰(Buffon)	4 040	2 048	0.506 9
皮尔逊(Pearson)	12 000	6 019	0.501 6
皮尔逊(Pearson)	24 000	12 012	0.500 5

从表 1-1 中数据可以看出，抛硬币次数 n 较小时，频率 $f_n(H)$ 在 0 与 1 之间随机波动，其幅度较大，但随着 n 增大，频率 $f_n(H)$ 呈现出稳定性. 即当 n 逐渐增大时，$f_n(H)$ 总是在 0.5 附近摆动，而逐渐稳定于 0.5.

例 1.4 说明，虽然随机现象在少数几次试验或观察中其结果没有什么规律性，但通过长期的观察或大量的重复试验可以看出，试验的结果呈现出某种规律性，而频率的稳定性正是这种规律性的表现.

事实上，对一般情形下的事件的频率稳定性已不断地为人类的实践所证实，并且在理论上可以证明，在一定条件下，频率稳定在某常数附近对任意的随机事件都成立. 这样对每一个事件都客观地存在一个数与事件对应，这个数就称为概率，它表征事件在一次试验中发生的可能性大小.

定义 1.2　在大量重复试验中，若事件 A 发生的频率稳定在确定的某一个常数 p 附近摆动，则称确定常数 p 为事件 A 发生的**概率**，记作 $P(A)$，即有 $P(A)=p$.

定义 1.2 称为随机事件概率的统计定义，它有相当直观的试验背景，易于接受. 根据这一定义，在实际应用时，往往可用试验次数足够大时的频率来估计概率的大小，且随着试验次数的增加，估计的精度会越来越高.

1.2.2　古典概型

在例 1.1 中的试验 E_1 和 E_4，它们具有两个共同的特点：

(1) 有限性. 试验的样本空间只包含有限个元素.

(2) 等可能性. 试验中每个基本事件发生的可能性相同.

具有以上两个特点的试验是大量存在的. 这种试验称为**古典型试验**.

定义 1.3　设随机试验 E 是古典型试验，其样本空间为 $\Omega=\{\omega_1, \omega_2, \cdots, \omega_n\}$，事件 A 包含 m 个基本事件，则事件 A 发生的概率

$$P(A)=\frac{m}{n}=\frac{A\text{ 中包含的基本事件数}}{\Omega\text{ 中基本事件总数}}.$$

定义 1.3 称为随机事件概率的古典定义. 一般地,称满足以上古典试验和定义 1.3 的概率模型为**古典概型**. 在古典概型中,基本事件发生的可能性都是一样的,因此古典概型又称为**等可能概型**,在概率论的产生和发展过程中,它是最早的研究对象,且在实际中也最常用的一种概率模型.

例 1.5 将一枚硬币抛掷两次,设 A 为"恰有一次出现正面 H", B 为"至少有一次出现正面 H",试求 $P(A)$, $P(B)$.

解 这个试验的样本空间为

$$\Omega=\{HH, HT, TH, TT\},$$

而

$$A=\{HT, TH\},\quad B=\{HH, HT, TH\},$$

由于 Ω 中基本事件总数为 4, A, B 中包含的基本事件数分别为 2 和 3,故

$$P(A)=\frac{2}{4}=\frac{1}{2},\quad P(B)=\frac{3}{4}.$$

由例 1.5 可知,计算古典概型中事件 A 的概率关键是求出 Ω 中基本事件总数 n 和 A 中基本事件数 m. 为此我们可以列出 Ω 和 A 的样本点得到 n 和 m. 但如果样本点较多或问题较复杂时,一般不再将样本点全列出来,而是利用排列与组合的知识求出 n 和 m,进而求出事件 A 的概率.

例 1.6(分房问题) 设有 n 个人,每个人都等可能地被分配到 N 个房间中的任意一间去住($n\leqslant N$),求下列事件的概率.

(1) A:某指定的 n 个房间各有一个人住;

(2) B:恰好有 n 个房间,其中各住一个人.

解 因为每一个人都可分配到 N 个房间的任一间,所以将 n 个人分配到 N 个房间中共有 $\underbrace{N\cdot N\cdot\cdots\cdot N}_{n\text{个}}=N^n$ 种分法,每一种分法是一个基本事件,即基本事件总数为 N^n. 由于分法的任意性,各基本事件的出现是等可能的.

(1) 将 n 个人分配到指定的 n 个房间,每个房间一人,共有 $n\cdot(n-1)\cdot\cdots\cdot 2\times 1=n!$ 种分法,即 A 中的基本事件数等于 $n!$,故

$$P(A)=\frac{n!}{N^n}.$$

(2) n 个房间可以在 N 个房间中任意选取,其选法共有 C_N^n 种;对选定的 n 个

房间，每一个房间分配一个人的方法有 $n!$ 种，即 B 中的基本事件数等于 $C_N^n n! = A_N^n$，故

$$P(B) = \frac{A_N^n}{N^n}.$$

许多问题和“分房问题”有相同的数学模型，如“生日问题”. 设某班级有 n 个人（$n \leqslant 365$），则这 n 个人的生日各不相同的概率为 $\frac{A_{365}^n}{365^n}$.

例 1.7　设有 N 件产品，其中有 M 件次品，今从中任取 n 件（抽取后不放回），问其中恰有 $k(k \leqslant M)$ 件次品的概率是多少？

解　在 N 件产品中抽取 n 件（抽取后不放回），所有可能的取法共有 C_N^n 种，每一件取法为一基本事件，且由于对称性知每个基本事件发生的可能性相同.

又因在 M 件次品中取 k 件，所有可能的取法有 C_M^k 种；在 $N-M$ 件正品中取 $n-k$ 件所有可能的取法有 C_{N-M}^{n-k} 种，由乘法原理知在 N 件产品中抽取 n 件，其中恰有 k 件次品的取法共有 $C_M^k C_{N-M}^{n-k}$ 种，于是所求概率为

$$p = \frac{C_M^k C_{N-M}^{n-k}}{C_N^n}.$$

1.2.3　几何概率

将古典概型中的有限性推广到无限，而样本点的出现又类似于古典概型中的等可能性，就得到几何概率.

定义 1.4　如果实验 E 的样本点有无限多个，其样本空间 Ω 可用一个有度量的几何区域来表示，并且样本点落在 Ω 内任意一点处都是等可能的. 事件 A 表示样本点落在 Ω 的某一子区域内，该子区域仍记为 A. 样本点落在区域 A 的概率与 A 的测度（长度、面积、体积等）成正比，而与 A 的位置和形状无关，则样本点落在区域 A 的概率为

$$P(A) = \frac{m(A)}{m(\Omega)}.$$

其中，$m(A)$ 为区域 A 的测度，$m(\Omega)$ 为区域 Ω 的测度，称上述概率为**几何概率**.

例 1.8　在线段 $[0,\ 3]$ 上任意投一点，求此点的坐标小于 1 的概率.

解　当且仅当点落在 $[0,\ 1)$ 内时，此点的坐标小于 1. 根据定义 1.4，所求概率为

$$p = \frac{m[0,\ 1)}{m[0,\ 3]} = \frac{1}{3}.$$

例 1.9（会面问题）　甲、乙两人约定在傍晚 6 时到 7 时之间在某地会面，并约

定先到者应等候另一个人 20 min 后就可以离开. 假定他们在指定的 1 h 内任意时刻到达,求两人能会面的概率.

解 设甲、乙两人到达会面地点的时间分别是 6 时 x min 和 6 时 y min.

如图 1-7 所示,建立平面直角坐标系,则两人到达时间的一切可能结果对应于边长为 60 的正方形 Ω 里的所有点. 这里

$$\Omega = \{(x, y) \mid 0 \leqslant x \leqslant 60, 0 \leqslant y \leqslant 60\}.$$

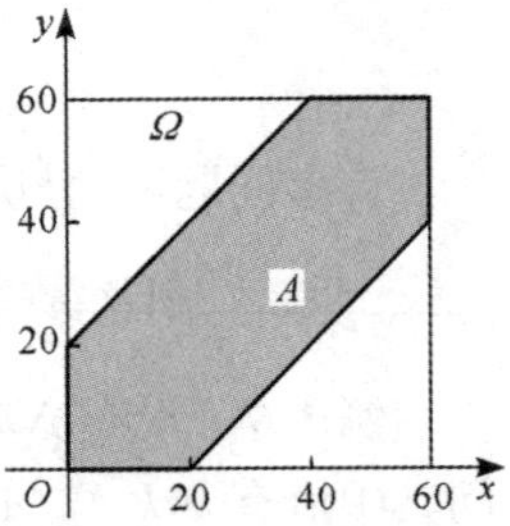

图 1-7 会面问题

而两人能够会面的充分必要条件是 $|x-y| \leqslant 20$,可表示为 $(x, y) \in A$,其中

$$A = \{(x, y) \mid |x-y| \leqslant 20, 0 \leqslant x \leqslant 60, 0 \leqslant y \leqslant 60\}.$$

根据定义 1.4,所求概率为

$$P(A) = \frac{m(A)}{m(\Omega)} = \frac{60^2 - 40^2}{60^2} = \frac{5}{9}.$$

1.2.4 概率的公理化定义与性质

概率的统计定义具有应用价值,但在理论上有严重的缺陷. 古典概型和几何概率都有样本点的等可能性的要求,很多问题满足不了这些要求. 人们在不断地寻找更好的定义概率的方式. 直到 1933 年,苏联著名的数学家柯尔莫哥洛夫(Kolmogorov)在总结前人的大量研究成果的基础上,建立了概率的公理化法则,并由此导出概率的一般定义.

定义 1.5(概率的公理化定义) 设随机试验 E 的样本空间为 Ω,若对每一事件 A,有且只有一个实数 $P(A)$ 与之对应,且满足如下三个公理:

公理 1(非负性) 对任意事件 A,有 $P(A) \geqslant 0$.

公理 2(规范性) 对必然事件 Ω,有 $P(\Omega) = 1$.

公理 3(可列可加性) 对可列个两两互不相容的事件 $A_1, A_2, \cdots$,有

$$P\left(\bigcup_{i=1}^{\infty} A_i\right) = \sum_{i=1}^{\infty} P(A_i),$$

则称 $P(A)$ 为事件 A 的**概率**.

由概率的公理化定义,可以推出一些重要性质.

性质 1 不可能事件的概率为零,即 $P(\varnothing) = 0$.

证明　因为 $\varnothing = \varnothing \cup \varnothing \cup \cdots \cup \cdots$，由公理 3 得

$$P(\varnothing) = P(\varnothing) + P(\varnothing) + \cdots,$$

从而结合公理 1，必有 $P(\varnothing) = 0$.　　证毕.

性质 2(有限可加性)　对有限个两两互不相容的事件 $A_1, A_2, \cdots, A_n$，有

$$P(\bigcup_{i=1}^{n} A_i) = \sum_{i=1}^{n} P(A_i).$$

证明　因为 $\bigcup\limits_{i=1}^{n} A_i = A_1 \cup A_2 \cup \cdots \cup A_n \cup \varnothing \cup \varnothing \cup \cdots$，因而

$$P(\bigcup_{i=1}^{n} A_i) = P(A_1 \cup A_2 \cup \cdots \cup A_n \cup \varnothing \cup \varnothing \cup \cdots).$$

由公理 3 和性质 1，得

$$P(\bigcup_{i=1}^{n} A_i) = \sum_{i=1}^{n} P(A_i).$$　　证毕.

推论 1　设事件 A, B 互不相容，则有

$$P(A \cup B) = P(A) + P(B).$$

性质 3(逆事件的概率)　对任一随机事件 A，有

$$P(\overline{A}) = 1 - P(A).$$

证明　因为 $A \cup \overline{A} = \Omega,\ A\overline{A} = \varnothing$，由推论 1 得

$$1 = P(\Omega) = P(A \cup \overline{A}) = P(A) + P(\overline{A}),$$

所以，$P(\overline{A}) = 1 - P(A)$.　　证毕.

性质 4(减法公式)　对任意两个事件 A, B，有

$$P(A - B) = P(A) - P(AB).$$

证明　因为 $A = (A - B) \cup AB$，其中 $(A - B)$ 与 AB 互不相容，故由推论 1 得

$$P(A) = P(A - B) + P(AB),$$

所以

$$P(A - B) = P(A) - P(AB).$$　　证毕.

推论 2　对任意两个事件 A, B，若 $B \subset A$，则

$$P(A - B) = P(A) - P(B),\quad P(B) \leqslant P(A).$$

性质5 对任意事件 A，有 $P(A) \leqslant 1$.

证明 因为 $A \subset \Omega$，因此由推论 2 得 $P(A) \leqslant P(\Omega) = 1$. 证毕.

性质6(加法公式) 对任意两个事件 A，B，有

$$P(A \cup B) = P(A) + P(B) - P(AB).$$

证明 因为 $A \cup B = A \cup \overline{A}B$，$A$ 与 $\overline{A}B$ 互不相容，所以

$$\begin{aligned} P(A \cup B) &= P(A) + P(\overline{A}B) = P(A) + P(B - AB) \\ &= P(A) + P(B) - P(AB). \end{aligned}$$

证毕.

性质 6 可以推广到任意有限个随机事件之和的情形，有

$$P(\bigcup_{i=1}^{n} A_i) = \sum_{i=1}^{n} P(A_i) - \sum_{1 \leqslant i < j \leqslant n}^{n} P(A_i A_j) + \sum_{1 \leqslant i < j < k \leqslant n}^{n} P(A_i A_j A_k) + \cdots + (-1)^{n-1} P(A_1 A_2 \cdots A_n).$$

例如，设 A_1，A_2，A_3 是任意三个事件，则有

$$\begin{aligned} P(A_1 \cup A_2 \cup A_3) = & P(A_1) + P(A_2) + P(A_3) - \\ & P(A_1 A_2) - P(A_1 A_3) - \\ & P(A_2 A_3) + P(A_1 A_2 A_3). \end{aligned}$$

例 1.10 已知 $P(A) = 0.6$，$P(B) = 0.5$，$P(A \cup B) = 0.9$，求 (1) $P(AB)$；(2) $P(A - B)$；(3) $P(\overline{A}\,\overline{B})$.

解 (1) $P(AB) = P(A) + P(B) - P(A \cup B) = 0.6 + 0.5 - 0.9 = 0.2$；

(2) $P(A - B) = P(A) - P(AB) = 0.6 - 0.2 = 0.4$；

(3) $P(\overline{A}\overline{B}) = P(\overline{A \cup B}) = 1 - P(A \cup B) = 1 - 0.9 = 0.1$.

例 1.11 在某班级中随机选取 n ($n \leqslant 365$) 个人，则其中至少有两人生日相同的概率是多少?

解 由例 1.6 知，这 n 个人的生日各不相同的概率为 $\dfrac{A_{365}^{n}}{365^n}$，因此由性质 3 知，这 n 个人中至少有两人生日相同的概率是 $p = 1 - \dfrac{A_{365}^{n}}{365^n}$.

对不同的一些 n 值，计算得相应的 p 值见表 1-2.

表 1-2 生日问题

n	10	20	23	30	40	50
p	0.12	0.41	0.51	0.71	0.89	0.97

由表 1-2 看出，当班级人数为 23 人时，至少有两人生日相同的可能性超过一半；而当人数为 50 人时，至少有两人生日在同一天的可能性很大.

习题 1.2

1. 掷一颗匀称骰子，设 A 表示"所掷结果为 4 点或 5 点"，B 表示"所掷结果为偶数点"，求 $P(A)$ 和 $P(B)$.

2. 口袋里装有 4 个红球与 3 个白球，任取 3 个球，求

(1)其中恰好有 1 个红球的概率；(2)其中至少有 2 个红球的概率.

3. 将 3 个球随机放入 4 个杯子中，问杯子中球的个数最多为 1，2，3 的概率各是多少？

4. 将 C，C，E，E，I，N，S 等七个字母随机地排成一行，那么恰好排成英文单词 SCIENCE 的概率为多少？

5. 有 5 个人在第一层进入 8 层楼的电梯，假设每人以相同的概率走出任意一层(从第二层开始)，求此 5 人在不同层走出的概率.

6. 从 0，1，2，…，9 中任意选出三个不同的数字，试求下列事件的概率.

(1) $A_1=\{$三个数字中不含 0 与 5$\}$；(2) $A_2=\{$三个数字中不含 0 或 5$\}$.

7. 某公交站每隔 5 min 有一辆公交车到达，乘客到达公交站的时刻是任意的，求一个乘客候车时间不超过 3 min 的概率.

8. 在区间 $(0,1)$ 内任取两个数，试求下列事件的概率.

(1)两个数之和小于 $\dfrac{6}{5}$；(2)两个数之差大于 $\dfrac{1}{2}$.

9. 甲、乙两艘轮船驶向一个不能同时停泊两艘轮船的码头泊位，它们在一昼夜内到达的时刻是等可能的. 设甲船停靠泊位的时间分别为 1 h，乙船停靠泊位的时间为 2 h，求它们中任何一艘船都不需要码头等候空出的概率.

10. 设事件 A 与 B 互不相容，$P(A)=0.4$，$P(B)=0.3$，求 $P(\bar{A}\bar{B})$ 与 $P(\bar{A}\cup B)$.

11. 设一个学生数学考试及格的概率为 $\dfrac{2}{3}$，外语考试及格的概率为 $\dfrac{4}{9}$，两门课中至少有一门及格的概率为 $\dfrac{4}{5}$，求两门课都及格的概率.

12. 某企业与甲、乙两公司签订某商品的长期供货合同，从以往情况看，甲公司按时供货的概率为 0.9，乙公司按时供货的概率为 0.75，这两公司都按时供货的概率为 0.7，求至少有一家公司按时供货的概率.

13. 在 200 名学生中选修统计学的有 137 名，选修经济学的有 50 名，选修计算机的有 124 名. 同时选修统计学与经济学的有 33 名，同时选修经济学与计算机的有 29 名，同时选修统计学与计算机的有 92 名，3 门都选修的有 18 名，试求 200 名学生中在这 3 门课中至少选修 1 门的概率.

1.3 条件概率与全概率公式及贝叶斯公式

在许多概率问题中,往往需要在某些附加信息(条件)下求事件的概率.也就是说,我们需要考虑事件 A 已经发生的条件下事件 B 发生的概率,这种概率就是条件概率.

另外,一个复杂事件的概率计算问题,可化为在不同情况或不同原因下发生的简单事件的概率的求和问题,全概率公式可以解决这类问题.我们还可以用贝叶斯(Bayes)公式来寻找事件发生的原因.

1.3.1 条件概率与乘法公式

例 1.12 将一枚硬币抛掷两次,观察其出现正反面的情况.设事件 A 为"至少有一次出现正面",事件 B 为"两次掷出同一面".求已知事件 A 发生的条件下,事件 B 发生的概率(记为 $P(B \mid A)$).

解 该试验的样本空间为 $\Omega=\{HH, HT, TH, TT\}$,且

$$A=\{HH, HT, TH\}, \quad B=\{HH, TT\},$$

已知事件 A 已发生,有了这一信息,知道"TT"不可能发生,即知试验所有可能结果所成的集合就是 A. A 中共有三个元素,其中只有 $HH \in B$. 于是,在 A 发生的条件下 B 发生的概率为 $P(B \mid A)=\frac{1}{3}$.

在这里,我们看到 $P(B)=\frac{2}{4} \neq P(B \mid A)=\frac{1}{3}$. 这是很容易理解的,因为在求 $P(B \mid A)$ 时,我们是限制在事件 A 已经发生的条件下考虑事件 B 发生的概率.

另外,易知 $P(A)=\frac{3}{4}$, $P(AB)=\frac{1}{4}$, $P(B \mid A)=\frac{1}{3}=\frac{\frac{1}{4}}{\frac{3}{4}}$,故有

$$P(B \mid A)=\frac{P(AB)}{P(A)}.$$

受此启发,在一般的情况下,我们引入条件概率的定义.

定义 1.6 设 A, B 是两个事件,且 $P(A)>0$,则称

$$P(B|A)=\frac{P(AB)}{P(A)}$$

为在事件 A 发生的条件下，事件 B 发生的**条件概率**.

一般地，$P(B|A) \neq P(B)$. 另外，可以验证条件概率 $P(B|A)$ 同样符合概率公理化定义中的三个公理，并且具有概率的基本性质.

例 1.13　设有两个口袋，第一个口袋里装有 3 个红球与 2 个白球；第二个口袋装有 2 个红球和 4 个白球. 从第一个口袋任取一球放到第二个口袋，再从第二个口袋任取一球，求已知从第一个口袋取出的是白球的条件下，从第二个口袋取出白球的条件概率.

解　设 A 表示事件"从第一个口袋里取出白球"，B 表示事件"从第二个口袋里取出白球". 由题意易知

$$P(A) = \frac{2}{5}, \quad P(AB) = \frac{2 \times 5}{5 \times 7} = \frac{2}{7}.$$

根据定义 1.6，所求概率为

$$P(B|A) = \frac{P(AB)}{P(A)} = \frac{5}{7}.$$

当然，我们可以直接从条件概率的含义来考虑问题. 注意到在 A 发生的条件下，第二个口袋中有 5 个白球和 2 个红球，因此共有 7 个基本事件，而事件 B 含有 5 个，从而得

$$P(B|A) = \frac{5}{7}.$$

此处计算比较简单，在于加上" A 已发生"条件后，新的样本空间非常简单明了，一切计算都在新的样本空间中进行.

根据条件概率的定义，我们可以得出乘法公式.

定理 1.1(乘法定理)　设 $P(A) > 0$，则有乘法公式

$$P(AB) = P(A)P(B|A).$$

乘法公式可以推广到任意 n 个事件 $A_1, A_2, \cdots, A_n$ 的情况. 设 $n > 2$，且

$$P(A_1A_2\cdots A_{n-1}) > 0,$$

则有

$$P(A_1A_2\cdots A_n) = P(A_1)P(A_2|A_1)\cdots P(A_n|A_1A_2\cdots A_{n-1}).$$

例 1.14　一批产品共 10 件，其中次品有 3 件，从中不放回地抽取两次，每次取 1 件，求第一次取到次品，第二次取到正品的概率.

解 设 A 表示第一次取到次品，B 表示第二次取到正品，则 $P(A)=\frac{3}{10}$，$P(B|A)=\frac{7}{9}$. 由乘法公式即得所求概率为

$$P(AB)=P(A)P(B|A)=\frac{3}{10}\times\frac{7}{9}=\frac{7}{30}.$$

1.3.2 全概率公式与贝叶斯公式

例 1.15 口袋里装有 a 个白球与 b 个红球，从中不放回地取 2 个球，求第二次取到白球的概率.

解 设 $A=$"第一次取到白球"，$B=$"第二次取到白球".

由于 $A\cup\overline{A}=\Omega$，因此 $B=B\Omega=B(A\cup\overline{A})=BA\cup B\overline{A}$，其中 BA 与 $B\overline{A}$ 互不相容，根据概率的有限可加性和乘法公式，可得

$$\begin{aligned}P(B)&=P(BA\cup B\overline{A})=P(BA)+P(B\overline{A})\\&=P(A)P(B|A)+P(\overline{A})P(B|\overline{A})\\&=\frac{a}{a+b}\frac{a-1}{a+b-1}+\frac{b}{a+b}\frac{a}{a+b-1}=\frac{a}{a+b}.\end{aligned}$$

在例 1.15 中，为求第二次取到白球的概率，我们将其分解为第一次取到白球或第一次取到红球两种情况，然后再用概率的有限可加性和乘法公式求得. 这种方法具有普遍意义，这就是下面要介绍的全概率公式.

定理 1.2(全概率定理) 设 $A_1, A_2, \cdots, A_n$ 是两两互不相容的事件，$P(A_i)>0\ (i=1, 2, \cdots, n)$，且 $\bigcup\limits_{i=1}^{n}A_i=\Omega$，则对于任意事件 B，有全概率公式：

$$\begin{aligned}P(B)&=P(A_1)P(B|A_1)+P(A_2)P(B|A_2)+\cdots+P(A_n)P(B|A_n)\\&=\sum_{i=1}^{n}P(A_i)P(B|A_i).\end{aligned}$$

证明 因为 $B=B\Omega=B(A_1\cup A_2\cup\cdots\cup A_n)=BA_1\cup BA_2\cup\cdots\cup BA_n$，且

$$(BA_i)(BA_j)=B(A_iA_j)=\varnothing\quad(i\neq j;\ i, j=1, 2, \cdots, n).$$

所以根据概率的有限可加性和乘法公式，得

$$\begin{aligned}P(B)&=P(BA_1)+P(BA_2)+\cdots+P(BA_n)\\&=P(A_1)P(B|A_1)+P(A_2)P(B|A_2)+\cdots+P(A_n)P(B|A_n)\\&=\sum_{i=1}^{n}P(A_i)P(B\mid A_i).\end{aligned}$$

证毕.

一般地，满足定理 1.2 中条件的 A_1，A_2，…，A_n 称为样本空间 Ω 的一个**划分**. 如图 1-8 所示，在试验中，区域 B 被分成 n 个部分，它们分别是区域 B 与 A_1，A_2，…，A_n 的交集，即区域 B 为 BA_1，BA_2，…，BA_n 的并集.

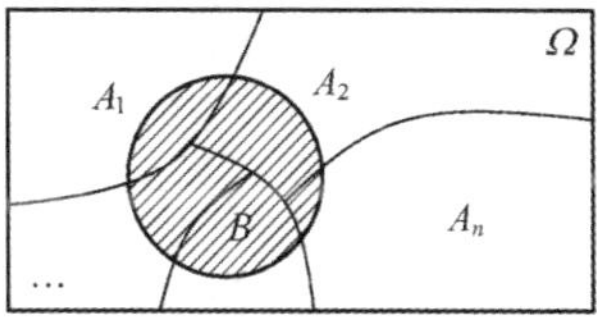

图 1-8　样本空间的划分

全概率公式的基本思想是将复杂的事件划分为若干个简单情况，其直观含义是，如果每个 $A_i(i=1, 2, \cdots, n)$ 发生的概率以及条件概率 $P(B \mid A_i)$ $(i=1, 2, \cdots, n)$ 都容易求出，则可由全概率公式求得事件 B 的概率.

例 1.16　设某批产品中甲、乙、丙三个厂家的产量分别占 45%，35%，20%，各厂产品中次品率分别为 4%，2%和 5%.

(1) 现从中任取一件产品，求取到的恰好是次品的概率；

(2) 已知取到的是次品，求该产品是从甲厂抽到的概率.

解　设 A_1 =“取到甲厂生产的产品”，A_2 =“取到乙厂生产的产品”，A_3 =“取到丙厂生产的产品”，B=“任取一件产品，恰好是次品”. 依题意得，A_1，A_2，A_3 构成一个划分，且 $P(A_1)=0.45$，$P(A_2)=0.35$，$P(A_3)=0.20$，$P(B \mid A_1)=0.04$，$P(B \mid A_2)=0.02$，$P(B \mid A_3)=0.05$.

(1) 由全概率公式，得

$$
\begin{aligned}
P(B) &= \sum_{i=1}^{3} P(A_i)P(B \mid A_i) \\
&= 0.45 \times 0.04 + 0.35 \times 0.02 + 0.20 \times 0.05 = 0.035.
\end{aligned}
$$

(2) 要求在已知事件 B 发生的条件下，事件 A_1 发生的概率即条件概率 $P(A_1 \mid B)$，求解过程如下：

$$
P(A_1 \mid B) = \frac{P(A_1B)}{P(B)} = \frac{P(A_1)P(B \mid A_1)}{P(B)} = \frac{0.45 \times 0.04}{0.035} \approx 0.51.
$$

例 1.16 中，问题(2)的求解是借助于问题(1)，其方法值得推广，这就是下面的贝叶斯公式.

定理 1.3（贝叶斯定理）　设 A_1，A_2，…，A_n 是两两互不相容的事件，$P(A_i)>0(i=1, 2, \cdots, n)$，且 $\bigcup_{i=1}^{n} A_i = \Omega$，则对于任意事件 $B(P(B)>0)$，有贝叶斯公式

$$
P(A_i \mid B) = \frac{P(A_i)P(B \mid A_i)}{\sum_{j=1}^{n} P(A_j)P(B \mid A_j)} \quad (i=1, 2, \cdots, n).
$$

证明 根据条件概率的定义、乘法公式和全概率公式,有

$$P(A_i \mid B)=\frac{P(A_iB)}{P(B)}=\frac{P(A_i)P(B \mid A_i)}{P(B)}$$

$$=\frac{P(A_i)P(B \mid A_i)}{\sum_{j=1}^{n}P(A_j)P(B \mid A_j)} \quad (i=1,2,\cdots,n).$$ 证毕.

利用贝叶斯公式可以求解与全概率问题相反的问题:已知某事件已经发生,要考察引发该事件发生的各种原因或情况的可能性大小.

贝叶斯公式是由英国学者贝叶斯(Bayes)发现的.从贝叶斯公式出发,现在已经发展成为“贝叶斯理论”,它在工程技术、经济管理、医学等领域都具有非常重要的使用价值.

例 1.17 对以往数据分析结果表明,当机器调整良好时,产品的合格率为98%,而当机器发生某种故障时,其合格率为55%.每天早上机器开动时,机器调整良好的概率为95%.试求已知某日早上第一件产品是合格时,机器调整良好的概率是多少?

解 设 $A=$“机器调整良好”,$B=$“产品合格”,显然 A 与 $\overline{A}$ 构成一个划分,根据题意,$P(A)=0.95$,$P(\overline{A})=0.05$,$P(B \mid A)=0.98$,$P(B \mid \overline{A})=0.55$.由贝叶斯公式,有

$$P(A \mid B)=\frac{P(A)P(B \mid A)}{P(A)P(B \mid A)+P(\overline{A})P(B \mid \overline{A})}$$

$$=\frac{0.95\times 0.98}{0.95\times 0.98+0.05\times 0.55}\approx 0.97.$$

这个结果说明,当生产出第一件产品是合格品时,机器调整良好的概率为0.97.这里,概率0.95是由以往的数据分析得到的,称为**先验概率**.而0.97是在得到信息(即生产出第一件产品是合格品)之后修正得到的概率,我们称之为**后验概率**.有了后验概率我们就能进一步了解机器的情况.

习题 1.3

1. 设 A, B 是两个事件,已知 $P(A)=0.4$, $P(B)=0.8$, $P(\overline{A}B)=0.5$,求 $P(B \mid A)$.

2. 设 A, B 是两个事件,已知 $P(A)=\frac{1}{4}$, $P(B \mid A)=\frac{1}{3}$, $P(A \mid B)=\frac{1}{2}$,求 $P(A\cup B)$.

3. 一批产品中有4%的不合格品,而合格品中一等品占65%,现从这批产品中任意抽取一件,求这件产品是一等品的概率.

4. 看某报纸广告的人数占该报读者的 15%，有 30%的读者看了广告后去看商品，求读者看了广告并去看商品的概率.

5. 袋中有 50 个乒乓球，其中 20 个是黄色的，30 个是白色的，今有两人依次随机地从袋子中各取一球，求第二个人取得黄球的概率.

6. 某种动物由出生算起活 20 岁以上的概率为 0.8，活到 25 岁以上的概率为 0.4，如果现在有一只 20 岁的这种动物，问它能活到 25 岁以上的概率是多少?

7. 设某光学仪器厂制造的透镜，第一次落下时打破的概率为 $\frac{1}{2}$，若第一次落下未打破，第二次落下打破的概率为 $\frac{7}{10}$，若前两次落下未打破，第三次落下打破的概率为 $\frac{9}{10}$. 试求透镜落下三次而未打破的概率.

8. 假设一批产品中一、二、三等品各占 60%，30%，10%，从中任取一件，结果不是三等品，求取到的是一等品的概率.

9. 已知 5%的男人和 0.25%的女人是色盲患者. 假设男人女人各占一半，现随机地挑选一人，求此人恰好是色盲患者的概率.

10. 三个电池生产车间甲、乙、丙，同时生产某种普通电池和某种高性能电池，1 h 的总产量为 600 只，各车间的产量见下表：

车间	普通电池/只	高性能电池/只	产量小计/只
甲	200	100	300
乙	50	150	200
丙	50	50	100

某 1 h 因为出了差错没有在电池上加上车间的标签就放入了仓库. 试求：

(1) 在仓库里随机地取一只电池，它是高性能电池的概率是多少?

(2) 随机地取一只电池，已知它是高性能电池，它来自甲、乙、丙车间的概率各是多少?

11. 设飞机射击某目标时，能够飞到距离目标 400 m，200 m，100 m 的概率分别是 0.5，0.3，0.2，击中目标的概率分别是 0.01，0.02，0.1. 试求

(1) 飞机击中目标的概率；

(2) 已知目标被击中，求它距离飞机 200 m 处被击中的概率.

12. 某人决定去甲、乙、丙三地之一旅游，这三地下雨的概率分别为 $\frac{1}{2}$，$\frac{2}{3}$，$\frac{1}{2}$，此人去这三地旅游的概率分别为 $\frac{1}{4}$，$\frac{1}{4}$，$\frac{1}{2}$，试求

(1) 此人在旅游中遇上下雨天的概率；

(2) 此人在旅游中遇上下雨天时正好在乙地旅游的概率.

13. 若甲盒中装有三个白球，两个黑球；乙盒中装有一个白球，两个黑球. 由甲盒中任取一球投入乙盒，再从乙盒中任取一个球.

(1) 求从乙盒中取得一个白球的概率；

(2) 若从乙盒中取得一个黑球,问从甲盒中也取得一个黑球的概率.

14. 在肝癌诊断中,有一种甲胎蛋白法,用这种方法能够检查出 95%的真实患者,但也有可能将 10%的人误诊. 根据以往的记录,每 10 000 人中有 4 人患有肝癌,试求

(1) 某人经此检验法诊断患有肝癌的概率;

(2) 已知某人经此检验法检验患有肝癌,而他确实是肝癌患者的概率.

1.4 随机事件的独立性与伯努利概型

经验告诉我们,有些事件的发生对另一些事件的发生有影响,而有些事件之间则是互不影响的. 概率论中对这类问题的探讨导致了事件独立性的提出.

本节主要讨论事件的独立性与伯努利概型.

1.4.1 随机事件的独立性

一般来说,条件概率 $P(B \mid A) \neq P(B)$ (其中 $P(A) > 0$),即事件 A 发生与否对事件 B 发生的概率是有影响的,但例外的情形也不少.

例 1.18 口袋里装有 5 个红球与 3 个白球,从中有放回地取两次. 每次取一个,设事件 A 表示第一次取到红球,事件 B 表示第二次取到红球,则有

$$P(A) = \frac{5}{8}, \quad P(AB) = \frac{5}{8} \times \frac{5}{8} = \frac{25}{64}.$$

于是

$$P(B \mid A) = \frac{P(AB)}{P(A)} = \frac{5}{8}.$$

因此 $P(B \mid A) = P(B)$, 事实上还可以算出 $P(B \mid \overline{A}) = P(B)$. 这表明,不论 A 发生还是不发生,都对 B 发生的概率没有影响. 此时,直观上可以认为事件 B 与 A 没有"关系",或者说 B 与 A 独立.

定义 1.7 若事件 B 发生的可能性不受事件 A 发生与否的影响,即

$$P(B \mid A) = P(B),$$

则称事件 B 对于事件 A **独立**. 显然,若 B 对于 A 独立,则 A 对于 B 也一定独立,称事件 A 与事件 B **相互独立**.

定理 1.4 事件 A 与事件 B 相互独立的充分必要条件是

$$P(AB) = P(A)P(B).$$

证明 必要性. 设 $P(A) > 0$, $P(B) > 0$, 由于 A 与 B 独立,有 $P(B \mid A) =$

$P(B)$.

而由乘法公式，有 $P(AB)=P(A)P(B\mid A)$，因此

$$P(AB)=P(A)P(B).$$

充分性. 不妨设 $P(A)>0$. 因为 $P(AB)=P(A)P(B\mid A)$，$P(AB)=P(A)P(B)$，所以 $P(B\mid A)=P(B)$，即 A 与 B 相互独立. 证毕.

当 $P(A)=0$ 或 $P(B)=0$ 时，易知 $P(AB)=P(A)P(B)$ 也成立. 因此，我们经常把“$P(AB)=P(A)P(B)$”作为任意两个事件 A，B 相互独立的定义.

定理 1.5 设事件 A 与 B 相互独立，则 A 与 $\overline{B}$，$\overline{A}$ 与 $\overline{B}$，$\overline{A}$ 与 B 也相互独立.

证明 由概率的减法公式，得到

$$P(A\overline{B})=P(A)-P(AB),$$

而 $P(AB)=P(A)P(B)$，因此

$$\begin{aligned}P(A\overline{B})&=P(A)-P(A)P(B)\\&=P(A)[1-P(B)]=P(A)P(\overline{B}).\end{aligned}$$

即 A 与 $\overline{B}$ 相互独立，由此推出 $\overline{A}$ 与 $\overline{B}$ 独立. 再由 $\overline{\overline{B}}=B$，推出 $\overline{A}$ 与 B 也相互独立. 证毕.

需要注意的是，两事件互不相容与相互独立是完全不同的两个概念，它们分别从两个不同的角度表述了两事件间的某种联系. 互不相容是表述在一次随机试验中两事件不能同时发生，而相互独立是表述在一次随机试验中，一事件是否发生与另一事件是否发生并无影响.

例 1.19 甲、乙两人独立地向同一目标射击一次，其命中率分别为 0.8 和 0.6，求在一次射击中，目标被命中的概率.

解 设 $A=$“甲命中目标”，$B=$“乙命中目标”，$C=$“目标被命中”，则 $C=A\cup B$.

$$\begin{aligned}P(C)=P(A\cup B)&=P(A)+P(B)-P(AB)\\&=P(A)+P(B)-P(A)P(B)\\&=0.8+0.6-0.8\times0.6=0.92.\end{aligned}$$

两事件的独立性可推广至任意 n 个事件 A_1，A_2，…，A_n 的情况.

定义 1.8 设 A，B，C 为三个事件，若满足等式

$$\begin{cases}P(AB)=P(A)P(B),\\P(AC)=P(A)P(C),\\P(BC)=P(B)P(C),\\P(ABC)=P(A)P(B)P(C),\end{cases}$$

则称事件 A, B, C **相互独立**. 如果 A, B, C 只满足前三个等式,即两两积事件的概率等于各自概率的积,则称事件 A, B, C **两两独立**.

对 n 个事件的独立性,可类似给出如下定义.

定义 1.9 设 $A_1, A_2, \cdots, A_n (n \geqslant 2)$ 是 n 个事件,若其中任意 $k(k=2, 3, \cdots, n)$ 个事件的积事件的概率等于各自概率的积,则称 $A_1, A_2, \cdots, A_n$ 相互独立. 若其中任意两个事件之间均相互独立,则称 $A_1, A_2, \cdots, A_n$ 两两独立.

由此,可以得出下面三条性质.

性质 1 若事件 $A_1, A_2, \cdots, A_n (n \geqslant 2)$ 相互独立,则其中任意 $k(1 < k \leqslant n)$ 个事件也相互独立.

性质 2 若 n 个事件 $A_1, A_2, \cdots, A_n (n \geqslant 2)$ 相互独立,则将 $A_1, A_2, \cdots, A_n$ 中任意 $m(1 \leqslant m \leqslant n)$ 个事件换成它们的对立事件,所得的 n 个事件仍相互独立.

性质 2 可利用数学归纳法证明,这里从略.

性质 3 设 $A_1, A_2, \cdots, A_n (n \geqslant 3)$ 是 n 个事件,若 $A_1, A_2, \cdots, A_n$ 相互独立,则 $A_1, A_2, \cdots, A_n$ 两两独立;反之不然.

性质 3 意味着相互独立性比两两独立性更强.

一般地,在实际使用时,对于事件的独立性,往往是从事件的实际意义判断事件是否相互独立.

例 1.20 某大学生给 4 家单位各发了一封求职信,假定这些单位彼此独立,通知他去面试的概率分别是 $\frac{1}{2}, \frac{1}{3}, \frac{1}{4}, \frac{1}{5}$. 问这个学生至少有一次面试的机会是多少?

解 设 $A_i=$"第 i 个单位通知该大学生面试"$(i=1, 2, 3, 4)$,则 $P(A_1)=\frac{1}{2}$, $P(A_2)=\frac{1}{3}$, $P(A_3)=\frac{1}{4}$, $P(A_4)=\frac{1}{5}$. 根据题意,所求概率为

$$\begin{aligned}
P(A_1 \cup A_2 \cup A_3 \cup A_4) &= 1-P(\overline{A_1 \cup A_2 \cup A_3 \cup A_4}) \\
&= 1-P(\bar{A}_1\bar{A}_2\bar{A}_3\bar{A}_4) \\
&= 1-[1-P(A_1)][1-P(A_2)][1-P(A_3)][1-P(A_4)] \\
&= 1-\frac{1}{2}\times\frac{2}{3}\times\frac{3}{4}\times\frac{4}{5}=\frac{4}{5}.
\end{aligned}$$

1.4.2 伯努利概型

若随机试验只有两种可能的结果:事件 A 发生和事件 A 不发生,则称这样的试验为**伯努利**(Bernoulli)**试验**. 掷一枚硬币观察其出现正面还是反面,抽取一件产品检验其是正品还是次品,一颗种子发芽或不发芽等都是伯努利试验.

有些试验虽然可能的结果不止两个,但总是可以将感兴趣的试验结果定义为 A,而所有其他结果都定义为 $\overline{A}$, 这样该试验也就只含有 A 和 $\overline{A}$ 这两个对立的结果了.

将伯努利试验独立地重复进行 n 次,称这一串重复的独立试验为 **n 重伯努利试验**(或称独立重复试验). n 重伯努利试验是一种很重要的数学模型,在实际问题中具有广泛的应用. 其特点是,事件 A 在每次试验中发生的概率均为 p, 且不受其他各次试验中 A 是否发生的影响.

在 n 重伯努利试验中,记 $P(A)=p\ (0<p<1)$,则 $P(\overline{A})=1-p$. 我们研究事件 A 恰好发生 k 次的概率,有下面的伯努利定理.

定理 1.6(伯努利定理)　设在一次试验中,事件 A 发生的概率为 $p(0<p<1)$,则在 n 重伯努利试验中,事件 A 恰好发生 k 次的概率为

$$C_n^k p^k (1-p)^{n-k} \quad (k=0,\ 1,\ 2,\ \cdots,\ n).$$

证明　在 n 重伯努利试验中,事件 A 可能发生的次数为 $0,\ 1,\ 2,\ \cdots,\ n$.

由于各次试验是相互独立的,因此事件 A 在指定的 $k(0\leqslant k\leqslant n)$ 次试验中发生,而在其他 $n-k$ 次试验中不发生(例如在前 k 次试验中发生,而后 $n-k$ 次试验中不发生)的概率为

$$\underbrace{p\cdot p\cdot\cdots\cdot p}_{k\text{个}}\cdot\underbrace{(1-p)\cdot(1-p)\cdot\cdots\cdot(1-p)}_{(n-k)\text{个}}=p^k(1-p)^{n-k}.$$

由于这种指定的方式共有 C_n^k 种,它们是两两互不相容的,故在 n 次试验中 A 发生 k 次的概率为

$$C_n^k p^k (1-p)^{n-k} \quad (k=0,\ 1,\ 2,\ \cdots,\ n).$$

证毕.

定理 1.6 中的 $C_n^k p^k (1-p)^{n-k}$ 恰好是二项式 $(p+q)^n$(其中 $q=1-p$) 展开式中 p^k 的那一项,因此我们称之为**二项概率**.

根据伯努利试验和二项概率得到的概率模型,称为**伯努利概型**. 尽管伯努利概型比较简单,但它概括了许多实际问题的数学模型,因而它很有实用价值.

例 1.21　某种节能灯管使用寿命在 2 000 h 以上的概率为 0.2,求 5 个这样的节能灯管在使用 2 000 h 之后至多只有 1 个坏掉的概率.

解　根据题意,这是伯努利概型问题,这里 $n=5$, $p=0.2$. 所求概率为

$$C_5^4\,(0.2)^4 0.8+C_5^5\,(0.2)^5=0.006\ 72.$$

例 1.22　某彩票每周开奖一次,每次有十万分之一的中奖机会,且各周开奖是相互独立的. 某彩民每周买一次彩票,坚持十年(每年 52 周),那么他从未中奖的可能性是多少?

解　令 $A_i=$“彩民第 i 次中奖”$(i=1,\ 2,\ \cdots,\ 520)$, $p=P\{$彩民在一次购买彩

票中中奖}. 则事件 $A_1, A_2, \cdots, A_{520}$ 相互独立, 且 $p=10^{-5}$, 所以

$$\begin{aligned} P\{\text{彩民连续十年购买彩票但从未中奖}\} &= P(\overline{A}_1\overline{A}_2\cdots\overline{A}_{520}) \\ &= P(\overline{A}_1)P(\overline{A}_2)\cdots P(\overline{A}_{520}) = (1-p)^{520} \\ &= (1-10^{-5})^{520} \approx 0.9948. \end{aligned}$$

例 1.22 表明, 即使是坚持购买彩票十年, 一次也不中是很正常的事情.

习题 1.4

1. 设事件 A, B 相互独立, $P(A)=0.2$, $P(B)=0.4$, 求 $P(A\cup B)$.

2. 设事件 A, B 相互独立, 且 $P(A\overline{B})=\dfrac{1}{4}$, $P(\overline{A}B)=\dfrac{1}{6}$. 求 $P(A)$, $P(B)$.

3. 加工一件产品要经过两道工序, 第一、二道工序不出废品的概率分别为 0.9, 0.95, 假定两道工序是否出废品是彼此独立的, 求产品的合格率.

4. 甲、乙、丙三人独立地破译一份密码, 已知各人能译出的概率分别为 $\dfrac{1}{5}$, $\dfrac{1}{3}$ 和 $\dfrac{1}{4}$, 问三人中至少有一人能将此密码译出的概率是多少?

5. 某射手命中目标的概率为 0.95, 他独立重复向目标射击 5 次, 求恰好命中 4 次的概率以及至少命中 3 次的概率.

6. 某种灯管使用寿命在 1 000 h 以上的概率为 0.2, 求三个灯管在使用了 1 000 h 后, 最多只有一个坏了的概率.

7. 对某种药物的疗效进行研究, 设这种药物对某种疾病的有效率为 $p=0.8$, 现有 10 名患此种病的患者同时使用此药, 求其中至少有 6 名患者服药有效的概率.

8. 在四次独立重复试验中, 事件 A 至少发生一次的概率等于 $\dfrac{65}{81}$, 求事件 A 在每次试验中发生的概率.

9. 设 $P(A)>0$, $P(B)>0$, 证明 A 与 B 相互独立与互不相容不能同时成立.

10. 设三事件 A, B, C 相互独立, 证明 $A\cup B$ 与 C 独立.

总习题 1

一、选择题

1. 对于任意两事件 A 和 B, 与 $A\cup B=B$ 不等价的是(　　).

A. $A\subset B$　　B. $\overline{B}\subset\overline{A}$　　C. $A\overline{B}=\varnothing$　　D. $\overline{A}B=\varnothing$

2. 设事件 A 和事件 B 互不相容, 则(　　).

A. $P(\overline{A}\,\overline{B})=0$　　B. $P(AB)=P(A)P(B)$

C. $P(A)=1-P(B)$　　D. $P(\overline{A}\cup\overline{B})=1$

3. 设 A, B 是任意两事件，则(　　).

A. $P(AB)\geqslant P(A)P(B)$　　B. $P(AB)\leqslant P(A)P(B)$

C. $P(AB)\leqslant\dfrac{P(A)+P(B)}{2}$　　D. $P(AB)\geqslant\dfrac{P(A)+P(B)}{2}$

4. 设事件 A 与 B 相互独立，且 $P(B)=0.5$, $P(A-B)=0.3$，则 $P(B-A)=$(　　).

A. 0.1　　B. 0.2　　C. 0.3　　D. 0.4

5. 某人向同一目标独立重复射击，每次射击命中目标的概率为 p $(0<p<1)$，则此人第 4 次射击恰好第 2 次命中目标的概率为(　　).

A. $3p(1-p)^2$　　B. $6p(1-p)^2$

C. $3p^2(1-p)^2$　　D. $6p^2(1-p)^2$

二、填空题

1. 设袋中有红、白、黑球各 1 个，从中有放回地取球，每次取一个，直到三种颜色的球都取到为止，则取球次数恰好是 4 的概率为________.

2. 设 10 件产品中有 4 件不合格品，从中任取两件，已知两件中有一件是不合格品，则另一件也是不合格品的概率为________.

3. 设 A, B, C 是三事件，A 和 C 互不相容，$P(AB)=\dfrac{1}{2}$, $P(C)=\dfrac{1}{3}$，则 $P(AB\mid\overline{C})$ $=$ ________.

4. 设两个相互独立的事件 A 和 B 都不发生的概率为 $\dfrac{1}{9}$，A 发生 B 不发生的概率与 B 发生 A 不发生的概率相等，则 $P(A)=$ ________.

5. 随机地向半圆 $0<y<\sqrt{2ax-x^2}$ (a 为正常数)内掷一点，点落在半圆内任何区域的概率与区域面积成正比，则原点和该点的连线与 x 轴的夹角小于 $\dfrac{\pi}{4}$ 的概率为________.

三、解答题

1. 袋中有 4 个红球和 1 个白球，每次从袋中随机摸出一球，并换入一个红球，连续进行，问第三次摸到红球的概率是多少?

2. 考虑一元二次方程 $x^2+Bx+C=0$，其中 B, C 分别是将一枚骰子连接掷两次先后出现的点数，求该方程有实根和有重根的概率.

3. 玻璃杯成箱出售，每箱 20 只. 假设各箱含 0,1,2 只残次品的概率相应为 0.8,0.1 和0.1. 一顾客欲购一箱玻璃杯，在购买时，售货员随意取一箱，而顾客随机地查看 4 只；若无残次品，则买下该箱玻璃杯，否则退回. 试求：

(1) 顾客买下该箱的概率；

(2) 在顾客买下的一箱中，确实没有残次品的概率.

4. 设有来自三个地区的各 10 名、15 名和 25 名考生的报名表，其中女生的报名表分别为 3 份、7 份和 5 份. 随机地取一个地区的报名表，从中先后抽出 2 份.

(1) 求先抽到的一份是女生表的概率；

(2) 已知后抽到的一份是男生表,求先抽到的一份是女生表的概率.

5. 设三事件 A, B, C 相互独立,且 $P(A)=P(B)=P(C)=\frac{1}{2}$,求 $P(AC\mid A\cup B)$.

6. 一名学生欲到三家图书馆借一本参考书. 每家图书馆购进这种书的概率是 $\frac{1}{2}$,购进这种书的图书馆中该书被借完了的概率也是 $\frac{1}{2}$. 各家图书馆是否购进该书相互独立. 问该学生能够借到这种书的概率是多少?

四、证明题

1. 设 A, B 为两事件,$P(A)>0$,证明:$P(B\mid A)\geqslant 1-\frac{P(\overline{B})}{P(A)}$.

2. 设 A, B, C 为三事件,$0<P(C)<1$,若 $P(A\mid C)\geqslant P(B\mid C)$, $P(A\mid\overline{C})\geqslant P(B\mid\overline{C})$,证明:$P(A)\geqslant P(B)$.

第 2 章　随机变量及其分布

人们在进行随机试验中，不仅对某些特定事件发生的概率感兴趣，而且还关心某个与随机试验的结果相联系的变量. 为此，我们要把随机试验的结果与实数对应起来，也就是将随机试验的结果数量化，这就是引入随机变量的原因. 对于随机变量，人们无法事先预知其确切取值，但可以研究其取值的统计规律性.

本章将介绍离散型随机变量和连续型随机变量，重点介绍常见的六种随机变量及其分布.

2.1　随机变量及其分布函数

2.1.1　随机变量的概念

我们讨论过不少随机试验，其中有些实验的结果本身就是数量，而有些试验的结果虽然本身不是数量，但可以将其数量化.

下面举几个例子.

例 2.1　从一批废品率为 p 的产品中有放回地抽取 n 次，每次取一件产品，观察取到废品的次数.

试验的样本空间为 $\Omega=\{0, 1, 2, \cdots, n\}$. 我们用 X 表示取到废品的次数，X 的取值依赖于实验结果，当试验结果确定了，X 的取值也就随之确定了. 因此，X 是一个函数，其定义域是样本空间 Ω.

例 2.2　将一枚均匀硬币抛掷两次，观察正面 H 和反面 T 出现的情况.

试验的样本空间为 $\Omega=\{HH, HT, TH, TT\}$，我们用 X 表示正面出现的次数，则对于 Ω 中的每一个样本点 ω，都有一个值 X 与之对应，其取值为

ω	HH	HT	TH	TT
X	2	1	1	0

这里，X 是一个变量，其取值依赖于样本点 ω，所以 X 是样本空间 Ω 上的一个

函数.

从例 2.1 和例 2.2 可以看出,无论随机试验的结果本身与数量有无联系,我们都能把试验的结果与实数对应起来,即可把试验的结果数量化. 由于这样的数量依赖试验的结果,而对随机试验来说,在每次试验之前无法断言会出现何种结果,因而也就无法确定它会取什么值,即它的取值具有随机性,我们称这样的变量为随机变量.

定义 2.1 设 E 为一个随机试验,Ω 为样本空间,若 $X = X(\omega)$ ($\omega \in \Omega$)为单值实函数,且对于任意实数 x, 集合 $\{\omega | X(\omega) \leqslant x\}$ 都是随机事件,则称 X 为**随机变量**.

随机变量一般用大写字母 X, Y, Z 等表示,而表示随机变量所取的值时,一般采用小写字母 x, y, z 等.

一般地,随机变量的取值由样本点 ω 决定. 若用 $\mathbf{R}$ 表示一个实数集,则 X 在 $\mathbf{R}$ 上取值写成 $\{X \in \mathbf{R}\}$,它表示事件 $A = \{\omega \mid X(\omega) \in \mathbf{R}\}$,即 A 是由 Ω 中使得 $X(\omega) \in \mathbf{R}$ 的所有样本点 ω 所组成的事件. 当且仅当事件 A 发生时才有 $\{X \in \mathbf{R}\}$,因此,今后将事件 $A = \{\omega \mid X(\omega) \in \mathbf{R}\}$ 记为 $\{X \in \mathbf{R}\}$.

从定义 2.1 中我们看出,随机变量是定义在样本空间 Ω 上的函数,是随机试验结果的函数. 例如,例 2.1 中的 X 可写成

$$X = X(\omega) = \omega, \quad \omega \in \{0, 1, 2, \cdots, n\}.$$

而例 2.2 中的 X 可写成

$$X = X(\omega) = \begin{cases} 2, & \text{当 } \omega = HH, \\ 1, & \text{当 } \omega = HT \text{ 或 } TH, \\ 0, & \text{当 } \omega = TT. \end{cases}$$

引入随机变量之后,随机事件就可以用随机变量来描述.

例 2.3 在某城市中考察人口的年龄结构,年龄在 80 岁以上的长寿者,年龄介于 18 岁至 35 岁之间的年轻人,以及不到 12 岁的儿童,它们各自的比率如何?

从表面上看,这些是孤立事件,但如果引进一个随机变量 X 表示随机抽取一个人的年龄,那么,上述几个事件可以分别表示成 $\{X > 80\}$, $\{18 \leqslant X \leqslant 35\}$ 及 $\{X < 12\}$.

另外,由于随机试验的各个结果的出现有一定的概率,因此,随机变量的取值也有一定的概率. 例如,在例 2.2 中,

$$P\{X=2\}=\frac{1}{4},\quad P\{X=1\}=\frac{1}{2},\quad P\{X=0\}=\frac{1}{4}.$$

下面再举例说明.

例 2.4　袋中有 3 个红球，2 个白球,从中任意取出 3 个球,观察取出的 3 个球中的红球的个数.试分别求出取到 2 个红球,至少取到 2 个红球的概率.

解　设 X 为取出的红球数，X 取什么值依赖于试验结果，X 是一个随机变量,且 X 的可能取值为 1，2，3.

由于 $\{X=2\}$ 表示取出 2 个红球这一事件，$\{X\geqslant 2\}$ 表示至少取出 2 个红球这一事件,因此

$$P\{X=2\}=\frac{C_3^2\cdot C_2^1}{C_5^3}=\frac{3}{5},\quad P(X\geqslant 2)=\frac{C_3^2\cdot C_2^1}{C_5^3}+\frac{C_3^3}{C_5^3}=\frac{7}{10}.$$

随机变量概念的产生是概率论发展史上的重大事件.引入随机变量后,对随机现象统计规律的研究,就由对随机事件及其概率的研究扩大为对随机变量及其取值规律的研究.

随机变量因其取值方式不同,通常分为离散型和非离散型两类.若随机变量 X 的所有可能取值是可以一一列举出来的,则称 X 为离散型随机变量.例如,例 2.1、例 2.2 和例 2.4 中的随机变量,都是离散型随机变量.非离散型随机变量的范围很广,其中最重要的是连续型随机变量.我们主要讨论离散型随机变量和连续型随机变量.

2.1.2　随机变量的分布函数

对于一个随机变量不仅要了解它的取值情况,而且要了解它取值的规律,即取值的概率.我们通常把随机变量 X 取值的概率称为 X 的分布.

为了全面描述随机现象的统计规律,我们引入与随机变量有关的最重要的一个概念——分布函数.分布函数具有良好的性质,便于研究,因此,它在概率的理论研究中具有重要的意义.

定义 2.2　设 X 是一个随机变量，x 是任意实数,函数

$$F(x)=P\{X\leqslant x\}$$

称为 X 的**分布函数**,可记 $X\sim F(x)$.

分布函数是定义域为 $(-\infty,+\infty)$，函数值在区间 $[0,1]$ 上的实值函数.通过分布函数,我们可以用微积分的方法来研究随机变量.

在几何上,我们把 X 看成数轴上的随机点的坐标,则分布函数 $F(x)$ 在 x 处的函数值,就表示 X 落在区间 $(-\infty,x]$ 上的概率.

随机变量 X 的分布函数 $F(x)$ 具有如下的性质.

性质1 对任意的实数 x_1, x_2, 设 $x_1 < x_2$, 则有

$$P\{x_1 < X \leqslant x_2\} = F(x_2) - F(x_1).$$

证明 由于 $\{x_1 < X \leqslant x_2\} = \{X \leqslant x_2\} - \{X \leqslant x_1\}$, 而 $\{X \leqslant x_1\} \subset \{X \leqslant x_2\}$, 因此

$$P\{x_1 < X \leqslant x_2\} = P\{X \leqslant x_2\} - P\{X \leqslant x_1\} = F(x_2) - F(x_1).$$ 证毕.

性质1表明,若已知 X 的分布函数,就能知道随机变量 X 在任一区间 $(x_1, x_2]$ 上取值的概率. 从这个意义上说,分布函数完整地描述了随机变量的统计规律性.

性质2(单调不减性) 对任意的实数 x_1, x_2, 设 $x_1 < x_2$, 则有 $F(x_1) \leqslant F(x_2)$.

证明 根据性质1,由 $P\{x_1 < X \leqslant x_2\} \geqslant 0$, 即得 $F(x_1) \leqslant F(x_2)$. 证毕.

性质3(有界性) 对任意实数 x, 总有 $0 \leqslant F(x) \leqslant 1$, 并且

$$F(-\infty) = \lim_{x \to -\infty} F(x) = 0, \quad F(+\infty) = \lim_{x \to +\infty} F(x) = 1.$$

对性质3,我们不作严格证明,只作一些简单说明.

首先,由 $F(x)$ 的定义直接可得 $0 \leqslant F(x) \leqslant 1$.

当 $x \to -\infty$ 时, $\{X \leqslant x\}$ 越来越趋于不可能事件,故其概率 $P\{X \leqslant x\}$ 即 $F(x)$ 就趋于不可能事件的概率(零),即 $F(-\infty) = \lim\limits_{x \to -\infty} F(x) = 0$.

类似地,可以说明 $F(+\infty) = \lim\limits_{x \to +\infty} F(x) = 1$.

性质4(右连续性) $\lim\limits_{x \to x_0^+} F(x) = F(x_0)$.

性质4的证明从略.

需要说明的是,如果一个函数具备上述"单调不减性"、"有界性"和"右连续性"三条性质,则它一定是某个随机变量的分布函数.

例2.5 设随机变量 X 的分布函数为 $F(x) = A + B\arctan x$, $-\infty < x < +\infty$, (1)确定常数 A, B 的值;(2)计算概率 $P\{-1 < X \leqslant 1\}$.

解 (1)由分布函数的性质,得

$$F(-\infty) = \lim_{x \to -\infty} F(x) = \lim_{x \to -\infty} (A + B\arctan x) = A - \frac{\pi}{2}B = 0,$$

$$F(+\infty) = \lim_{x \to +\infty} F(x) = \lim_{x \to +\infty} (A + B\arctan x) = A + \frac{\pi}{2}B = 1.$$

解得 $A=\frac{1}{2}$，$B=\frac{1}{\pi}$，于是

$$F(x)=\frac{1}{2}+\frac{1}{\pi}\arctan x \quad (-\infty<x<+\infty).$$

(2) $P\{-1<X\leqslant 1\}=F(1)-F(-1)=\frac{1}{\pi}[\arctan 1-\arctan(-1)]$

$$=\frac{1}{\pi}\left[\frac{\pi}{4}-\left(-\frac{\pi}{4}\right)\right]=\frac{1}{2}.$$

例 2.6　设一口袋中有依次标有 -1，2，2，3 数字的 4 个球. 现从中任意取出一球，记随机变量 X 为取得的球上标有的数字，求 X 的分布函数，并求以下概率：

$$P\left\{X\leqslant\frac{1}{2}\right\},\quad P\left\{\frac{3}{2}<X\leqslant\frac{5}{2}\right\},\quad P\{2\leqslant X\leqslant 3\}.$$

解　易知 X 的可能取值为 -1，2，3，由古典概率的计算公式，可得相应的概率为

$$P\{X=-1\}=\frac{1}{4},\quad P\{X=2\}=\frac{1}{2},\quad P\{X=3\}=\frac{1}{4}.$$

当 $x<-1$ 时，$\{X\leqslant x\}=\varnothing$，因此 $F(x)=P\{X\leqslant x\}=P\{\varnothing\}=0$；

当 $-1\leqslant x<2$ 时，$\{X\leqslant x\}=\{X=-1\}$，因此 $F(x)=P\{X=-1\}=\frac{1}{4}$；

当 $2\leqslant x<3$ 时，$\{X\leqslant x\}=\{X=-1\}\cup\{X=2\}$，因此

$$F(x)=P\{X=-1\}+P\{X=2\}=\frac{1}{4}+\frac{1}{2}=\frac{3}{4};$$

当 $x\geqslant 3$ 时，$\{X\leqslant x\}=\{X=-1\}\cup\{X=2\}\cup\{X=3\}$，因此

$$F(x)=P\{X=-1\}+P\{X=2\}+P\{X=3\}=\frac{1}{4}+\frac{1}{2}+\frac{1}{4}=1.$$

综上所述，X 的分布函数为

$$F(x)=\begin{cases}0, & x<-1,\\ \frac{1}{4}, & -1\leqslant x<2,\\ \frac{3}{4}, & 2\leqslant x<3,\\ 1, & x\geqslant 3.\end{cases}$$

其图形如图 2-1 所示.

根据随机变量 X 的分布函数 $F(x)$，可得

$$P\left\{X\leqslant\frac{1}{2}\right\}=F\left(\frac{1}{2}\right)=\frac{1}{4},$$

$$P\left\{\frac{3}{2}<X\leqslant\frac{5}{2}\right\}=F\left(\frac{5}{2}\right)-F\left(\frac{3}{2}\right)=\frac{3}{4}-\frac{1}{4}=\frac{1}{2},$$

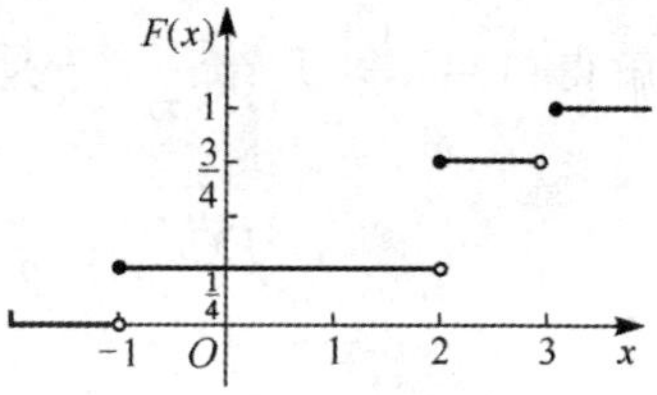

图 2-1　分布函数 $F(x)$ 的图形

$$P\{2\leqslant X\leqslant 3\}=F(3)-F(2)+P\{X=2\}=1-\frac{3}{4}+\frac{1}{2}=\frac{3}{4}.$$

习题 2.1

1. 用随机变量 X 的分布函数 $F(x)$ 表示下列事件的概率：

$$P\{X\leqslant a\},\quad P\{X>a\},\quad P\{a<X\leqslant b\}(a<b),$$

其中 a, b 都是实数.

2. 设随机变量 X 的分布函数为

$$F(x)=\begin{cases}c-\mathrm{e}^{-x}, & x\geqslant 0,\\ 0, & x<0.\end{cases}$$

求(1)常数 c；(2) $P\{X\leqslant 1\}$，$P\{1<X\leqslant 2\}$.

3. 投掷一枚均匀骰子,用 X 表示出现的每一结果，Y 表示投掷骰子次数. 求

(1) $P\{X\leqslant 3\}$；

(2) 直到出现 6 点为止所投掷骰子次数的概率.

4. 设随机变量 X 的取值及其相应的概率为

X	0	1	2
p_k	$\frac{1}{3}$	$\frac{1}{6}$	$\frac{1}{2}$

求 X 的分布函数 $F(x)$.

5. 一个口袋中有 6 张卡片,分别标有 -3, -3, 1, 1, 1, 2 这 6 个数字,从这个口袋中任取一张卡片,求取得的卡片上所标数字 X 的分布函数.

6. 设 $F_1(x)$, $F_2(x)$ 分别是随机变量 X_1, X_2 的分布函数,若 $aF_1(x)+bF_2(x)$ 为某一随机变量的分布函数,试求常数 a, b 的关系.

7. 判别下列函数是否为某随机变量的分布函数?

(1) $F(x)=\begin{cases}0, & x<-2,\\ \dfrac{1}{2}, & -2\leqslant x<0,\\ 1, & x\geqslant 0;\end{cases}$　　(2) $F(x)=\begin{cases}0, & x<0,\\ \sin x, & 0\leqslant x<\pi,\\ 1, & x\geqslant \pi.\end{cases}$

8. 在区间[1, 5]上任意掷一个质点,用 X 表示这个质点与原点的距离. 如果这个质点落在[1, 5]上任一子区间内的概率与这个区间的长度成正比,求 X 的分布函数.

2.2　离散型随机变量及其分布律

在 2.1 节中,我们指出,若随机变量 X 的所有可能取值是可以一一列举出来的,则称 X 为离散型随机变量. 本节讨论离散型随机变量的概率分布以及一些常见的离散型随机变量.

2.2.1　离散型随机变量及其分布律

定义 2.3　如果随机变量 X 的所有可能取值是有限个或可列无限个,而且以确定的概率取这些不同的值,则称 X 为**离散型随机变量**.

定义 2.4　设离散型随机变量 X 的所有可能取值为 $x_1, x_2, \cdots, x_n, \cdots$,则称

$$P\{X=x_k\}=p_k \quad (k=1, 2, \cdots)$$

为 X 的**概率分布**,简称**分布律**或**分布列**.

离散型随机变量 X 的分布律也常用表格表示为

X	x_1	x_2	$\cdots$	x_n	$\cdots$
p_k	p_1	p_2	$\cdots$	p_n	$\cdots$

离散型随机变量 X 的分布律具有下列基本性质.

性质 1(非负性)　$p_k\geqslant 0(k=1, 2, \cdots)$.

证明　由概率的定义可知, $p_k\geqslant 0(k=1, 2, \cdots)$.　　证毕.

性质 2(完备性)　$\sum\limits_{k=1}^{\infty}p_k=1$.

证明　由于 $\bigcup\limits_{k=1}^{\infty}\{X=x_k\}=\Omega$,而 $\{X=x_i\}\cap\{X=x_j\}=\varnothing(i\neq j, i, j=1, 2, \cdots)$,因此

$$1=P(\Omega)=P\left(\bigcup_{k=1}^{\infty}\{X=x_k\}\right)=\sum_{k=1}^{\infty}P\{X=x_k\},$$

即有 $\sum_{k=1}^{\infty} p_k = 1$.　　证毕.

例 2.7　将一枚均匀硬币抛掷两次,设 X 表示正面出现的次数,求 X 的分布律.

解　由例 2.2 可得 $P\{X=2\}=\frac{1}{4}$, $P\{X=1\}=\frac{1}{2}$, $P\{X=0\}=\frac{1}{4}$.

于是 X 的分布律为

X	0	1	2
p_k	$\frac{1}{4}$	$\frac{1}{2}$	$\frac{1}{4}$

例 2.8　设离散型随机变量 X 的分布律为

X	-1	1	4
p_k	c	c	$2c$

试求(1)常数 c; (2) $P\{X<1\}$.

解　(1) 根据离散型随机变量分布律的完备性,有

$$c+c+2c=1,$$

所以, $c=\frac{1}{4}$.

(2) 由(1)代入 c 的值,则 X 的分布律为

X	-1	1	4
p_k	$\frac{1}{4}$	$\frac{1}{4}$	$\frac{1}{2}$

注意到在 $X<1$ 的范围内, X 的可能取值只有 -1 一个值,所以

$$P\{X<1\}=P\{X=-1\}=\frac{1}{4}.$$

例 2.9　设一汽车在开往目的地的道路上需经过四组信号灯,每组信号灯以概率 p 禁止汽车通过,以 X 表示汽车首次停下来时已通过的信号灯的组数(设各组信号灯的工作是相互独立的),求 X 的分布律.

解　因为每一组信号灯禁止汽车通过的概率为 p, 允许汽车通过的概率为 $1-p$, 则 X 的分布律为

X	0	1	2	3	4
p_k	p	$(1-p)p$	$(1-p)^2 p$	$(1-p)^3 p$	$(1-p)^4$

如果 $p=\frac{1}{2}$，则 X 的分布律为

X	0	1	2	3	4
p_k	0.5	0.25	0.125	0.0625	0.0625

在例 2.6 中，我们给出了具体的离散型随机变量 X 的分布函数的求法，这种方法适合于一般的离散型随机变量.

设离散型随机变量 X 的分布律为

X	x_1	x_2	…	x_n	…
p_k	p_1	p_2	…	p_n	…

不妨设 $x_i<x_{i+1}$，$i=1, 2, \cdots$，由概率的可加性，可得

当 $x<x_1$ 时，$F(x)=0$；

当 $x_1\leqslant x<x_2$ 时，$F(x)=p_1$；

当 $x_2\leqslant x<x_3$ 时，$F(x)=p_1+p_2$；

…

当 $x_{n-1}\leqslant x<x_n$ 时，$F(x)=p_1+p_2+\cdots+p_{n-1}$；

…

所以 X 的分布函数可写成

$$F(x)=P\{X\leqslant x\}=\sum_{x_k\leqslant x}P\{X=x_k\}=\sum_{x_k\leqslant x}p_k.$$

这里的和式是对于所有满足 $x_k\leqslant x$ 的 k 求和.

离散型随机变量 X 的分布函数的上述取值规律可用图形直观描绘，如图 2-2 所示.

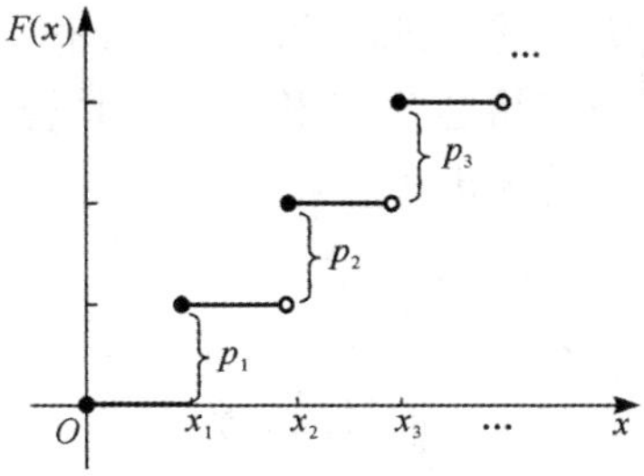

图 2-2　阶梯形函数 $F(x)$ 的图形

从图 2-2 可见，分布函数 $F(x)$ 是一个阶梯形函数，它在 $x=x_k(k=1, 2, \cdots)$处有跳跃，其跳跃值为 $p_k=P\{X=x_k\}$.

设 $F(x)=P\{X\leqslant x\}$ 是离散型随机变量 X 的分布函数，则有

(1) $P\{X<a\}=F(a-0)$；

(2) $P\{X=a\}=P\{X\leqslant a\}-P\{X<a\}=F(a)-F(a-0)$.

由此可推得

$P\{a\leqslant X\leqslant b\}=P\{X\leqslant b\}-P\{X<a\}=F(b)-F(a-0)$；

$P\{X\geqslant b\}=1-P\{X<b\}=1-F(b-0)$.

综上所述，对随机变量 X，若已知 X 的分布函数，就能知道 X 在任一区间上取值的概率. 从这个意义上说，分布函数完整地描述了随机变量的统计规律性.

2.2.2 一些常见的离散型随机变量

在理论和应用上,所遇到的离散型随机变量有很多,但其中最重要的是如下三种.

1. 0—1 分布

定义 2.5 设随机变量 X 只可能取 0 或 1 两个值,其分布律为

X	0	1
p_k	$1-p$	p

则称 X 服从参数为 p 的**0—1 分布**或**两点分布**,记为 $X \sim B(1, p)$.

0—1 分布的分布律用公式表示为

$$P\{X=k\}=p^k q^{1-k}, \quad k=0, 1\ (0<p<1,\ p+q=1).$$

对于任何一个只有两种可能结果的随机试验,如果用 $\Omega=\{\omega_1, \omega_2\}$ 表示样本空间,我们总可以在 Ω 上定义一个服从两点分布的随机变量

$$X=\begin{cases}1, & 若\ \omega=\omega_1, \\ 0, & 若\ \omega=\omega_2\end{cases}$$

来描述随机试验的结果.例如,对射手射击是否“中靶”,掷硬币是否“正面朝上”,检查产品是否“合格”,明天是否“下雨”,种子是否“发芽”等试验,均可用服从 0—1 分布的随机变量来描述.

2. 二项分布

在第 1 章 1.4.2 中,我们探讨过 n 重伯努利概型以及二项概率.如果我们用 X 表示 n 重伯努利试验中事件 A 发生的次数,则由定理 1.6 可知,随机变量 X 的分布律为

$$P\{X=k\}=\mathrm{C}_n^k p^k q^{n-k} \quad (k=0, 1, 2, \cdots, n).$$

其中 $0<p<1$, $q=1-p$.

定义 2.6 设随机变量 X 的分布律为

$$P\{X=k\}=\mathrm{C}_n^k p^k (1-p)^{n-k} \quad (k=0, 1, 2, \cdots, n).$$

则称随机变量 X 服从参数为 n, p 的**二项分布**,记为 $X \sim B(n, p)$.

特别地,当 $n=1$ 时,X 服从 0—1 分布,此时记 $X \sim B(1, p)$,这说明 0—1 分布是二项分布的特例.

例 2.10 一批产品的一级品率为 0.4,重复抽取 10 件,求其中恰有 k 个一级

品的概率.

解　设 X 表示 10 件产品中一级品的件数,则 $X \sim B(10, 0.4)$,故所求概率为

$$P\{X=k\}=C_{10}^{k}\, 0.4^{k}\, 0.6^{10-k} \quad (k=0, 1, 2, \cdots, 10).$$

例 2.11　某人进行射击,设每次射击的命中率是 0.02,独立射击了 400 次,求至少击中两次的概率.

解　设 X 表示 400 次射击中击中目标的次数,则 $X \sim B(400, 0.02)$,故所求概率为

$$\begin{aligned} P\{X \geqslant 2\} &= 1-P\{X<2\}=1-P\{X=0\}-P\{X=1\} \\ &=1-0.98^{400}-400 \times 0.02 \times 0.98^{399} \approx 0.9972. \end{aligned}$$

3. 泊松分布

定义 2.7　设随机变量 X 的分布律为

$$P\{X=k\}=\frac{\lambda^{k}}{k!} \mathrm{e}^{-\lambda} \quad (k=0, 1, 2, \cdots).$$

其中 $\lambda>0$ 为常数,则称随机变量 X 服从参数为 λ 的**泊松**(Possion)**分布**,记为 $X \sim P(\lambda)$.

从定义 2.7 可知,$P\{X=k\} \geqslant 0(k=0, 1, 2, \cdots)$;另外,利用 $\sum\limits_{k=0}^{\infty} \frac{\lambda^{k}}{k!}=\mathrm{e}^{\lambda}$ 易知 $\sum\limits_{k=0}^{\infty} P\{X=k\}=\sum\limits_{k=0}^{\infty} \frac{\lambda^{k} \mathrm{e}^{-\lambda}}{k!}=1$.

现实中,有很多近似服从泊松分布的随机变量.例如,一本书一页中的印刷错误数;某医院每天前来就诊的病人数;某地区一段时间间隔内发生交通事故的次数;某地区一年内发生暴雨的次数;等等,都近似地服从某一参数的泊松分布.

例 2.12　设随机变量 $X \sim P(\lambda)$,且已知 $P\{X=2\}=P\{X=3\}$,试求 $P\{X=4\}$.

解　随机变量 X 的分布律为

$$P\{X=k\}=\frac{\lambda^{k}}{k!} \mathrm{e}^{-\lambda} \quad (k=0, 1, 2, \cdots).$$

由 $P\{X=2\}=P\{X=3\}$ 得

$$\frac{\lambda^{2}}{2!} \mathrm{e}^{-\lambda}=\frac{\lambda^{3}}{3!} \mathrm{e}^{-\lambda},$$

由此得

$$\lambda^{3}-3 \lambda^{2}=0,$$

解得 $\lambda=3,\quad \lambda=0$ (不合题意,舍去).

所以 $$P\{X=4\}=\frac{3^4}{4!}e^{-3}=\frac{27}{8}e^{-3}.$$

例 2.13 统计资料表明,某路口每月发生交通事故次数服从参数为 6 的泊松分布,求该路口一个月至少发生一起交通事故的概率.

解 设 X 表示该路口每月发生交通事故的次数,由题意知 $X\sim P(6)$,于是所求概率为

$$P\{X\geqslant 1\}=1-P\{X=0\}=1-e^{-6}\approx 0.997\,52.$$

可以证明,当 n 比较大,p 很小时,二项分布 $B(n, p)$ 可以近似看作参数为 $\lambda=np$ 的泊松分布. 事实上,我们有以下泊松定理(证明从略).

定理 2.1(泊松定理) 设 $\lambda>0$ 是一个常数,n 是任意正整数,设 $np_n=\lambda$,则对于任一固定的非负整数 k,有

$$\lim_{n\to\infty}C_n^k p_n^k(1-p_n)^{n-k}=\frac{\lambda^k e^{-\lambda}}{k!}\quad(0\leqslant k\leqslant n).$$

在实际计算中,当 $n\geqslant 10$,$p\leqslant 0.1$,我们就可以用 $\dfrac{\lambda^k e^{-\lambda}}{k!}$ 作为 $C_n^k p^k(1-p)^{n-k}$ 的近似值,而 $\dfrac{\lambda^k e^{-\lambda}}{k!}$ 可以查泊松分布表(见附表 1),计算较为方便.

例 2.14 某台仪器,由 1 000 个元件装配而成,每一元件在一年工作期间发生故障的概率为 0.002,且各元件之间相互独立,求

(1) 在一年内有 2 个元件发生故障的概率;

(2) 在一年内至少有 2 个元件发生故障的概率.

解 设 X 表示发生故障的元件数,则 $X\sim B(1\,000, 0.002)$. 由于 $n=1\,000$ 较大,$p=0.002$ 较小,所以可用泊松定理来近似计算,其中 $\lambda=np=2$.

(1) 在一年内有 2 个元件发生故障的概率为

$$P\{X=2\}=C_{1000}^2\,0.002^2\times 0.998^{998}\approx\frac{2^2}{2!}e^{-2}$$
$$=2e^{-2}\approx 0.270\,7;$$

(2) 在一年内至少有 2 个元件发生故障的概率为

$$P\{X\geqslant 2\}=1-P\{X=0\}-P\{X=1\}\approx 1-e^{-2}-\frac{2}{1!}e^{-2}$$
$$=1-3e^{-2}\approx 0.594\,0.$$

习题 2.2

1. 某篮球运动员投中篮圈的概率是 0.9，求他两次独立投篮投中次数 X 的概率分布.

2. 一批产品共 100 件，其中有 10 件次品，90 件正品. 现从中随机抽取 5 件，求抽得的次品件数 X 的分布律.

3. 一台设备由三大部件构成，在设备运转中各部件需要调整的概率相应为 0.10，0.20 和 0.30. 假设各部件的状态相互独立，以 X 表示同时需要调整的部件数，试求 X 的分布律.

4. 已知离散型随机变量 X 的分布律为

X	-1	0	1
p_k	$2a$	$\frac{1}{4}$	$a+\frac{1}{4}$

试求常数 a.

5. 设随机变量 X 的分布函数为 $F(x)=\begin{cases}0, & x<-1,\\ 0.3, & -1\leqslant x<1,\\ 0.4, & 1\leqslant x<3,\\ 1, & x\geqslant 3,\end{cases}$ 求 X 的分布律，并求 $P\{-1<X\leqslant 2\}$，$P\{X<2\}$.

6. 设 X 服从参数为 p 的 0—1 分布，求 X 的分布函数.

7. 设离散型随机变量 X 的分布律为

X	0	1	3
p_k	0.5	0.3	0.2

求(1) X 的分布函数 $F(x)$；(2) $F(1.5)$.

8. 从某大学到火车站途中有 6 个交通岗，假设在各个交通岗是否遇到红灯相互独立，并且遇到红灯的概率都是 $\frac{1}{3}$.

(1) 设 X 为汽车行驶途中遇到的红灯数，求 X 的分布律；

(2) 求汽车行驶途中至少遇到 5 次红灯的概率.

9. 有一大型汽车站，每天有许多汽车通过. 设每辆汽车在一天中的某段时间内发生交通事故的概率为 0.000 1. 假定在一段时间内有 1 000 辆汽车通过，问发生交通事故的次数不少于两次的概率大约为多少？

10. 设书籍上每页的印刷错误的个数 X 服从泊松分布，经统计发现在某本书上，有一个印刷错误与有两个印刷错误的页数相同，求任意检验 4 页，每页上都没有印刷错误的概率.

11. 设某射击运动员各次射击中靶与否互不影响，且中靶的概率为 $p(0<p<1)$，现不停射击，直至中靶为止，求射击次数 X 的概率分布.

2.3 连续型随机变量及其概率密度

在非离散型随机变量的范围中,最重要的是连续型随机变量.本节主要讨论连续型随机变量的概率分布以及一些常见的连续型随机变量.

2.3.1 连续型随机变量及其概率密度

例 2.15 一靶子是半径为 2 m 的圆盘,设击中靶上任一同心圆盘上的点的概率与该圆盘的面积成正比,并设射击都能中靶,以 X 表示弹着点与圆心的距离.求随机变量 X 的分布函数.

解 当 $x<0$ 时, $\{X\leqslant x\}=\varnothing$, 因此 $F(x)=P\{X\leqslant x\}=P\{\varnothing\}=0$;

当 $0\leqslant x<2$ 时, $F(x)=P\{X\leqslant x\}=P\{X<0\}+P\{0\leqslant X\leqslant x\}=kx^2$;

当 $x\geqslant 2$ 时, $\{X\leqslant x\}=\Omega$, 因此 $F(x)=P\{\Omega\}=1$;

由于 $P\{0\leqslant X\leqslant 2\}=2^2k$ 以及 $P\{0\leqslant X\leqslant 2\}=1$, 因此 $k=\frac{1}{4}$.

综上所述, X 的分布函数为

$$F(x)=\begin{cases}0, & x<0,\\ \frac{x^2}{4}, & 0\leqslant x<2,\\ 1, & x\geqslant 2.\end{cases}$$

易知,例 2.15 中的分布函数 $F(x)$ 可以写成形式 $F(x)=\int_{-\infty}^{x}f(t)\mathrm{d}t$, 其中

$$f(t)=\begin{cases}\frac{t}{2}, & 0<t<2,\\ 0, & \text{其他}.\end{cases}$$

也就是说, $F(x)$ 是非负函数 $f(t)$ 在区间 $(-\infty, x]$ 上的积分,此时我们称 X 为连续型随机变量.下面给出连续型随机变量的一般定义及其一般性质.

定义 2.8 设 $F(x)$ 是随机变量 X 的分布函数,若存在非负函数 $f(x)$, 使得对于任意实数 x, 有

$$F(x)=P\{X\leqslant x\}=\int_{-\infty}^{x}f(t)\mathrm{d}t,$$

则称 X 为**连续型随机变量**，$f(x)$ 为 X 的**概率密度函数**，简称**概率密度**或**密度函数**.

由定义 2.8 可知，连续型随机变量 X 的分布函数 $F(x)$ 是连续函数.

容易看出，概率密度 $f(x)$ 具有如下性质.

性质 1(非负性)　$f(x) \geqslant 0$.

性质 2(正则性)　$\int_{-\infty}^{+\infty} f(x)\mathrm{d}x = 1$.

证明　$\int_{-\infty}^{+\infty} f(x)\mathrm{d}x = F(+\infty) = 1$.　　证毕.

性质 2 意味着介于曲线 $y = f(x)$ 与 Ox 轴之间的图形面积 A 等于 1，如图2-3 所示.

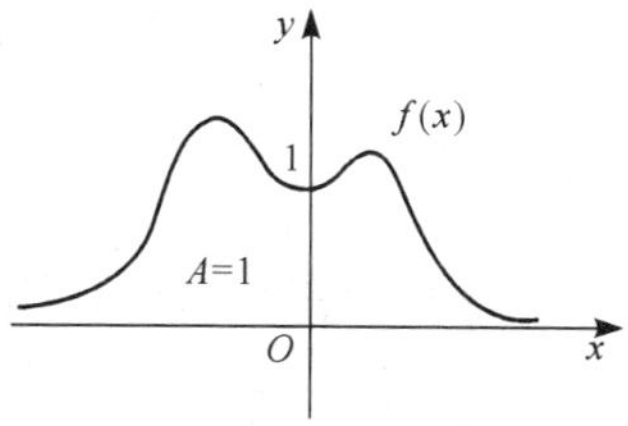

图 2-3　$f(x)$的正则性

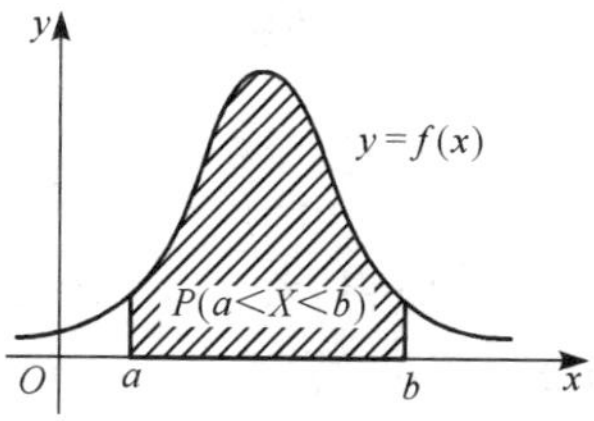

图 2-4　$f(x)$的性质

反之，一个函数 $f(x)$ 若满足上述性质 1 和性质 2，则 $f(x)$ 一定可以作为某连续型随机变量的概率密度.

性质 3　对连续型随机变量 X 和任意实数 a，有 $P\{X = a\} = 0$.

证明　由于对任意给定的 $\Delta x > 0$，$\{X = a\} \subset \{a - \Delta x < X \leqslant a\}$，因此

$$0 \leqslant P\{X = a\} \leqslant P\{a - \Delta x < X \leqslant a\} = F(a) - F(a - \Delta x),$$

令 $\Delta x \to 0^+$，得上式右端趋近于零. 所以，$P\{X = a\} = 0$.　　证毕.

性质 3 说明，连续型随机变量取任意一个指定实数 a 的概率为零. 同时也说明，概率为零的事件不一定是不可能事件，因为虽然 $P\{X = a\} = 0$，但事件 $\{X = a\}$ 并非不可能事件.

性质 4　对任意的实数 a, b，设 $a < b$，则有

$$\begin{aligned} P\{a < X < b\} &= P\{a \leqslant X < b\} = P\{a < X \leqslant b\} \\ &= P\{a \leqslant X \leqslant b\} = \int_a^b f(x)\mathrm{d}x. \end{aligned}$$

证明　首先，由性质 3 知

$$P\{a < X < b\} = P\{a \leqslant X < b\} = P\{a < X \leqslant b\} = P\{a \leqslant X \leqslant b\},$$

其次

$$P\{a < X \leqslant b\} = F(b) - F(a) = \int_{-\infty}^{b} f(x)\mathrm{d}x - \int_{-\infty}^{a} f(x)\mathrm{d}x$$
$$= \int_{a}^{b} f(x)\mathrm{d}x,$$

即得性质 4 成立. 证毕.

性质 4 说明,连续型随机变量 X 落在区间 (a, b),$[a, b)$,$(a, b]$,$[a, b]$ 上的概率都相等,且都等于 $f(x)$ 在闭区间 $[a, b]$ 上的积分,即曲线 $y = f(x)$ 和直线 $x = a$, $x = b$ 及 $y = 0$ 所围成的曲边梯形的面积,如图 2-4 所示.

性质 5 若 $f(x)$ 在点 x 处连续,则 $F'(x) = f(x)$.

证明 由微积分的知识,在 $f(x)$ 的连续点处, $F(x) = \int_{-\infty}^{x} f(t)\mathrm{d}t$ 可导,且

$$F'(x) = f(x).$$ 证毕.

从以上性质可得,若 $f(x)$ 是连续型随机变量 X 的概率密度,则对任意固定的 x,任意的 $\Delta x > 0$,有

$$\frac{P\{x < X \leqslant x + \Delta x\}}{\Delta x} = \frac{1}{\Delta x}\int_{x}^{x+\Delta x} f(x)\mathrm{d}x.$$

上式左端表示随机变量 X 落在区间 $(x, x + \Delta x]$ 上的平均概率. 如果 $f(x)$ 在 x 处连续,则

$$\lim_{\Delta x \to 0} \frac{P\{x < X \leqslant x + \Delta x\}}{\Delta x} = f(x).$$ 证毕.

因此我们看到,概率密度的定义与物理学中线密度的定义极其类似. 这就是 $f(x)$ 称为概率密度的原因.

另外,当 Δx 为一无穷小量时,有

$$P\{x < X \leqslant x + \Delta x\} \approx f(x)\Delta x.$$

因此, X 落在小区间 $(x, x + \Delta x]$ 上的概率近似等于 $f(x)\Delta x$.

例 2.16 设随机变量 X 的概率密度为

$$f(x) = \begin{cases} kx, & 0 \leqslant x < 1, \\ 2 - x, & 1 \leqslant x < 2, \\ 0, & \text{其他}. \end{cases}$$

(1) 确定常数 k; (2)求 X 的分布函数 $F(x)$; (3)求 $P\left\{\frac{1}{2} < X \leqslant \frac{3}{2}\right\}$.

解 (1)由 $\int_{-\infty}^{+\infty} f(x)\mathrm{d}x = 1$ 得

$$\int_0^1 kx\,\mathrm{d}x + \int_1^2 (2-x)\mathrm{d}x = 1,$$

解得 $k=1$，于是

$$f(x)=\begin{cases} x, & 0\leqslant x<1, \\ 2-x, & 1\leqslant x<2, \\ 0, & \text{其他}. \end{cases}$$

(2) 当 $x<0$ 时，$F(x)=\int_{-\infty}^{x} f(t)\mathrm{d}t = 0$；

当 $0\leqslant x<1$ 时，$F(x)=\int_{-\infty}^{x} f(t)\mathrm{d}t=\int_{-\infty}^{0} f(t)\mathrm{d}t+\int_{0}^{x} f(t)\mathrm{d}t=\int_{0}^{x} t\mathrm{d}t=\dfrac{x^2}{2}$；

当 $1\leqslant x<2$ 时，$F(x)=\int_{-\infty}^{x} f(t)\mathrm{d}t=\int_{-\infty}^{0} f(t)\mathrm{d}t+\int_{0}^{1} f(t)\mathrm{d}t+\int_{1}^{x} f(t)\mathrm{d}t$

$$=\int_0^1 t\mathrm{d}t+\int_1^x (2-t)\mathrm{d}t=-\frac{1}{2}x^2+2x-1;$$

当 $x\geqslant 2$ 时，$F(x)=\int_{-\infty}^{x} f(t)\mathrm{d}t$

$$=\int_{-\infty}^{0} f(t)\mathrm{d}t+\int_{0}^{1} f(t)\mathrm{d}t+\int_{1}^{2} f(t)\mathrm{d}t+\int_{2}^{x} f(t)\mathrm{d}t$$

$$=\int_0^1 t\mathrm{d}t+\int_1^2 (2-t)\mathrm{d}t=1.$$

综上所述，随机变量 X 的分布函数为

$$F(x)=\begin{cases} 0, & x<0, \\ \dfrac{x^2}{2}, & 0\leqslant x<1, \\ -\dfrac{x^2}{2}+2x-1, & 1\leqslant x<2, \\ 1, & x\geqslant 2. \end{cases}$$

(3) $P\left\{\dfrac{1}{2}<X\leqslant\dfrac{3}{2}\right\}=F\left(\dfrac{3}{2}\right)-F\left(\dfrac{1}{2}\right)=\dfrac{3}{4}.$

2.3.2 一些常见的连续型随机变量

1. 均匀分布

定义 2.9 设随机变量 X 的概率密度为

$$f(x)=\begin{cases}\dfrac{1}{b-a}, & a<x<b,\\ 0, & \text{其他},\end{cases}$$

则称 X 在区间 (a, b) 上服从**均匀分布**,或称 X 服从区间 (a, b) 上的均匀分布,记为 $X\sim U(a, b)$,其中 $a, b(a<b)$ 为常数.

由定义 2.9,显然有 $f(x)\geqslant 0$,且 $\int_{-\infty}^{+\infty}f(x)\mathrm{d}x=\int_a^b\frac{1}{b-a}\mathrm{d}x=1$.

另外,设 $X\sim U(a, b)$,易得 X 的分布函数为

$$F(x)=\begin{cases}0, & x<a,\\ \dfrac{x-a}{b-a}, & a\leqslant x<b,\\ 1, & x\geqslant b.\end{cases}$$

X 的概率密度 $f(x)$ 与分布函数 $F(x)$ 的图形,分别如图 2-5 和图 2-6 所示.

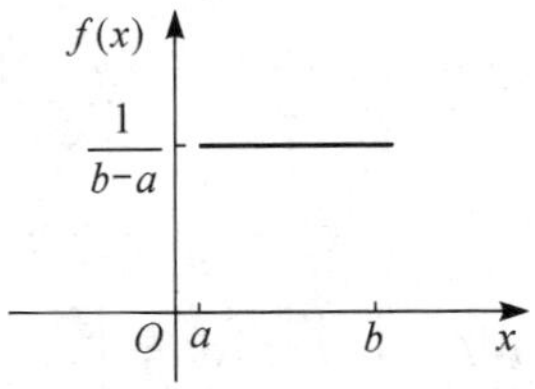

图 2-5 均匀分布的密度函数

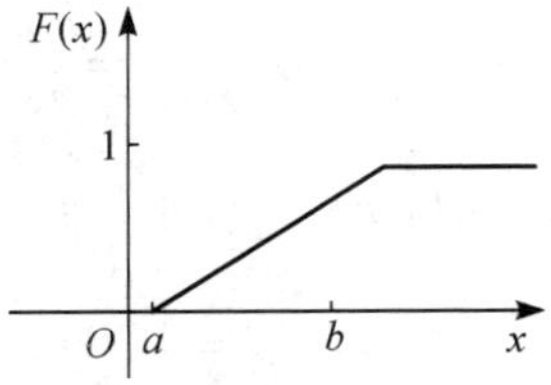

图 2-6 均匀分布的分布函数

我们容易得到,设 $X\sim U(a, b)$,则 X 具有下列等可能性.

性质(等可能性) 设 $X\sim U(a, b)$,则 X 落在区间 (a, b) 中的任意等长度的子区间内的概率只依赖于该子区间的长度,而与该子区间的位置无关.

证明 对任意长度为 l 的子区间 $(c, c+l)\subset(a, b)$,有

$$P\{c<X\leqslant c+l\}=\int_c^{c+l}\frac{1}{b-a}\mathrm{d}x=\frac{l}{b-a}.$$ 证毕.

上述性质说明,在区间 (a, b) 上服从均匀分布的随机变量在 (a, b) 内任意等长度小区间上取值的可能性相等,这也是该分布称为均匀分布的原因.

例 2.17 公共汽车站每隔 5 min 有一辆汽车通过,乘客在 5 min 内任一时刻到达汽车站是等可能的. 求乘客候车时间超过 3 min 的概率.

解 设 X 表示乘客到达汽车站后候车的时间,则 X 在 $[0, 5]$ 上服从均匀分布,即 X 的概率密度为

$$f(x)=\begin{cases}\dfrac{1}{5}, & 0\leqslant x\leqslant 5,\\ 0, & \text{其他}.\end{cases}$$

所求概率为

$$P\{X>3\}=\int_3^{+\infty} f(x)\mathrm{d}x=\int_3^5 \frac{1}{5}\mathrm{d}x=0.4.$$

2. 指数分布

定义 2.10　设随机变量 X 有概率密度为

$$f(x)=\begin{cases}\lambda \mathrm{e}^{-\lambda x}, & x>0,\\ 0, & \text{其他}.\end{cases}$$

其中 $\lambda>0$ 为常数,则称 X 服从参数为 λ 的**指数分布**,记为 $X\sim E(\lambda)$.

由定义 2.10 易知 $f(x)\geqslant 0$, 且 $\int_{-\infty}^{+\infty} f(x)\mathrm{d}x=\int_0^{+\infty}\lambda \mathrm{e}^{-\lambda x}\mathrm{d}x=1$.

设 $X\sim E(\lambda)$, 则 X 的分布函数为

$$F(x)=\begin{cases}1-\mathrm{e}^{-\lambda x}, & x>0,\\ 0, & x\leqslant 0.\end{cases}$$

X 的密度函数 $f(x)$ 与分布函数 $F(x)$ 的图形分别如图 2-7 和图 2-8 所示.

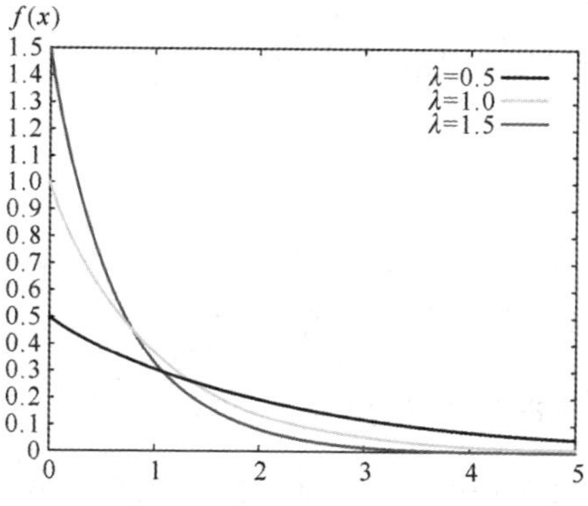

图 2-7　指数分布的概率密度

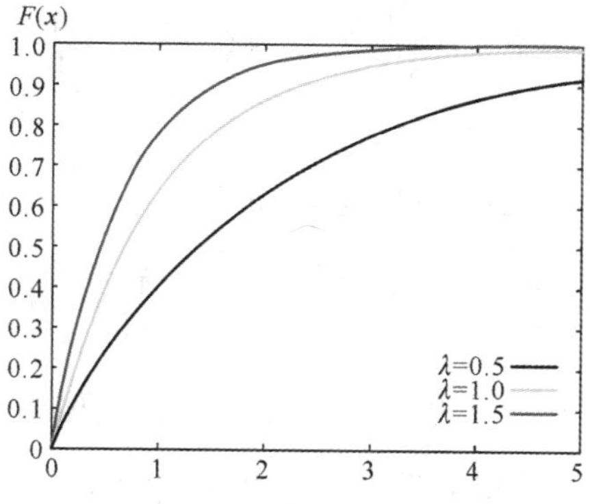

图 2-8　指数分布的分布函数

指数分布在可靠性理论和排队论中有着广泛的应用,常用来作为各种"寿命"分布的近似.如随机服务系统中的服务时间,某些消耗性产品(电子元件等)的寿命,等等,都常被假定服从指数分布.

另外,指数分布具有以下有趣的性质.

性质(无记忆性) 设 $X \sim E(\lambda)$,则对于任意 $s, t > 0$,有

$$P\{X > s+t \mid X > s\} = P\{X > t\}.$$

证明 由于 $P\{X > x\} = \int_{x}^{+\infty} \lambda e^{-\lambda x} dx = e^{-\lambda x}$,因此

$$P\{X > s+t \mid X > s\} = \frac{P\{(X > s+t) \cap (X > s)\}}{P\{X > s\}} = \frac{P\{X > s+t\}}{P\{X > s\}}$$

$$= \frac{e^{-\lambda(s+t)}}{e^{-\lambda s}} = e^{-\lambda t} = P\{X > t\}.$$ 证毕.

根据指数分布的无记忆性,如果 X 是服从指数分布的某一元件的寿命,则已知该元件已经使用了 s h,它总共能使用至少 $(s+t)$ h 的条件概率,与从开始使用时算起它至少使用 t h 的概率相等,即该元件对它已使用过 s h 没有记忆.

例 2.18 已知某电子元件的寿命 X(单位:h)服从参数为 $\lambda = \frac{1}{100}$ 的指数分布,求电子元件的使用寿命至多为 200 h 的概率.

解 由于 X 的概率密度为

$$f(x) = \begin{cases} \frac{1}{100} e^{-\frac{x}{100}}, & x > 0, \\ 0, & \text{其他}. \end{cases}$$

因此所求概率为

$$P\{X \leqslant 200\} = \int_{0}^{200} \frac{1}{100} e^{-\frac{x}{100}} dx = 1 - e^{-2} \approx 0.8647.$$

3. 正态分布

定义 2.11 设随机变量 X 的概率密度为

$$f(x) = \frac{1}{\sqrt{2\pi}\sigma} e^{-\frac{(x-\mu)^2}{2\sigma^2}} \quad (-\infty < x < +\infty).$$

其中 μ, σ 为常数,并且 $\sigma > 0$,则称 X 服从**正态分布**,记为 $X \sim N(\mu, \sigma^2)$.

根据定义 2.11,首先有 $f(x) \geqslant 0$;其次,由 $\int_{-\infty}^{+\infty} e^{-x^2} dx = \sqrt{\pi}$ 可以验证 $\int_{-\infty}^{+\infty} f(x) dx = 1$.

另外,若 $X \sim N(\mu, \sigma^2)$,则 X 的分布函数为

$$F(x) = \int_{-\infty}^{x} \frac{1}{\sqrt{2\pi}\sigma} e^{-\frac{(t-\mu)^2}{2\sigma^2}} dt.$$

$f(x)$ 和分布函数 $F(x)$ 的图形，分别如图 2-9 和图 2-10 所示.

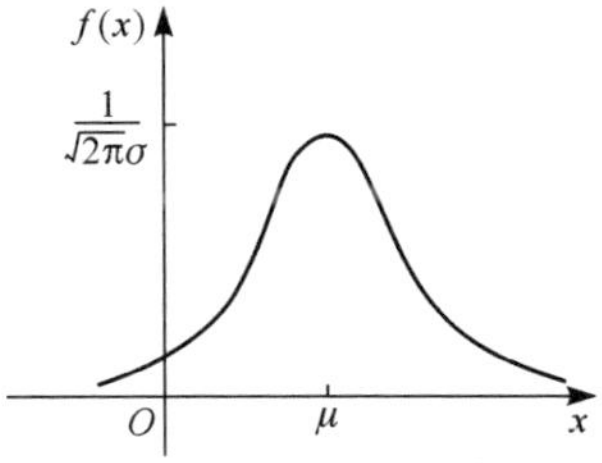

图 2-9　正态分布概率密度的图形

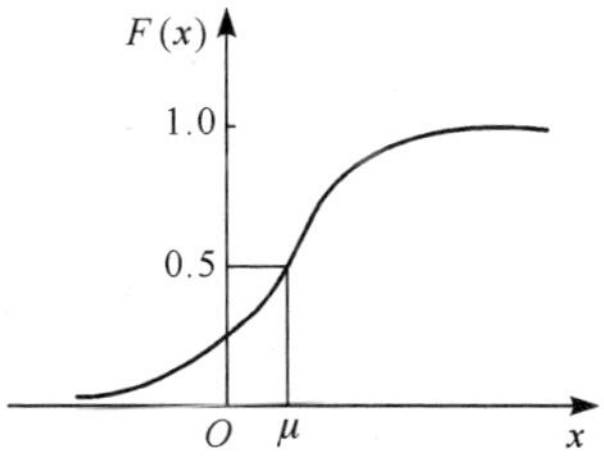

图 2-10　正态分布分布函数的图形

正态分布是概率论中最重要的连续型分布，在 19 世纪前叶由德国数学家高斯加以推广，故又常称为**高斯分布**. 正态分布在实践中得以广泛应用. 例如，产品的质量指标，元件的尺寸，某地区成年人的身高、体重，测量误差，射击目标的水平或垂直偏差，信号噪声、农作物的产量，等等，都可认为服从正态分布.

从图 2-9 中容易看出，$f(x)$ 的图形呈钟形，且有如下特征.

性质 1　设 $f(x)$ 是正态随机变量 X 的概率密度，则

(1) 曲线 $y=f(x)$ 关于直线 $x=\mu$ 对称，即对任意的 $h>0$，有 $f(\mu-h)=f(\mu+h)$；

(2) 函数 $y=f(x)$ 在 $x=\mu$ 处取得最大值 $\dfrac{1}{\sqrt{2\pi}\sigma}$；

(3) 曲线 $y=f(x)$ 在 $x=\mu\pm\sigma$ 处有拐点；

(4) 当 $x\to\infty$ 时，曲线 $y=f(x)$ 以 x 轴为渐近线.

特别地，称参数 $\mu=0$，$\sigma=1$ 的正态分布 $N(0,1)$ 为**标准正态分布**，其概率密度和分布函数通常分别用 $\varphi(x)$ 和 $\Phi(x)$ 来表示，即

$$\varphi(x)=\frac{1}{\sqrt{2\pi}}\mathrm{e}^{-\frac{x^2}{2}},\quad \Phi(x)=\frac{1}{\sqrt{2\pi}}\int_{-\infty}^{x}\mathrm{e}^{-\frac{t^2}{2}}\mathrm{d}t.$$

标准正态分布的概率密度 $\varphi(x)$ 与分布函数 $\Phi(x)$ 的图形特征分别如图 2-11 和图 2-12 所示.

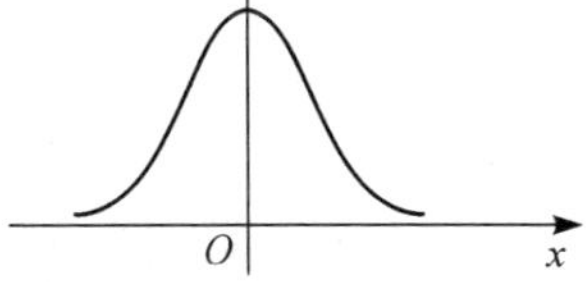

图 2-11　$\varphi(x)$的图形

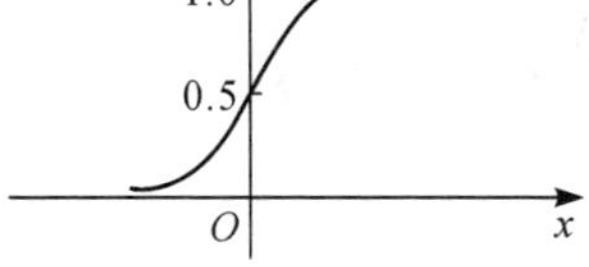

图 2-12　$\Phi(x)$的图形

如图 2-11 所示,由函数 $y=\varphi(x)$ 关于 y 轴的对称性,可以推出 $\Phi(x)$ 有如下重要性质.

性质 2 设 $\Phi(x)$ 是标准正态分布 $N(0, 1)$ 的分布函数,则有

$$\Phi(-x)=1-\Phi(x).$$

证明 由于 $y=\varphi(x)$ 为偶函数,因此

$$\begin{aligned}\Phi(-x)&=\int_{-\infty}^{-x}\varphi(t)\mathrm{d}t=\int_{x}^{+\infty}\varphi(t)\mathrm{d}t\\&=\int_{-\infty}^{+\infty}\varphi(t)\mathrm{d}t-\int_{-\infty}^{x}\varphi(t)\mathrm{d}t=1-\Phi(x).\end{aligned}$$ 证毕.

$\Phi(x)$ 的函数值已制成标准正态分布表(见附表 2),利用此表,可计算参数已知的情形下,标准正态随机变量落在一个区间内的概率. 也就是说,若随机变量 $X\sim N(0, 1)$,则

$$P\{a<X\leqslant b\}=\int_{a}^{b}\frac{1}{\sqrt{2\pi}}\mathrm{e}^{-\frac{t^2}{2}}\mathrm{d}t=\Phi(b)-\Phi(a).$$

关于一般正态分布与标准正态分布的关系,我们有如下结论.

定理 2.2 设随机变量 $X\sim N(\mu, \sigma^2)$,则随机变量 $Y=\frac{X-\mu}{\sigma}\sim N(0, 1)$.

证明 若 $X\sim N(\mu, \sigma^2)$,则 $Y=\frac{X-\mu}{\sigma}$ 的分布函数为

$$\begin{aligned}F_Y(y)&=P\{Y\leqslant y\}=P\left\{\frac{X-\mu}{\sigma}\leqslant y\right\}=P\{X\leqslant\mu+\sigma y\}\\&=\frac{1}{\sqrt{2\pi}\sigma}\int_{-\infty}^{\mu+\sigma y}\mathrm{e}^{-\frac{(t-\mu)^2}{2\sigma^2}}\mathrm{d}t.\end{aligned}$$

作变换 $u=\frac{t-\mu}{\sigma}$,则可得

$$F_Y(y)=\frac{1}{\sqrt{2\pi}}\int_{-\infty}^{y}\mathrm{e}^{-\frac{u^2}{2}}\mathrm{d}u=\Phi(y).$$

即有 $Y=\frac{X-\mu}{\sigma}\sim N(0, 1)$. 证毕.

定理中的 $Y=\frac{X-\mu}{\sigma}$,称为随机变量 X 的标准正态化. 定理 2.2 表明,任何一个一般的正态分布都可以化为标准正态分布.

定理 2.3　设随机变量 $X \sim N(\mu, \sigma^2)$，则

(1) X 的分布函数 $F(x) = \Phi(\frac{x-\mu}{\sigma})$；

(2) 对任意 a，$b(a<b)$，有

$$P\{a<X\leqslant b\}=\Phi\left(\frac{b-\mu}{\sigma}\right)-\Phi\left(\frac{a-\mu}{\sigma}\right).$$

证明　(1) 由定理 2.2 可得

$$F(x)=P\{X\leqslant x\}=P\left\{\frac{X-\mu}{\sigma}\leqslant\frac{x-\mu}{\sigma}\right\}=\Phi\left(\frac{x-\mu}{\sigma}\right).$$ 证毕.

(2) 由(1)可得

$$P\{a<X\leqslant b\}=F(b)-F(a)=\Phi\left(\frac{b-\mu}{\sigma}\right)-\Phi\left(\frac{a-\mu}{\sigma}\right).$$ 证毕.

例 2.19　设 $X \sim N(8, 0.5^2)$，求 $P\{|X-8|<1\}$，$P\{X\geqslant 8\}$ 及 $P\{X<10\}$.

解　$$P\{|X-8|<1\}=P\{7<X<9\}=\Phi\left(\frac{9-8}{0.5}\right)-\Phi\left(\frac{7-8}{0.5}\right)$$
$$=\Phi(2)-\Phi(-2)=2\Phi(2)-1=0.9544,$$

$$P\{X\geqslant 8\}=1-\Phi\left(\frac{8-8}{0.5}\right)=1-0.5=0.5,$$

$$P\{X<10\}=\Phi\left(\frac{10-8}{0.5}\right)=\Phi(4)\approx 1.$$

例 2.20　设某地区男子身高 $X(\mathrm{cm}) \sim N(169.7, 4.1^2)$，从该地区随机找一男子测身高，试求

(1) 他的身高在 170～180 cm 的概率；

(2) 他的身高大于 175 cm 的概率.

解　(1) 所求概率为

$$P\{170\leqslant X\leqslant 180\}=P\left\{\frac{170-169.7}{4.1}\leqslant X\leqslant\frac{180-169.7}{4.1}\right\}$$
$$=\Phi\left(\frac{180-169.7}{4.1}\right)-\Phi\left(\frac{170-169.7}{4.1}\right)$$
$$\approx\Phi(2.512)-\Phi(0.073)\approx 0.4661.$$

(2) 所求概率为

$$P(X>175)=1-\Phi\left(\frac{175-169.7}{4.1}\right)\approx 1-\Phi(1.293)\approx 0.0985.$$

例 2.21 设 $X\sim N(\mu,\sigma^2)$，求 $P\{|X-\mu|<k\sigma\}(k=1,2,3)$.

解 因为

$$\begin{aligned}P\{|X-\mu|<k\sigma\}&=P\{\mu-k\sigma<X<\mu+k\sigma\}\\&=\Phi(k)-\Phi(-k)=2\Phi(k)-1,\end{aligned}$$

所以可得

$$\begin{aligned}P\{|X-\mu|<\sigma\}&=2\Phi(1)-1=0.6826,\\P\{|X-\mu|<2\sigma\}&=2\Phi(2)-1=0.9544,\\P\{|X-\mu|<3\sigma\}&=2\Phi(3)-1=0.9974.\end{aligned}$$

由例 2.21 可见，尽管正态随机变量 X 的取值范围是 $(-\infty,+\infty)$，但它落在 $(\mu-3\sigma,\mu+3\sigma)$ 外的概率小于 3‰，在实际问题中常认为相应的事件是不会发生的，而落在 $(\mu-3\sigma,\mu+3\sigma)$ 内几乎是肯定的，所以，基本上可以把区间 $(\mu-3\sigma,\mu+3\sigma)$ 看作随机变量实际可能的取值区间. 这在统计学上称为**正态分布的"3σ"原则(三倍标准原则)**，如图 2-13 所示.

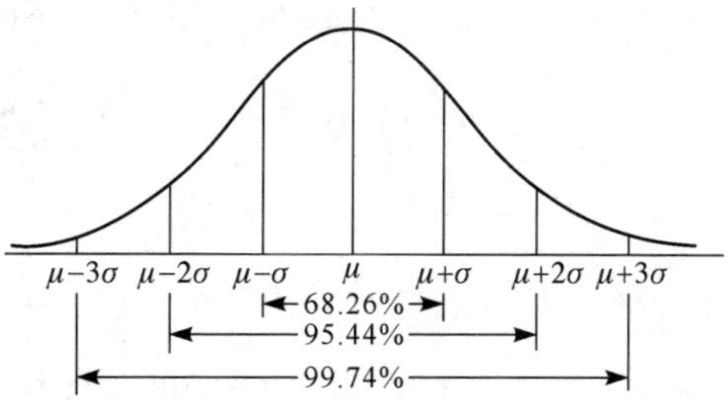

图 2-13 正态分布的"3σ"原则

习题 2.3

1. 设随机变量 X 的概率密度为

$$f(x)=\begin{cases}kx, & 0\leqslant x\leqslant 1,\\0, & \text{其他}.\end{cases}$$

试求(1)常数 k；(2) X 落在区间 $(0.3,0.7)$ 内的概率.

2. 设随机变量 X 的概率密度为

$$f(x)=\begin{cases}\dfrac{2}{\pi}\sqrt{1-x^2}, & -1\leqslant x\leqslant 1,\\0, & \text{其他}.\end{cases}$$

求 X 的分布函数 $F(x)$.

3. 设随机变量 X 的概率密度为 $f(x)=Ae^{-|x|}$，$-\infty<x<+\infty$，试求常数 A 及 X 的分布函数 $F(x)$.

4. 设随机变量 X 的分布函数为

$$F(x)=\begin{cases}1-e^{-x}, & x>0,\\ 0, & x\leqslant 0.\end{cases}$$

求(1) $P\{X\leqslant 2\}$，$P\{X>3\}$；(2) X 的概率密度 $f(x)$.

5. 设随机变量 X 在区间 $[-2, 4]$ 上服从均匀分布，求一元二次方程 $y^2+2Xy+3=0$ 有实根的概率.

6. 某型号的飞机雷达发射管的寿命 X（单位：h）服从参数为 $\lambda=\frac{1}{200}$ 的指数分布，求下列事件的概率.

(1) 发射管寿命不超过 100 h；

(2) 发射管寿命超过 300 h.

7. 设顾客在某银行的窗口等待服务的时间 X（单位：min）服从参数为 $\lambda=\frac{1}{5}$ 的指数分布，某顾客在窗口等待服务，若超过 10 min，他就离开.

(1) 设某顾客某天去银行，求他未等到服务而离开的概率；

(2) 设某顾客一个月要去银行 5 次，求他 5 次中至多有一次未等到服务而离开的概率.

8. 设 $X\sim N(\mu, \sigma^2)$，且 $P\{X\leqslant -5\}=0.045$，$P\{X\leqslant 3\}=0.618$，求 μ 及 σ.

9. 设 $X\sim N(2, \sigma^2)$，且 $P\{2<X<4\}=0.3$，求 $P\{X<0\}$.

10. 设 $\ln X\sim N(1, 2^2)$，求 $P\left\{\frac{1}{2}<X<2\right\}$　（注：$\ln 2=0.693$）.

11. 某商场的日销售额 X（万元）$\sim N(100, 400)$，该商场日销售额在 $90\sim 110$ 万元的概率是多少？

12. 某厂生产的电子元件的寿命 X(h) $\sim N(160, \sigma^2)$，如要求 $P\{120<X\leqslant 200\}\geqslant 0.8$，问 σ 最大允许是多少？

13. 某批钢材的强度 X(N/mm^2) $\sim N(200, 18^2)$，现从中任取一件，

(1) 求取出的钢材强度不低于 180 N/mm^2 的概率；

(2) 如果要以 99% 的概率保证强度不低于 150 N/mm^2，问这批钢材是否合格？

2.4　随机变量函数的分布

在一些实际问题中，已知一个随机变量的分布，要求出与之有关的另一个随机变量的分布. 例如，已知圆半径 X 的分布，要求圆面积 $Y=\pi X^2$ 的分布. 这类问题就是本节要研究的问题——随机变量函数的分布.

我们主要探讨离散型随机变量函数的分布和连续型随机变量函数的分布.

2.4.1 离散型随机变量函数的分布

定义 2.12 设 $g(x)$ 是定义在随机变量 X 的一切可能值 x 的集合上的函数，如果对于 X 的每一可能取值 x，有另一个随机变量 Y 的相应取值 $y=g(x)$，则称 Y 为 X 的函数，记 $Y=g(X)$.

中心问题是如何根据 X 的分布求出 Y 的分布.

例 2.22 设随机变量 X 的分布律为

X	-1	0	1	2
p_k	0.2	0.3	0.1	0.4

求 $Y=(X-1)^2$ 的分布律.

解 Y 的所有可能取值为 0，1，4，由

$$P\{Y=0\}=P\{X=1\}=0.1,$$
$$P\{Y=1\}=P\{X=0\}+P\{X=2\}=0.3+0.4=0.7,$$
$$P\{Y=4\}=P\{X=-1\}=0.2.$$

得到 Y 的分布律为

Y	0	1	4
p_k	0.1	0.7	0.2

例 2.22 阐明了求离散型随机变量函数的分布律的一般方法，归纳起来就是：

记 Y 所有可能取值的集合为 $\{y_i,\ i=1,\ 2,\ \cdots\}$. 即对每个 y_i，至少要有一个 x_k，使得 $y_i=g(x_k)$. 对每个 y_i，将所有满足 $y_i=g(x_k)$ 式子中的 k 对应的 p_k 求和，并记此和为 p_i，则 $p_i=P\{Y=y_i\}$，$i=1,\ 2,\ \cdots$，就是随机变量 Y 的分布律.

2.4.2 连续型随机变量函数的分布

一般地，连续型随机变量的函数不一定是连续型随机变量，但我们主要讨论连续型随机变量的函数还是连续型随机变量的情形.

设连续型随机变量 X 的分布函数为 $F_X(x)$，概率密度为 $f_X(x)$，随机变量函数 $Y=g(X)$，要求 Y 的分布函数 $F_Y(y)$ 和概率密度 $f_Y(y)$.

根据分布函数定义先求 $F_Y(y)$，即

$$F_Y(y)=P\{Y\leqslant y\}=P\{g(X)\leqslant y\}=P\{X\in D_y\}.$$

其中 $D_y=\{x \mid g(x)\leqslant y\}$. 而 $P\{X\in D_y\}$ 常常可由 X 的概率密度 $f_X(x)$ 的积分来表达.

再将 $F_Y(y)$ 关于 y 求导数,可得 Y 的概率密度 $f_Y(y)=F'_Y(y)$.

例 2.23　设随机变量 X 的概率密度为

$$f_X(x)=\begin{cases}\dfrac{x}{8}, & 0<x<4,\\ 0, & \text{其他}.\end{cases}$$

试求 $Y=2X+8$ 的概率密度.

解　随机变量 $Y=2X+8$ 的分布函数为

$$\begin{aligned}F_Y(y)&=P\{Y\leqslant y\}=P\{2X+8\leqslant y\}\\&=P\left\{X\leqslant\frac{y-8}{2}\right\}=\int_{-\infty}^{\frac{y-8}{2}}f_X(x)\mathrm{d}x,\end{aligned}$$

故 Y 的概率密度为

$$f_Y(y)=F'_Y(y)=f_X\left(\frac{y-8}{2}\right)\left(\frac{y-8}{2}\right)'=\frac{1}{2}f_X\left(\frac{y-8}{2}\right),$$

其中

$$\begin{aligned}f_X\left(\frac{y-8}{2}\right)&=\begin{cases}\dfrac{1}{8}\left(\dfrac{y-8}{2}\right), & 0<\dfrac{y-8}{2}<4,\\ 0, & \text{其他}\end{cases}\\&=\begin{cases}\dfrac{y-8}{16}, & 8<y<16,\\ 0, & \text{其他}.\end{cases}\end{aligned}$$

从而可得

$$f_Y(y)=\begin{cases}\dfrac{y-8}{32}, & 8<y<16,\\ 0, & \text{其他}.\end{cases}$$

例 2.24　设随机变量 $X\sim N(0,1)$,求 $Y=X^2$ 的概率密度.

解　由于 $X\sim N(0,1)$,于是 X 的概率密度为

$$f_X(x)=\frac{1}{\sqrt{2\pi}}\mathrm{e}^{-\frac{x^2}{2}}\quad(-\infty<x<+\infty).$$

而随机变量 Y 分布函数为

$$F_Y(y)=P\{Y\leqslant y\}=P\{X^2\leqslant y\}.$$

(1) 当 $y\leqslant 0$ 时,有 $F_Y(y)=P\{X^2\leqslant y\}=0$;

(2) 当 $y>0$ 时,有

$$\begin{aligned}F_Y(y)&=P\{X^2\leqslant y\}=P\{-\sqrt{y}\leqslant X\leqslant\sqrt{y}\}\\&=\int_{-\sqrt{y}}^{\sqrt{y}}f_X(x)\,\mathrm{d}x=\int_{-\sqrt{y}}^{\sqrt{y}}\frac{1}{\sqrt{2\pi}}\mathrm{e}^{-\frac{x^2}{2}}\,\mathrm{d}x.\end{aligned}$$

综上,得 Y 的分布函数为

$$F_Y(y)=\begin{cases}\displaystyle\int_{-\sqrt{y}}^{\sqrt{y}}\frac{1}{\sqrt{2\pi}}\mathrm{e}^{-\frac{x^2}{2}}\,\mathrm{d}x, & y>0,\\ 0, & y\leqslant 0,\end{cases}$$

从而 Y 的概率密度为

$$f_Y(y)=F_Y'(y)=\begin{cases}\dfrac{1}{\sqrt{2\pi}}\dfrac{1}{\sqrt{y}}\mathrm{e}^{-\frac{y}{2}}, & y>0,\\ 0, & y\leqslant 0.\end{cases}$$

例2.23和例2.24的方法具有一般性,下面我们给出一个一般性的结果.这个结果是判别随机变量函数是连续型随机变量的一种判断方法.

定理2.4 设随机变量 X 的概率密度为 $f_X(x)$, $-\infty<x<+\infty$, 又设 $y=g(x)$ 处处可导且恒有 $g'(x)>0$ (或恒有 $g'(x)<0$),则 $Y=g(X)$ 是一个连续型随机变量,其概率密度为

$$f_Y(y)=\begin{cases}f_X[h(y)]\,|h'(y)|, & \alpha<y<\beta,\\ 0, & \text{其他},\end{cases}$$

其中 $x=h(y)$ 是 $y=g(x)$ 的反函数,且

$$\alpha=\min\{g(-\infty),\ g(+\infty)\},\quad \beta=\max\{g(-\infty),\ g(+\infty)\}.$$

证明 设 $g'(x)>0$, 则 $g(x)$ 在 $(-\infty,+\infty)$ 严格单调增加,它的反函数 $h(y)$ 存在,且在 (α,β) 严格单调增加、可导.分别记 Y 的分布函数和概率密度为 $F_X(x)$, $F_Y(y)$.

当 $y\leqslant\alpha$ 时, $F_Y(y)=P\{Y\leqslant y\}=0$; 当 $y\geqslant\beta$ 时, $F_Y(y)=P\{Y\leqslant y\}=1$;

当 $\alpha<y<\beta$ 时,

$$F_Y(y)=P\{Y\leqslant y\}=P\{g(x)\leqslant y\}$$

$$= P\{X \leqslant h(y)\} = F_X[h(y)].$$

将 $F_X(y)$ 关于 y 求导数，即得 Y 的概率密度为

$$f_Y(y) = \begin{cases} f_X[h(y)]h'(y), & \alpha < y < \beta, \\ 0, & \text{其他}. \end{cases}$$

对于 $g'(x) < 0$ 的情况可以同样地证明，此时有

$$f_Y(y) = \begin{cases} f_X[h(y)][-h'(y)], & \alpha < y < \beta, \\ 0, & \text{其他}. \end{cases}$$

合并上面两式，即得 Y 的概率密度为

$$f_Y(y) = \begin{cases} f_X[h(y)]\,|\,h'(y)\,|, & \alpha < y < \beta, \\ 0, & \text{其他}. \end{cases}$$

证毕.

例 2.25　设随机变量 $X \sim N(\mu, \sigma^2)$，证明 X 的线性函数 $Y = aX + b(a \neq 0)$ 也服从正态分布.

特别地，设随机变量 $X \sim N(\mu, \sigma^2)$，则 $Y = \dfrac{X-\mu}{\sigma} \sim N(0, 1)$.

证明　因 $X \sim N(\mu, \sigma^2)$，则 X 的概率密度为

$$f_X(x) = \frac{1}{\sqrt{2\pi}\sigma} e^{-\frac{(x-\mu)^2}{2\sigma^2}}, \quad -\infty < x < +\infty.$$

又 $y = g(x) = ax + b$，$g'(x) = a$，$y = g(x)$ 的反函数 $x = h(y) = \dfrac{y-b}{a}$，且 $h'(y) = \dfrac{1}{a}$. 故由定理 2.4 知，随机变量 Y 的概率密度为

$$f_Y(y) = f_X[h(y)]\,|\,h'(y)\,| = \frac{1}{|a|} f_X\left(\frac{y-b}{a}\right)$$

$$= \frac{1}{|a|} \frac{1}{\sqrt{2\pi}\sigma} e^{-\frac{\left(\frac{y-b}{a}-\mu\right)^2}{2\sigma^2}} = \frac{1}{\sqrt{2\pi}\sigma\,|\,a\,|} e^{-\frac{[y-(a\mu+b)]^2}{2(a\sigma)^2}},$$

即有

$$Y = aX + b \sim N(a\mu + b, (a\sigma)^2).$$

特别地，取 $a = \dfrac{1}{\sigma}$，$b = -\dfrac{\mu}{\sigma}$，则 $Y = \dfrac{X-\mu}{\sigma} \sim N(0, 1)$，即为定理 2.2 的结果.

证毕.

习题 2.4

1. 设随机变量 X 的分布律为

X	0	$\frac{\pi}{2}$	π
p_k	$\frac{1}{4}$	$\frac{1}{4}$	$\frac{1}{2}$

求 $Y=2X-\pi$ 和 $Z=\sin X$ 的分布律.

2. 设随机变量 X 的分布律为

X	-1	0	1	2
p_k	0.2	0.3	0.4	a

求(1)常数 a;(2) $Y=X^2$, $Z=2X-1$ 的分布律.

3. 设随机变量 X 的概率密度为 $f(x)=\dfrac{1}{\pi(1+x^2)}$, $-\infty<x<+\infty$,求 $Y=2X$ 的概率密度.

4. 设随机变量 $X\sim U(0,1)$,求 $Y=-2\ln X$ 的概率密度.

5. 设随机变量 $X\sim N(0,1)$,求下列随机变量函数的概率密度.

(1) $Y=e^X$; (2) $Y=X^3$; (3) $Y=2X^2+1$; (4) $Y=|X|$.

6. 对一圆片直径进行测量,其值在[5, 6]上均匀分布,求圆片面积的概率密度.

7. 由统计物理学知,分子运动速率 X 服从马克斯韦尔(Maxwell)分布,其概率密度为

$$f_X(x)=\begin{cases}\dfrac{4x^2}{\alpha^3\sqrt{\pi}}e^{-\frac{x^2}{\alpha^2}}, & x>0,\\ 0, & \text{其他},\end{cases}$$

其中参数 $\alpha>0$,试求分子动能 $Y=\dfrac{1}{2}mX^2$ 的概率密度.

8. 设随机变量 X 的分布函数 $F(x)$ 是单调增加的连续函数,证明 $Y=F(X)$ 服从[0, 1]上的均匀分布.

总 习 题 2

一、选择题

1. 设 $F_1(x)$, $F_2(x)$ 分别是随机变量 X_1, X_2 的分布函数,为使 $aF_1(x)-bF_2(x)$ 为某一随

机变量的分布函数，在下列给定的各组数值中应取（　　）.

A. $a=\frac{3}{5}, b=-\frac{2}{5}$　　B. $a=\frac{2}{3}, b=\frac{2}{3}$

C. $a=-\frac{1}{2}, b=\frac{3}{2}$　　D. $a=\frac{1}{2}, b=-\frac{3}{2}$

2. 设随机变量 X 的分布函数为 $F(x)=\begin{cases}0, & x<0,\\ \frac{1}{2}, & 0\leqslant x<1,\\ 1-e^{-x}, & x\geqslant 1,\end{cases}$ 则 $P\{X=1\}=$（　　）.

A. 0　　B. $\frac{1}{2}$　　C. $\frac{1}{2}-e^{-1}$　　D. $1-e^{-1}$

3. 设随机变量 X 的概率密度为 $\varphi(x)$，且 $\varphi(-x)=\varphi(x)$，$F(x)$ 是 X 的分布函数，则对任意实数 a，有（　　）.

A. $F(-a)=1-\int_0^a \varphi(x)\mathrm{d}x$　　B. $F(-a)=\frac{1}{2}-\int_0^a \varphi(x)\mathrm{d}x$

C. $F(-a)=F(a)$　　D. $F(-a)=2F(a)-1$

4. 设随机变量 $X\sim N(\mu_1, \sigma_1^2)$，$Y\sim N(\mu_2, \sigma_2^2)$，且 $P\{|X-\mu_1|<1\}>P\{|Y-\mu_2|<1\}$，则必有（　　）.

A. $\sigma_1<\sigma_2$　　B. $\sigma_1>\sigma_2$　　C. $\mu_1<\mu_2$　　D. $\mu_1>\mu_2$

5. 设 $f_1(x)$ 为标准正态分布的概率密度，$f_2(x)$ 为 $[-1, 3]$ 上均匀分布的概率密度，若 $f(x)=\begin{cases}af_1(x), & x\leqslant 0,\\ bf_2(x), & x>0\end{cases}$　$(a>0, b>0)$ 是概率密度，则 a, b 应满足（　　）.

A. $2a+3b=4$　　B. $3a+2b=4$

C. $a+b=1$　　D. $a+b=2$

二、填空题

1. 一实习生用同一台机器接连独立地制造 3 个同种零件，第 i 个零件是不格品的概率 $p_i=\frac{1}{i+1}$ $(i=1, 2, 3)$，以 X 表示 3 个零件中合格品的个数，则 $P\{X=2\}=$ ________.

2. 设随机变量 X 的概率密度为 $f(x)=\begin{cases}\frac{1}{3}, & x\in[0, 1],\\ \frac{2}{9}, & x\in[3, 6],\\ 0, & 其他.\end{cases}$ 若 k 使得 $P\{X\geqslant k\}=\frac{2}{3}$，则 k 的取值范围是________.

3. 设随机变量 $X\sim N(\mu, \sigma^2)$，且二次方程 $y^2+4y+X=0$ 无实根的概率为 $\frac{1}{2}$，则 $\mu=$ ________.

4. 设随机变量 $X\sim B(2, p)$，$Y\sim B(3, p)$，若 $P\{X\geqslant 1\}=\frac{5}{9}$，则 $P\{Y\geqslant 1\}=$ ________.

5. 设随机变量 X 的概率密度为 $f(x)=\begin{cases}2x, & 0<x<1,\\ 0, & 其他,\end{cases}$ 以 Y 表示对 X 的 3 次独立重

复观察中事件 $\left\{X \leqslant \frac{1}{2}\right\}$ 出现的次数,则 $P\{Y=2\}=$ ________.

三、解答题

1. 设一厂家生产的每台仪器,以概率 0.7 可以直接出厂;以概率 0.3 需进一步调试,经调试后以概率 0.8 可以出厂;以概率 0.2 定为不合格品不能出厂,现该厂生产了 n $(n \geqslant 2)$ 台仪器(设各台仪器的生产过程相互独立). 求

(1) 全部能出厂的概率;

(2) 其中恰好有两件不能出厂的概率;

(3) 其中至少有两件不能出厂的概率.

2. 设测量的随机误差 $X \sim N(0, 10^2)$,试求在 100 次独立重复测量中,至少有三次测量误差的绝对值大于 19.6 的概率 α,并利用泊松分布求出 α 的近似值.

3. 设一电路装有三个同种电气元件,其工作状态相互独立,且无故障工作时间都服从 $E(\lambda)$. 当三个元件都无故障时,电路正常工作,否则整个电路不能正常工作. 试求电路正常工作的时间 T 的概率分布.

4. 设一大型设备在任何长为 t 的时间内发生故障的次数 $N(t) \sim P(\lambda t)$.

(1) 求相继两次故障之间间隔 T 的概率分布;

(2) 求在设备已无故障工作 8 h 的情形下,再无故障运行 8 h 的概率.

5. 设随机变量 X 的概率密度为

$$f(x)=\begin{cases}\dfrac{1}{3\sqrt[3]{x^2}}, & x \in [1, 8], \\ 0, & \text{其他},\end{cases}$$

$F(x)$ 是 X 的分布函数,求随机变量 $Y=F(X)$ 的分布函数.

6. 设随机变量 X 的概率密度为

$$f(x)=\begin{cases}\dfrac{2x}{\pi^2}, & 0<x<\pi, \\ 0, & \text{其他},\end{cases}$$

求 $Y=\sin X$ 的概率密度.

四、证明题

设随机变量 $X \sim E(2)$,令 $Y=1-\mathrm{e}^{-2X}$,证明:$Y \sim U(0, 1)$.

第3章　多维随机变量及其分布

在第2章中，我们讨论了单个随机变量(一维随机变量)的相关问题. 在实际问题中，许多随机试验的结果都需要用两个或两个以上的随机变量来描述. 例如，炮弹射击实验中，炮弹弹着点的位置；某个地区的气象情况(包括气温，气压，温度等)；等等. 因此，我们需要研究多维随机变量.

本章主要讨论二维随机变量及其分布，而对三维及更高维随机变量的情况不做具体研究.

3.1　二维随机变量及其分布

3.1.1　二维随机变量及其分布函数

定义 3.1　设随机试验 E 的样本空间为 Ω，$\omega \in \Omega$ 为样本点，而

$$X = X(\omega), \quad Y = Y(\omega)$$

是定义在 Ω 上的两个一维随机变量，则称 (X, Y) 为定义在 Ω 上的**二维随机变量**或**二维随机向量**.

定义 3.2　设 (X, Y) 是二维随机变量，对于任意实数 x，y，称二元函数

$$\begin{aligned} F(x, y) &= P\{(X \leqslant x) \cap P(Y \leqslant y)\} \\ &\xlongequal{\text{记为}} P\{X \leqslant x, Y \leqslant y\} \end{aligned}$$

为**二维随机变量(X, Y)的分布函数**，或称为 X 和 Y 的**联合分布函数**.

在几何上，二维随机变量 (X, Y) 的分布函数 $F(x, y)$ 在点 (x, y) 的值就是，平面上的随机点 (X, Y) 落在以 (x, y) 为顶点，且位于该点左下方的无穷矩形区域 $(-\infty < X \leqslant x, -\infty < Y \leqslant y)$ 内的概率，如图 3-1 所示.

另外，借助图 3-2，我们容易得出随机点 (X, Y) 落入矩形区域 $D = \{(x, y) \mid x_1 < x \leqslant x_2, y_1 < y \leqslant y_2\}$ 内的概率为

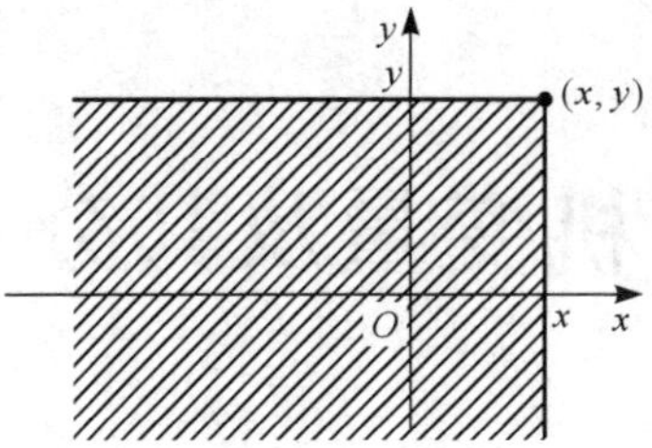

图 3-1　无穷矩形区域

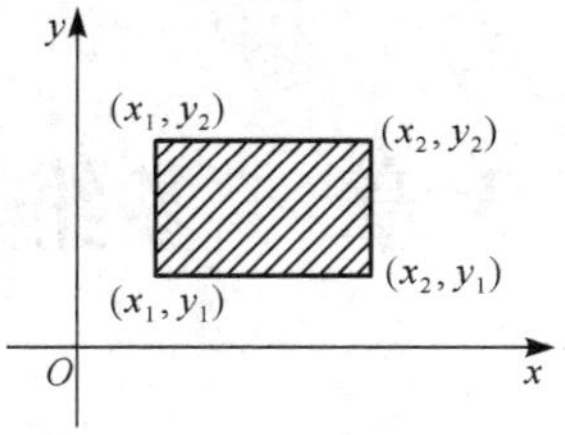

图 3-2　矩形区域

$$\begin{aligned}&P\{x_1 < X \leqslant x_2,\ y_1 < Y \leqslant y_2\}\\&= F(x_2,\ y_2) - F(x_1,\ y_2) - F(x_2,\ y_1) + F(x_1,\ y_1).\end{aligned} \tag{3.1}$$

事实上,

$$\begin{aligned}&P\{x_1 < X \leqslant x_2,\ y_1 < Y \leqslant y_2\}\\&= P\{x_1 < X \leqslant x_2,\ Y \leqslant y_2\} - P\{x_1 < X \leqslant x_2,\ Y \leqslant y_1\}\\&= [P\{X \leqslant x_2,\ Y \leqslant y_2\} - P\{X \leqslant x_1,\ Y \leqslant y_2\}] -\\&\quad [P\{X \leqslant x_2,\ Y \leqslant y_1\} - P\{X \leqslant x_1,\ Y \leqslant y_1\}]\\&= F(x_2,\ y_2) - F(x_1,\ y_2) - F(x_2,\ y_1) + F(x_1,\ y_1).\end{aligned}$$

证毕.

容易验证,联合分布函数 $F(x,\ y)$ 具有以下的基本性质.

性质 1(非负性)　对任意的 $(x_1,\ y_1)$, $(x_2,\ y_2)$, 设 $x_1 < x_2$, $y_1 < y_2$, 则

$$F(x_2,\ y_2) - F(x_1,\ y_2) - F(x_2,\ y_1) + F(x_1,\ y_1) \geqslant 0.$$

性质 2(单调不减性)　$F(x,\ y)$ 分别对 x 或 y 是单调不减的,即
对任意固定的 y, 当 $x_1 < x_2$ 时,有 $F(x_1,\ y) \leqslant F(x_2,\ y)$;
对任意固定的 x, 当 $y_1 < y_2$ 时,有 $F(x,\ y_1) \leqslant F(x,\ y_2)$.

性质 3(有界性)　对任意的 x 和 y, 有 $0 \leqslant F(x,\ y) \leqslant 1$, 且

$$F(-\infty,\ y) = \lim_{x \to -\infty} F(x,\ y) = 0,\quad F(x,\ -\infty) = \lim_{y \to -\infty} F(x,\ y) = 0,$$

$$F(+\infty,\ +\infty) = \lim_{\substack{x \to +\infty \\ y \to +\infty}} F(x,\ y) = 1.$$

性质 4(右连续性)　$F(x,\ y)$ 关于 x 和 y 均为右连续,即

$$F(x,\ y) = F(x+0,\ y),\quad F(x,\ y) = F(x,\ y+0).$$

性质 1 由式(3.1)及概率的非负性即得,而性质 2—性质 4 的证明与一维的情形完全类似,这里从略.

需要说明的是,二维联合分布函数 $F(x,\ y)$ 必具有以上四条基本性质;同样

可以证明具有以上四条性质的二元函数 $F(x, y)$ 一定是某个二维随机变量的分布函数.

3.1.2　二维随机变量的边缘分布函数

定义 3.3　对于二维随机变量 (X, Y)，其分量 X，Y 的分布函数分别记为 $F_X(x)$ 和 $F_Y(y)$，分别称为二维随机变量 (X, Y) 关于 X 和关于 Y 的**边缘分布函数.**

显然，边缘分布函数可以由联合分布函数来确定. 事实上，我们有

$$F_X(x) = P\{X \leqslant x\} = P\{X \leqslant x, Y < +\infty\} = F(x, +\infty),$$
$$F_Y(y) = P\{Y \leqslant y\} = P\{X < +\infty, Y \leqslant y\} = F(+\infty, y).$$

例 3.1　设二维随机变量 (X, Y) 的分布函数为

$$F(x, y) = A\left(B + \arctan\frac{x}{2}\right)\left(C + \arctan\frac{y}{3}\right),$$
$$-\infty < x < +\infty, -\infty < y < +\infty.$$

(1) 试确定常数 A，B，C；

(2) 求边缘分布函数 $F_X(x)$ 和 $F_Y(y)$.

解　(1) 由联合分布函数 $F(x, y)$ 的性质，可得

$$\begin{cases} F(+\infty, +\infty) = A\left(B + \dfrac{\pi}{2}\right)\left(C + \dfrac{\pi}{2}\right) = 1, \\ F(-\infty, +\infty) = A\left(B - \dfrac{\pi}{2}\right)\left(C + \dfrac{\pi}{2}\right) = 0, \\ F(+\infty, -\infty) = A\left(B + \dfrac{\pi}{2}\right)\left(C - \dfrac{\pi}{2}\right) = 0. \end{cases}$$

解之得

$$A = \frac{1}{\pi^2},\quad B = \frac{\pi}{2},\quad C = \frac{\pi}{2},$$

故 (X, Y) 的分布函数为

$$F(x, y) = \frac{1}{\pi^2}\left(\frac{\pi}{2} + \arctan\frac{x}{2}\right)\left(\frac{\pi}{2} + \arctan\frac{y}{3}\right).$$

(2) 由(1)得

$$F_X(x) = F(x, +\infty) = \lim_{y \to +\infty} F(x, y)$$

$$= \lim_{y\to+\infty}\left[\frac{1}{\pi^2}\left(\frac{\pi}{2}+\arctan\frac{x}{2}\right)\left(\frac{\pi}{2}+\arctan\frac{y}{3}\right)\right]$$
$$= \frac{1}{\pi}\left(\frac{\pi}{2}+\arctan\frac{x}{2}\right),$$

同理，$F_Y(y) = F(+\infty, y) = \lim\limits_{x\to+\infty} F(x, y) = \frac{1}{\pi}\left(\frac{\pi}{2}+\arctan\frac{y}{3}\right)$.

与一维的情形类似，对于二维随机变量，我们也只讨论两种常见的随机变量——二维离散型随机变量和二维连续型随机变量.

3.1.3　二维离散型随机变量的分布律

当且仅当 X, Y 都是一维的离散型随机变量时，(X, Y) 为二维离散型随机变量，这时与一维离散型情形一样，常用分布律来描述其概率分布.

定义 3.4　如果二维随机变量 (X, Y) 的所有可能取值为有限对或可列无限多对，则称 (X, Y) 为**二维离散型随机变量**.

设二维离散型随机变量 (X, Y) 所有可能取值为 $(x_i, y_j)(i, j = 1, 2, \cdots)$，则称

$$P\{X = x_i, Y = y_j\} = p_{ij} \quad (i, j = 1, 2, \cdots)$$

为二维离散型随机变量 (X, Y) 的**分布律**，或称为随机变量 X 和 Y 的**联合分布律**.

容易验证，二维离散型随机变量 (X, Y) 的分布律满足下面的基本性质.

(1) $p_{ij} \geqslant 0 \quad (i, j = 1, 2, \cdots)$；(2) $\sum\limits_{i=1}^{\infty}\sum\limits_{j=1}^{\infty} p_{ij} = 1$.

与一维离散型随机变量的情形类似，二维离散型随机变量 (X, Y) 的分布律也可以用如下表格形式给出.

X \ Y	y_1	y_2	$\cdots$	y_j	$\cdots$
x_1	p_{11}	p_{12}	$\cdots$	p_{1j}	$\cdots$
x_2	p_{21}	p_{22}	$\cdots$	p_{2j}	$\cdots$
$\vdots$	$\vdots$	$\vdots$		$\vdots$	
x_i	p_{i1}	p_{i2}	$\cdots$	p_{ij}	$\cdots$
$\vdots$	$\vdots$	$\vdots$		$\vdots$	

例 3.2　设二维离散型随机变量 (X, Y) 的分布律如下表，求

(1) $P\{X+Y \leqslant 1\}$；(2) $F(0, 1)$.

X \ Y	0	1
0	0.1	0.2
1	0.4	0.2
2	0.1	0

解　(1) 由于事件 $\{X+Y\leqslant 1\}$ 由数对 $(0,0)$, $(0,1)$, $(1,0)$ 组成,因此

$$P\{X+Y\leqslant 1\}=P\{X=0,Y=0\}+P\{X=0,Y=1\}+P\{X=1,Y=0\}=0.1+0.2+0.4=0.7.$$

(2) 由联合分布函数的定义,可知

$$F(0,1)=P\{X\leqslant 0,Y\leqslant 1\}=P\{X=0,Y=0\}+P\{X=0,Y=1\}=0.1+0.2=0.3.$$

与一维离散型随机变量的情形类似,二维离散型随机变量 (X,Y) 分布函数为

$$F(x,y)=P\{X\leqslant x,Y\leqslant y)=\sum_{x_i\leqslant x}\sum_{y_j\leqslant y}p_{ij}.$$

其中,和式是对一切满足 $x_i\leqslant x$, $y_j\leqslant y$ 的 i, j 来求和的.

3.1.4　二维离散型随机变量的边缘分布律

定义 3.5　若二维离散随机变量 (X,Y) 的联合分布律为

$$P\{X=x_i,Y=y_j\}=p_{ij}\quad (i,j=1,2,\cdots),$$

则称 $P\{X=x_i\}(i=1,2,\cdots)$ 和 $P\{Y=y_j\}(j=1,2,\cdots)$ 分别为 (X,Y) 关于 X 和关于 Y 的**边缘分布律**.

事实上,我们有

$$P\{X=x_i\}=P\{X=x_i,Y<+\infty\}=\sum_{j=1}^{\infty}P\{X=x_i,Y=y_j\}=\sum_{j=1}^{\infty}p_{ij}\quad (i=1,2,\cdots),$$

$$P\{Y=y_j\}=P\{X<+\infty,Y=y_j\}=\sum_{i=1}^{\infty}P\{X=x_i,Y=y_j\}=\sum_{i=1}^{\infty}p_{ij}\quad (j=1,2,\cdots).$$

令 $\sum_{j=1}^{\infty} p_{ij} = p_{i\cdot}(i=1, 2, \cdots)$，它表示由二维随机变量 (X, Y) 的分布律 $p_{ij}(i, j=1, 2, \cdots)$ 中对固定的 i 关于 j 求和而得. 同理,令 $\sum_{i=1}^{\infty} p_{ij} = p_{\cdot j}(j=1, 2, \cdots)$，它表示 (X, Y) 的分布律对固定的 j 关于 i 求和而得.

通常把 $P\{X=x_i\}=p_{i\cdot}$，$P\{Y=y_j\}=p_{\cdot j}$ 直接写在联合分布律表的边缘上，这也正是边缘分布名称的由来.

例 3.3 设袋中装有 3 个球,分别标有号码 1, 2, 3. 从中随机取一个球,不放回袋中,再随机取一个球,用 X, Y 分别表示第一次和第二次取得的球的号码. 求 X 和 Y 的联合分布律以及边缘分布律.

解 易知 (X, Y) 的所有可能取值情况是: (1, 2), (1, 3), (2, 1), (2, 3), (3, 1), (3, 2). 根据概率的乘法公式,得

$$p_{ij} = P\{X=i, Y=j\} = P\{X=i\}P\{Y=j \mid X=i\} \quad (i, j=1, 2, 3),$$

计算得 (X, Y) 的分布律为

X \ Y	1	2	3	$p_{i\cdot}$
1	0	$\frac{1}{6}$	$\frac{1}{6}$	$\frac{1}{3}$
2	$\frac{1}{6}$	0	$\frac{1}{6}$	$\frac{1}{3}$
3	$\frac{1}{6}$	$\frac{1}{6}$	0	$\frac{1}{3}$
$p_{\cdot j}$	$\frac{1}{3}$	$\frac{1}{3}$	$\frac{1}{3}$	1

根据上表可得 X 和 Y 的边缘分布律分别为

X	1	2	3
$p_{i\cdot}$	$\frac{1}{3}$	$\frac{1}{3}$	$\frac{1}{3}$

Y	1	2	3
$p_{\cdot j}$	$\frac{1}{3}$	$\frac{1}{3}$	$\frac{1}{3}$

3.1.5 二维离散型随机变量的条件分布律

对于二维离散型随机变量 (X, Y) 来说,我们要研究在给定 Y(或 X)取某一固定值的条件下,关于 X(或 Y)的概率分布,这就是所谓的**条件分布**. 由事件的条件概率,我们可以很自然地引出条件分布的概念.

定义 3.6 设 (X, Y) 是二维离散型随机变量,对于固定的 j，若 $P\{Y=y_j\}>0$, 则称

$$P\{X=x_i \mid Y=y_j\}=\frac{P\{X=x_i, Y=y_j\}}{P\{Y=y_j\}}=\frac{p_{ij}}{p_{\cdot j}} \quad (i=1, 2, \cdots)$$

为在 $Y=y_j$ 条件下随机变量 X **的条件分布律**.

同样,对于固定的 i,若 $P\{X=x_i\}>0$,则称

$$P\{Y=y_j \mid X=x_i\}=\frac{p_{ij}}{p_{i\cdot}} \quad (j=1, 2, \cdots)$$

为在 $X=x_i$ 条件下随机变量 Y **的条件分布律**.

例 3.4　设二维离散型随机变量 (X, Y) 的分布律为

$X \backslash Y$	0	1	2	3	$P\{X=i\}$
0	0.84	0.03	0.02	0.01	0.9
1	0.06	0.01	0.008	0.002	0.08
2	0.01	0.005	0.004	0.001	0.02
$P\{Y=j\}$	0.91	0.045	0.032	0.013	1

试求(1)在 $\{Y=1\}$ 的条件下,X 的条件分布律;(2)在 $\{X=0\}$ 的条件下,Y 的条件分布律.

解　(1)由 Y 的边缘分布得,$P\{Y=1\}=0.045$,故在 $\{Y=1\}$ 的条件下,X 的条件分布律为

$$P\{X=0 \mid Y=1\}=\frac{P\{X=0, Y=1\}}{P\{Y=1\}}=\frac{0.03}{0.045}=\frac{2}{3},$$

$$P\{X=1 \mid Y=1\}=\frac{P\{X=1, Y=1\}}{P\{Y=1\}}=\frac{0.01}{0.045}=\frac{2}{9},$$

$$P\{X=2 \mid Y=1\}=\frac{P\{X=2, Y=1\}}{P\{Y=1\}}=\frac{0.005}{0.045}=\frac{1}{9},$$

可写成

X	0	1	2
$P\{X=k \mid Y=1\}$	$\frac{2}{3}$	$\frac{2}{9}$	$\frac{1}{9}$

(2) 仿(1)可得,在 $\{X=0\}$ 的条件下,Y 的条件分布律为

Y	0	1	2	3
$P\{Y=k \mid X=0\}$	$\frac{42}{45}$	$\frac{1}{30}$	$\frac{1}{45}$	$\frac{1}{90}$

习题 3.1

1. 设二维随机变量 (X, Y) 的分布函数为

$$F(x, y)=\begin{cases}(1-\mathrm{e}^{-2x})(1-\mathrm{e}^{-y}), & x>0, y>0, \\ 0, & \text{其他}.\end{cases}$$

求(1)关于 X 和关于 Y 的边缘分布函数;(2) $P\{0<X\leqslant 1, 0<Y\leqslant 1\}$;(3) $P\{1<X\leqslant 2\}$.

2. 设二维离散型随机变量 (X, Y) 的分布律为

X \ Y	-2	0	4
-1	0.3	0.1	0.1
1	0.05	0.2	0
2	0.2	0	0.05

求 $P\{X\leqslant 1, Y\geqslant 0\}$ 及 $F(0, 0)$.

3. 一箱子装有 5 件产品,其中 2 件正品, 3 件次品. 每次从中取 1 件产品检验质量,不放回地抽取,连续两次. 定义随机变量 X 和 Y 如下:

$$X=\begin{cases}0, & \text{第一次取出是次品}, \\ 1, & \text{第一次取出是正品};\end{cases} \qquad Y=\begin{cases}0, & \text{第二次取出是次品}, \\ 1, & \text{第二次取出是正品}.\end{cases}$$

求 (X, Y) 的分布律.

4. 盒子里装有 3 个黑球, 2 个白球, 2 个红球,在其中任取 4 个球. 以 X 表示取到黑球的个数,以 Y 表示取到红球的个数. 求

(1) X 和 Y 的联合分布律;

(2) $P\{X>Y\}$, $P\{Y=2X\}$, $P\{X+Y=3\}$, $P\{X<3-Y\}$.

5. 设二维离散型随机变量 (X, Y) 的分布律为

X \ Y	-1	0
1	$\frac{1}{4}$	$\frac{1}{4}$
2	$\frac{1}{6}$	k

求(1)常数 k;(2) (X, Y) 的分布函数 $F(x, y)$.

6. 把三个完全相同的球等可能地放入编号为 1, 2, 3 的三个盒子中,记落入第 1 号盒子中

的球的个数为 X，落入第 2 号盒子中球的个数为 Y，求随机变量 (X, Y) 的分布律.

7. 将一枚硬币掷三次，以 X 表示前两次中出现 H 的次数，以 Y 表示三次中出现 H 的次数，求 X, Y 的联合分布律以及 (X, Y) 的边缘分布律.

8. 以 X 记某医院一天出生的婴儿的个数，Y 记其中男婴的个数，设 X 和 Y 的联合分布律为

$$P\{X=n, Y=m\}=\frac{\mathrm{e}^{-14}(7.14)^m(6.86)^{n-m}}{m!(n-m)!}.$$

求(1)边缘分布律；(2)条件分布律；(3)在 $\{X=20\}$ 的条件下，Y 的条件分布律.

9. 一名射手进行射击，每次击中目标的概率为 $p(0<p<1)$，射击直至击中目标两次为止. 设以 X 表示首次击中目标所进行的射击次数，以 Y 表示总共进行的射击次数，试求

(1) X 和 Y 的联合分布律；(2) X 和 Y 的条件分布律.

3.2　二维连续型随机变量及其分布

3.2.1　二维连续型随机变量的概率密度

定义 3.7　设随机变量 (X, Y) 的分布函数为 $F(x, y)$，如果存在非负可积的二元函数 $f(x, y)$，使得对任意实数 x, y，有

$$F(x, y)=\int_{-\infty}^{y}\int_{-\infty}^{x} f(u, v)\mathrm{d}u\mathrm{d}v,$$

则称 (X, Y) 为**二维连续型随机变量**，其中函数 $f(x, y)$ 称为 (X, Y) 的**概率密度**，或称为 X 和 Y 的**联合概率密度**.

与一维情形类似，概率密度 $f(x, y)$ 具有以下性质.

性质 1(非负性)　$f(x, y) \geqslant 0$.

性质 2(正则性)　$\int_{-\infty}^{+\infty}\int_{-\infty}^{+\infty} f(x, y)\mathrm{d}x\mathrm{d}y=1$.

性质 3　设 $f(x, y)$ 在 (x, y) 处连续，则 $\frac{\partial^2 F(x, y)}{\partial x \partial y}=f(x, y)$.

性质 4　随机变量 (X, Y) 的取值落在平面区域 D 内的概率等于 $f(x, y)$ 在 D 上的二重积分，即

$$P\{(X, Y) \in D\}=\iint_D f(x, y)\mathrm{d}x\mathrm{d}y.$$

例 3.5　设二维连续型随机变量 (X, Y) 的概率密度为

$$f(x, y)=\begin{cases}Ae^{-2x-y}, & x>0, y>0,\\ 0, & \text{其他}.\end{cases}$$

求(1)常数 A；(2)分布函数 $F(x, y)$；(3)概率 $P\{Y \leqslant X\}$.

解 (1)由 $f(x, y)$ 的“正则性”得

$$1=\int_{-\infty}^{+\infty}\int_{-\infty}^{+\infty} f(x, y)\mathrm{d}x\mathrm{d}y=A\int_{0}^{+\infty} e^{-2x}\mathrm{d}x\int_{0}^{+\infty} e^{-y}\mathrm{d}y=\frac{A}{2},$$

因此有 $A=2$.

(2) $$F(x, y)=\int_{-\infty}^{y}\int_{-\infty}^{x} f(u, v)\mathrm{d}u\mathrm{d}v=\begin{cases}\int_{0}^{y}\int_{0}^{x} 2e^{-2u-v}\mathrm{d}u\mathrm{d}v, & x>0, y>0,\\ 0, & \text{其他}.\end{cases}$$

即有

$$F(x, y)=\begin{cases}(1-e^{-2x})(1-e^{-y}), & x>0, y>0,\\ 0, & \text{其他}.\end{cases}$$

(3) 由 $f(x, y)$ 的性质 4 得

$$\begin{aligned}P\{Y \leqslant X\} &= P\{(X, Y)\in D\}=\iint_{D} f(x, y)\mathrm{d}x\mathrm{d}y=\int_{0}^{+\infty}\int_{y}^{+\infty} 2e^{-2x-y}\mathrm{d}x\mathrm{d}y\\ &=\int_{0}^{+\infty}\mathrm{d}y\int_{y}^{+\infty} 2e^{-2x-y}\mathrm{d}x=\int_{0}^{+\infty} e^{-y}\left[-e^{-2x}\right]\Big|_{y}^{+\infty}\mathrm{d}y\\ &=\int_{0}^{+\infty} e^{-3y}\mathrm{d}y=\frac{1}{3}.\end{aligned}$$

3.2.2 二维连续型随机变量的边缘概率密度

设二维连续型随机变量 (X, Y) 的概率密度为 $f(x, y)$，由边缘分布函数的定义知

$$F_X(x)=F(x, +\infty)=\int_{-\infty}^{x}\int_{-\infty}^{+\infty} f(x, y)\mathrm{d}y\mathrm{d}x,$$

则 X 是一个连续型随机变量,其概率密度为

$$f_X(x)=\int_{-\infty}^{+\infty} f(x, y)\mathrm{d}y.$$

同理，Y 也是一个连续型随机变量,其概率密度为

$$f_Y(y)=\int_{-\infty}^{+\infty}f(x,\ y)\mathrm{d}x.$$

定义 3.8　分别称

$$f_X(x)=\int_{-\infty}^{+\infty}f(x,\ y)\mathrm{d}y,\quad f_Y(y)=\int_{-\infty}^{+\infty}f(x,\ y)\mathrm{d}x$$

为二维连续型随机变量 (X, Y) 关于 X 和 Y 的**边缘概率密度**.

例 3.6　设二维连续型随机变量 (X, Y) 的概率密度为

$$f(x,\ y)=\begin{cases}\mathrm{e}^{-y}, & 0<x<y,\\ 0, & \text{其他}.\end{cases}$$

求边缘概率密度 $f_X(x)$ 和 $f_Y(y)$.

解　边缘概率密度 $f_X(x)$ 和 $f_Y(y)$ 分别为

$$f_X(x)=\int_{-\infty}^{+\infty}f(x,\ y)\mathrm{d}y=\begin{cases}\int_x^{+\infty}\mathrm{e}^{-y}\mathrm{d}y=\mathrm{e}^{-x}, & x>0,\\ 0, & x\leqslant 0;\end{cases}$$

$$f_Y(y)=\int_{-\infty}^{+\infty}f(x,\ y)\mathrm{d}x=\begin{cases}\int_0^{y}\mathrm{e}^{-y}\mathrm{d}x=y\mathrm{e}^{-y}, & y>0,\\ 0, & y\leqslant 0.\end{cases}$$

3.2.3　两种常见的二维连续型随机变量

下面介绍两种常见的二维连续型随机变量的分布.

1. 二维均匀分布

定义 3.9　设 D 是平面上的一个有界区域,其面积为 A,若二维连续型随机变量 (X, Y) 的概率密度为

$$f(x,\ y)=\begin{cases}\dfrac{1}{A}, & (x,\ y)\in D,\\ 0, & \text{其他},\end{cases}$$

则称 (X, Y) 在 D 上服从**二维均匀分布**,记为 $(x,\ y)\sim U(D)$.

例 3.7　设二维连续型随机变量 (X, Y) 在圆域 $x^2+y^2\leqslant 1$ 上服从均匀分布,求(1) (X, Y) 的概率密度 $f(x,\ y)$;(2) (X, Y) 关于 X 和 Y 的边缘概率密度.

解　(1) 由题意知,(X, Y) 的概率密度为

$$f(x, y)=\begin{cases}\dfrac{1}{\pi}, & x^2+y^2\leqslant 1,\\ 0, & \text{其他}.\end{cases}$$

(2) $$f_X(x)=\int_{-\infty}^{+\infty}f(x, y)\mathrm{d}y=\begin{cases}\displaystyle\int_{-\sqrt{1-x^2}}^{\sqrt{1-x^2}}\frac{1}{\pi}\mathrm{d}y, & -1\leqslant x\leqslant 1,\\ 0, & \text{其他}\end{cases}$$
$$=\begin{cases}\dfrac{2}{\pi}\sqrt{1-x^2}, & -1\leqslant x\leqslant 1,\\ 0, & \text{其他}.\end{cases}$$

$$f_Y(y)=\int_{-\infty}^{+\infty}f(x, y)\mathrm{d}x=\begin{cases}\displaystyle\int_{-\sqrt{1-x^2}}^{\sqrt{1-x^2}}\frac{1}{\pi}\mathrm{d}x, & -1\leqslant y\leqslant 1,\\ 0, & \text{其他}\end{cases}$$
$$=\begin{cases}\dfrac{2}{\pi}\sqrt{1-y^2}, & -1\leqslant y\leqslant 1,\\ 0, & \text{其他}.\end{cases}$$

2. 二维正态分布

定义 3.10 设二维连续型随机变量 (X, Y) 的概率密度为

$$f(x, y)=\frac{1}{2\pi\sigma_1\sigma_2\sqrt{1-\rho^2}}\mathrm{e}^{-\frac{1}{2(1-\rho^2)}\left[\frac{(x-\mu_1)^2}{\sigma_1{}^2}-2\rho\frac{(x-\mu_1)(y-\mu_2)}{\sigma_1\sigma_2}+\frac{(y-\mu_2)^2}{\sigma_2{}^2}\right]}.$$

其中 $\mu_1, \mu_2, \sigma_1, \sigma_2, \rho$ 均为常数,且 $\sigma_1>0, \sigma_2>0$, $|\rho|<1$,则称 (X, Y) 服从参数为 $\mu_1, \mu_2, \sigma_1^2, \sigma_2^2, \rho$ 的**二维正态分布**,记为

$$(X, Y)\sim N(\mu_1, \mu_2; \sigma_1^2, \sigma_2^2; \rho).$$

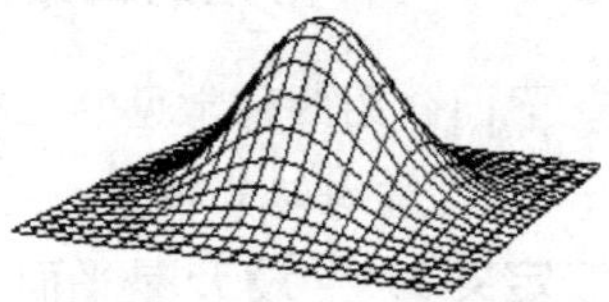
图 3-3 二维正态分布概率密度的图形

二维正态分布的概率密度的图形(图 3-3)类似山岗,在 (μ_1, μ_2) 处达到最高峰.

例 3.8 设二维连续型随机变量 $(X, Y)\sim N(\mu_1, \mu_2; \sigma_1^2, \sigma_2^2; \rho)$,求 (X, Y) 关于 X 和 Y 的边缘概率密度.

解 由于
$$\frac{(y-\mu_2)^2}{\sigma_2^2}-2\rho\frac{(x-\mu_1)(y-\mu_2)}{\sigma_1\sigma_2}$$
$$=\left(\frac{y-\mu_2}{\sigma_2}-\rho\frac{x-\mu_1}{\sigma_1}\right)^2-\rho^2\frac{(x-\mu_1)^2}{\sigma_1^2},$$

因此

$$f_X(x)=\int_{-\infty}^{\infty}f(x,\ y)\mathrm{d}y=\frac{1}{2\pi\sigma_1\sigma_2\sqrt{1-\rho^2}}\mathrm{e}^{-\frac{(x-\mu_1)^2}{2\sigma_1^2}}\int_{-\infty}^{+\infty}\mathrm{e}^{-\frac{1}{2(1-\rho^2)}\left(\frac{y-\mu_2}{\sigma_2}-\rho\frac{x-\mu_1}{\sigma_1}\right)^2}\mathrm{d}y.$$

令 $t=\frac{1}{\sqrt{1-\rho^2}}\left(\frac{y-\mu_2}{\sigma_2}-\rho\frac{x-\mu_1}{\sigma_1}\right)$，则有

$$f_X(x)=\frac{1}{2\pi\sigma_1}\mathrm{e}^{-\frac{(x-\mu_1)^2}{2\sigma_1^2}}\int_{-\infty}^{\infty}\mathrm{e}^{-\frac{t^2}{2}}\mathrm{d}t=\frac{1}{\sqrt{2\pi}\sigma_1}\mathrm{e}^{-\frac{(x-\mu_1)^2}{2\sigma_1^2}}\quad(-\infty<x<+\infty).$$

同理可得

$$f_Y(y)=\frac{1}{\sqrt{2\pi}\sigma_2}\mathrm{e}^{-\frac{(y-\mu_2)^2}{2\sigma_2^2}}\quad(-\infty<y<+\infty).$$

从例3.8可以看到，二维正态随机变量的边缘分布是一维正态分布，并且都不依赖于参数 ρ，同时也表明由联合分布可以得到边缘分布，但是由边缘分布不一定能得到联合分布.

3.2.4　二维连续型随机变量的条件分布

关于二维连续型随机变量的条件分布，我们给出如下定义.

定义 3.11　设二维连续型随机变量 $(X,\ Y)$ 的概率密度为 $f(x,\ y)$，$(X,\ Y)$ 关于 Y 的边缘概率密度为 $f_Y(y)$，若对于固定的 y，$f_Y(y)>0$，则称 $\frac{f(x,\ y)}{f_Y(y)}$ 为在条件 $Y=y$ 下 X 的**条件概率密度**，记为

$$f_{X|Y}(x\mid y)=\frac{f(x,\ y)}{f_Y(y)}.$$

在条件 $Y=y$ 下 X 的**条件分布函数**为

$$F_{X|Y}(x\mid y)=P\{X\leqslant x\mid Y=y\}=\int_{-\infty}^{x}f_{X|Y}(x\mid y)\mathrm{d}x.$$

类似地，在条件 $X=x$ 下 Y 的**条件概率密度**和**条件分布函数**分别为

$$f_{Y|X}(y\mid x)=\frac{f(x,\ y)}{f_X(x)},\quad F_{Y|X}(y\mid x)=\int_{-\infty}^{y}f_{Y|X}(y\mid x)\mathrm{d}y.$$

例 3.9　设二维连续型随机变量 $(X,\ Y)$ 的概率密度为

$$f(x,\ y)=\begin{cases}\mathrm{e}^{-y}, & 0<x<y,\\ 0, & \text{其他}.\end{cases}$$

求条件概率密度 $f_{X|Y}(x \mid y)$ 和 $f_{Y|X}(y \mid x)$.

解 由例3.6已求得边缘概率密度 $f_X(x)$ 和 $f_Y(y)$ 分别为

$$f_X(x)=\begin{cases} e^{-x}, & x>0, \\ 0, & x\leqslant 0; \end{cases} \qquad f_Y(y)=\begin{cases} ye^{-y}, & y>0, \\ 0, & y\leqslant 0. \end{cases}$$

因此,当 $y>0$ 时,

$$f_{X|Y}(x \mid y)=\frac{f(x, y)}{f_Y(y)}=\begin{cases} \dfrac{1}{y}, & 0<x<y, \\ 0, & 其他; \end{cases}$$

当 $x>0$ 时,

$$f_{Y|X}(y \mid x)=\frac{f(x, y)}{f_X(x)}=\begin{cases} e^{x-y}, & 0<x<y, \\ 0, & 其他. \end{cases}$$

习题 3.2

1. 设二维随机变量 (X, Y) 的概率密度为

$$f(x, y)=\begin{cases} 4xy, & 0\leqslant x\leqslant 1, 0\leqslant y\leqslant 1, \\ 0, & 其他. \end{cases}$$

求 $P\{X>Y\}$, $P\{X+Y<1\}$.

2. 设二维随机变量 (X, Y) 的概率密度为

(1) $f(x, y)=\begin{cases} \dfrac{1}{x^2y^2}, & x>1, y>1, \\ 0, & 其他; \end{cases}$

(2) $f(x, y)=\begin{cases} xe^{-y}, & 0<x<y, \\ 0, & 其他. \end{cases}$

求 (X, Y) 的分布函数 $F(x, y)$.

3. 设二维随机变量 (X, Y) 的概率密度为

$$f(x, y)=\begin{cases} Ae^{-2x-3y}, & x>0, y>0, \\ 0, & 其他. \end{cases}$$

(1) 确定常数 A;

(2) 求分布函数 $F(x, y)$;

(3) 求边缘分布函数 $F_X(x)$, $F_Y(y)$ 和边缘概率密度 $f_X(x)$, $f_Y(y)$;

(4) 设 D 为由 x 轴和 y 轴及直线 $x+y=1$ 所围成的区域,求 (X, Y) 落在区域 D 内的

概率.

4. 一台仪表由两部件构成,以 X 和 Y 分别表示两部件的寿命(单位:h),已知 X 和 Y 的联合分布函数为

$$F(x,\ y)=\begin{cases}1-\mathrm{e}^{-0.01x}-\mathrm{e}^{-0.01y}+\mathrm{e}^{-0.01(x+y)}, & x>0,\ y>0,\\ 0, & \text{其他}.\end{cases}$$

求这两个部件的寿命同时超过 120 h 的概率.

5. 设随机变量 X 和 Y 均服从 $[0,\ 4]$ 上的均匀分布,且 $P\{X\leqslant 3,\ Y\leqslant 3\}=\dfrac{9}{16}$,求概率 $P\{X>3,\ Y>3\}$.

6. 设随机变量 X 和 Y 的联合概率密度为

(1) $f(x,\ y)=\begin{cases}6, & x^2\leqslant y\leqslant x,\\ 0, & \text{其他};\end{cases}$

(2) $f(x,\ y)=\begin{cases}4.8y(2-x), & 0\leqslant y\leqslant x,\ 0\leqslant x\leqslant 1,\\ 0, & \text{其他}.\end{cases}$

求边缘概率密度 $f_X(x)$,$f_Y(y)$.

7. 设二维随机变量 $(X,\ Y)$ 的概率密度为

$$f(x,\ y)=\begin{cases}Ax^2y, & x^2\leqslant y\leqslant 1,\\ 0, & \text{其他}.\end{cases}$$

(1)确定常数 A;(2)求边缘概率密度 $f_X(x)$,$f_Y(y)$.

8. 设二维随机变量 $(X,\ Y)$ 服从区域 $D=\{(x,\ y)\mid 0\leqslant x\leqslant 2,\ 0\leqslant y\leqslant 2\}$ 上的均匀分布,求 $P\{\mid X-Y\mid\leqslant 1\}$.

9. 设二维随机变量 $(X,\ Y)$ 的概率密度为

$$f(x,\ y)=\frac{1}{2\pi}\mathrm{e}^{-\frac{x^2+y^2}{2}}(1+\sin x\sin y)\quad(-\infty<x,\ y<+\infty).$$

证明 X, Y 都服从标准正态分布.

10. 设二维随机变量 $(X,\ Y)$ 的概率密度为

$$f(x,\ y)=\begin{cases}1, & \mid y\mid\leqslant x,\ 0\leqslant x\leqslant 1,\\ 0, & \text{其他}.\end{cases}$$

求(1)边缘概率密度 $f_X(x)$,$f_Y(y)$;(2)条件概率密度 $f_{X|Y}(x\mid y)$ 和 $f_{Y|X}(y\mid x)$.

11. 设二维随机变量 $(X,\ Y)\sim N(0,\ 0;\ 1,\ 1;\ \rho)$,求条件概率密度 $f_{X|Y}(x\mid y)$ 和 $f_{Y|X}(y\mid x)$.

3.3 随机变量的独立性

从 3.2 节和 3.3 节中可知,已知二维随机变量 (X, Y) 的分布,可以求出一维随机变量 X 和 Y 的分布;但反过来,仅仅已知随机变量 X 和 Y 的分布,未必可求出二维随机变量 (X, Y) 的分布. 二维随机变量 (X, Y) 的性质不仅与 X 和 Y 有关,而且还依赖于这两个随机变量的相互关系.

本节借助于随机事件的独立性,引出随机变量独立的概念,这是一个非常重要的概念.

3.3.1 二维随机变量的独立性

由两事件的相互独立,可以引入两个随机变量的相互独立的概念.

定义 3.12 设 $F(x, y)$, $F_X(x)$, $F_Y(y)$ 分别是二维随机变量 (X, Y) 的联合分布函数和边缘分布函数,若对任意的实数 x, y, 有

$$F(x, y) = F_X(x) \cdot F_Y(y)$$

成立,则称随机变量 X 和 Y **相互独立**.

由定义 3.12 可以得到如下两个结论.

定理 3.1 设二维离散型随机变量 (X, Y) 的分布律和边缘分布律分别为 p_{ij} 和 $p_{i\cdot}$, $p_{\cdot j}$, 则 X 与 Y 相互独立的充分必要条件是对任意的实数 x_i, y_j, 都有

$$p_{ij} = p_{i\cdot} \cdot p_{\cdot j} \quad (i, j = 1, 2, \cdots).$$

定理 3.1 的证明从略.

定理 3.2 设二维连续型随机变量 (X, Y) 的概率密度和边缘概率密度分别为 $f(x, y)$ 和 $f_X(x)$, $f_Y(y)$, 则 X 与 Y 相互独立的充分必要条件是对任意的实数 x, y, 都有

$$f(x, y) = f_X(x) f_Y(y).$$

证明 设对任意的实数 x, y, 都有 $f(x, y) = f_X(x) f_Y(y)$, 则 (X, Y) 的分布函数为

$$\begin{aligned} F(x, y) &= \int_{-\infty}^{y} \int_{-\infty}^{x} f_X(u) f_Y(v) \mathrm{d}u \mathrm{d}v = \left[\int_{-\infty}^{x} f_X(u) \mathrm{d}u\right]\left[\int_{-\infty}^{y} f_Y(v) \mathrm{d}v\right] \\ &= F_X(x) F_Y(y), \end{aligned}$$

从而 X 与 Y 相互独立；

反之，设 X 与 Y 相互独立，则对任意的实数 x, y, 都有

$$F(x, y)=F_X(x)F_Y(y)=\left[\int_{-\infty}^{x} f(u)\mathrm{d}u\right]\left[\int_{-\infty}^{y} f(v)\mathrm{d}v\right]$$
$$=\int_{-\infty}^{y}\int_{-\infty}^{x} f_X(u)f_Y(v)\mathrm{d}u\mathrm{d}v,$$

因而 $f_X(x)f_Y(y)$ 是 (X, Y) 的概率密度，即 $f(x, y)=f_X(x)f_Y(y)$.　　证毕.

由上可知，在 X 与 Y 相互独立的情形下，(X, Y) 的联合分布和边缘分布可以相互推导.

例 3.10　设随机变量 (X, Y) 的分布律为

X \ Y	1	2
0	$\frac{1}{6}$	$\frac{1}{6}$
1	$\frac{1}{3}$	$\frac{1}{3}$

试判别 X 与 Y 是否相互独立.

解　先求出 X 与 Y 的边缘分布律，得到完整的联合分布律表.

X \ Y	1	2	$P\{X=i\}$
0	$\frac{1}{6}$	$\frac{1}{6}$	$\frac{1}{3}$
1	$\frac{1}{3}$	$\frac{1}{3}$	$\frac{2}{3}$
$P\{Y=j\}$	$\frac{1}{2}$	$\frac{1}{2}$	1

则有

$$P\{X=0, Y=1\}=\frac{1}{6}=\frac{1}{3}\times\frac{1}{2}=P\{X=0\}P\{Y=1\},$$

$$P\{X=0, Y=2\}=\frac{1}{6}=\frac{1}{3}\times\frac{1}{2}=P\{X=0\}P\{Y=2\},$$

$$P\{X=1, Y=1\}=\frac{1}{3}=\frac{2}{3}\times\frac{1}{2}=P\{X=1\}P\{Y=1\},$$

$$P\{X=1, Y=2\}=\frac{1}{3}=\frac{2}{3}\times\frac{1}{2}=P\{X=1\}P\{Y=2\},$$

因此,X 与 Y 相互独立.

例 3.11 设随机变量 (X, Y) 的概率密度为

$$f(x, y)=\begin{cases}\frac{9}{32}x^2y(2-y), & 0<x<2, 0<y<2,\\ 0, & \text{其他}.\end{cases}$$

试问 X 与 Y 是否相互独立?

解 X, Y 的边缘概率密度分别为

$$f_X(x)=\int_{-\infty}^{+\infty}f(x, y)\mathrm{d}y=\begin{cases}\int_0^2\frac{9}{32}x^2y(2-y)\mathrm{d}y=\frac{3}{8}x^2, & 0<x<2,\\ 0, & \text{其他};\end{cases}$$

$$f_Y(y)=\int_{-\infty}^{+\infty}f(x, y)\mathrm{d}x=\begin{cases}\int_0^2\frac{9}{32}x^2y(2-y)\mathrm{d}x=\frac{3}{4}y(2-y), & 0<y<2,\\ 0, & \text{其他}.\end{cases}$$

显然,$f(x, y)=f_X(x)\cdot f_Y(y)$,故 X 与 Y 相互独立.

例 3.12 设二维随机变量 $(X, Y)\sim N(\mu_1, \mu_2; \sigma_1^2, \sigma_2^2; \rho)$,证明 X 与 Y 相互独立的充分必要条件是 $\rho=0$.

解 首先,(X, Y) 的概率密度为

$$f(x, y)=\frac{1}{2\pi\sigma_1\sigma_2\sqrt{1-\rho^2}}\mathrm{e}^{-\frac{1}{2(1-\rho^2)}\left[\frac{(x-\mu_1)^2}{\sigma_1^2}-2\rho\frac{(x-\mu_1)(y-\mu_2)}{\sigma_1\sigma_2}+\frac{(y-\mu_2)^2}{\sigma_2^2}\right]}.$$

由例 3.8 知,X, Y 的边缘概率密度分别为

$$f_X(x)=\frac{1}{\sqrt{2\pi}\sigma_1}\mathrm{e}^{-\frac{(x-\mu_1)^2}{2\sigma_1^2}}, \quad -\infty<x<+\infty;$$

$$f_Y(y)=\frac{1}{\sqrt{2\pi}\sigma_2}\mathrm{e}^{-\frac{(y-\mu_2)^2}{2\sigma_2^2}}, \quad -\infty<y<+\infty,$$

于是

$$f_X(x)f_Y(y)=\frac{1}{2\pi\sigma_1\sigma_2}\mathrm{e}^{-\frac{1}{2}\left[\frac{(x-\mu_1)^2}{\sigma_1^2}+\frac{(y-\mu_2)^2}{\sigma_2^2}\right]}.$$

如果 $\rho=0$,则对任意实数 x, y,都有

$$f(x, y) = f_X(x) f_Y(y),$$

故 X 与 Y 相互独立.

反过来,如果 X 与 Y 相互独立,则对任意实数 x, y, 都有

$$f(x, y) = f_X(x) f_Y(y),$$

特别地,令 $x = \mu_1$, $y = \mu_2$, 就有

$$\frac{1}{2\pi\sigma_1\sigma_2\sqrt{1-\rho^2}} = \frac{1}{2\pi\sigma_1\sigma_2},$$

于是必有 $\rho = 0$. 证毕.

例 3.12 说明,对二维正态随机变量 (X, Y) 来说,参数 $\rho = 0$ 是 X 与 Y 相互独立的充分必要条件.

3.3.2 多维随机变量及其独立性

二维随机变量的独立性概念可以推广到 $n(n > 2)$ 维的情形. 多维随机变量的独立性在数理统计中非常有用. 我们先给出 n 维随机变量及其分布等相关概念,然后再介绍多维随机变量的独立性.

定义 3.13 设有 n 个随机变量 $X_1, X_2, \cdots, X_n$, 将 $X_1, X_2, \cdots, X_n$ 构成向量形式 $(X_1, X_2, \cdots, X_n)$, 称 $(X_1, X_2, \cdots, X_n)$ 为 n 维随机变量,称 n 元函数 $F(x_1, x_2, \cdots, x_n) = P\{X_1 \leqslant x_1, X_2 \leqslant x_2, \cdots, X_n \leqslant x_n\}$ $(-\infty < x_1, x_2, \cdots, x_n < +\infty)$ 为 n 维随机变量 $(X_1, X_2, \cdots, X_n)$ 的**分布函数**或**联合分布函数**.

n 维随机变量的分布函数具有类似于二维随机变量分布函数的性质.

定义 3.14 如果 n 维随机变量 $(X_1, X_2, \cdots, X_n)$ 的所有可能的取值为有限组或者无限可列组,则称这个 n 维随机变量 $(X_1, X_2, \cdots, X_n)$ 为 n 维离散型随机变量,称

$$p_{1_i 2_j \cdots n_k} = P\{X_1 = x_{1_i}, X_2 = x_{2_j}, \cdots, X_n = x_{n_k}\} \quad (i, j, \cdots, k = 1, 2, \cdots)$$

为 n 维离散型随机变量 $(X_1, X_2, \cdots, X_n)$ 的**分布律**.

n 维离散型随机变量的分布律具有类似于二维离散型随机变量的分布律的性质.

定义 3.15 设 n 维随机变量 $(X_1, X_2, \cdots, X_n)$ 的分布函数为 $F(x_1, x_2, \cdots, x_n)$, 如果存在一个非负的 n 元函数 $f(x_1, x_2, \cdots, x_n)$, 使得

$$F(x_1, x_2, \cdots, x_n) = \int_D \cdots \int f(x_1, x_2, \cdots, x_n) \mathrm{d}x_1 \mathrm{d}x_2 \cdots \mathrm{d}x_n$$

成立,其中 $D=(-\infty, x_1)\cdot(-\infty, x_2)\cdot\cdots\cdot(-\infty, x_n)$, $\int_D\cdots\int f(x_1, x_2, \cdots, x_n)\mathrm{d}x_1\mathrm{d}x_2\cdots\mathrm{d}x_n$ 表示 n 重积分,则称这个 n 维随机变量 $(X_1, X_2, \cdots, X_n)$ 为 **n 维连续型随机变量**,而函数 $f(x_1, x_2, \cdots, x_n)$ 称为 n 维随机变量 $(X_1, X_2, \cdots, X_n)$ 的**概率密度**.

n 维随机变量的概率密度具有类似于二维连续型随机变量的概率密度的性质.

定义 3.16 设 n 维随机变量 $(X_1, X_2, \cdots, X_n)$ 的分布函数为 $F(x_1, x_2, \cdots, x_n)$,其边缘分布函数为 $F_{X_1}(x_1)$, $F_{X_2}(x_2)$, $\cdots$, $F_{X_n}(x_n)$. 如果对任意的实数 x_1, x_2, $\cdots$, x_n,都有

$$F(x_1, x_2, \cdots, x_n)=F_{X_1}(x_1)F_{X_2}(x_2)\cdots F_{X_n}(x_n),$$

则称 n 维随机变量 $X_1, X_2, \cdots, X_n$ **相互独立**.

同样地,对 n 维随机变量 $(X_1, X_2, \cdots, X_n)$ 的独立性的判别,我们有如下两个结论(证明从略).

定理 3.3 设 $(X_1, X_2, \cdots, X_n)$ 是 n 维离散型随机变量,则 $X_1, X_2, \cdots, X_n$ 相互独立的充分必要条件是对任意的一组值 $(x_{1k_1}, x_{2k_2}, \cdots, x_{nk_n})$,都有

$$\begin{aligned}&P\{X_1=x_{1k_1}, X_2=x_{2k_2}, \cdots, X_n=x_{nk_n}\}\\&=P\{X_1=x_{1k_1}\}P\{X_2=x_{2k_2}\}\cdots P\{X_n=x_{nk_n}\}.\end{aligned}$$

定理 3.4 设 $(X_1, X_2, \cdots, X_n)$ 是 n 维连续型随机变量,则 $X_1, X_2, \cdots, X_n$ 相互独立的充分必要条件是对任意的实数 $x_1, x_2, \cdots, x_n$,都有

$$f(x_1, x_2, \cdots, x_n)=f_{X_1}(x_1)f_{X_2}(x_2)\cdots f_{X_n}(x_n).$$

关于随机变量的独立性,在数理统计中经常要用到下面的定理(证明从略).

定理 3.5 (1) 设随机变量 X 与 Y 相互独立,若 $f(x)$, $g(x)$ 是两个连续函数,则 $f(X)$ 与 $g(Y)$ 相互独立.

(2) 设随机变量 $(X_1, X_2, \cdots, X_m)$ 与 $(Y_1, Y_2, \cdots, Y_n)$ 相互独立,则 $X_i(i=1, 2, \cdots, m)$ 与 $Y_j(j=1, 2,, \cdots, n)$ 相互独立;又若 $f(x)$, $g(x)$ 是两个连续函数,则 $f(X_1, X_2, \cdots, X_m)$ 与 $g(Y_1, Y_2, \cdots, Y_n)$ 相互独立.

习题 3.3

1. 设二维随机变量 (X, Y) 的分布律为

$X \backslash Y$	1	2	3
1	$\frac{1}{3}$	a	b
2	$\frac{1}{6}$	$\frac{1}{9}$	$\frac{1}{18}$

当 a，b 取何值时，X 与 Y 相互独立？

2. 设随机变量 X 与 Y 相互独立，且各自的分布律为

X	-2	-1	0	0.5
p_k	0.25	0.2	0.15	0.4

Y	-0.5	1	3
p_k	0.5	0.25	0.25

试写出 (X, Y) 的联合分布律.

3. 甲乙两人独立进行射击，甲每次命中率为 0.2，乙每次命中率为 0.5. 以 X，Y 分别表示甲、乙各射击两次的命中次数，试求 (X, Y) 的分布律.

4. 设随机变量 (X, Y) 在矩形区域 $D=\{(x, y) \mid a \leqslant x \leqslant b, c \leqslant y \leqslant d\}$ 上服从均匀分布，判断 X 与 Y 是否相互独立.

5. 设随机变量 (X, Y) 的概率密度为

$$f(x, y)=\begin{cases}3x, & 0 \leqslant x \leqslant 1, 0 \leqslant y \leqslant x, \\ 0, & \text{其他}.\end{cases}$$

判断 X 与 Y 是否相互独立.

6. 设随机变量 (X, Y) 在矩形区域 $D=\{(x, y) \mid 0 \leqslant x \leqslant 2, 0 \leqslant y \leqslant 1\}$ 上服从均匀分布，若

$$U=\begin{cases}0, & X \leqslant Y, \\ 1, & X>Y;\end{cases} \quad V=\begin{cases}0, & X \leqslant 2Y, \\ 1, & X>2Y.\end{cases}$$

试求 (U, V) 的联合分布律，并判断 U 与 V 是否独立.

7. 设随机变量 X 与 Y 相互独立，其概率密度分别为

$$f_X(x)=\begin{cases}2x, & 0 \leqslant x \leqslant 1, \\ 0, & \text{其他};\end{cases} \quad f_Y(y)=\begin{cases}\mathrm{e}^{-y}, & y>0, \\ 0, & \text{其他}.\end{cases}$$

(1)写出 X 和 Y 的联合概率密度;(2)求 $P\{X+Y\leqslant 2\}$.

8. 设随机变量 X 与 Y 相互独立，$X\sim U(0, 1)$，$Y\sim E\left(\frac{1}{2}\right)$，试求方程 $t^2+2Xt+Y=0$ 有实根的概率.

9. 某图书馆一天的读者人数 $X\sim P(\lambda)$，一读者借书的概率为 p，各读者借书与否相互独立,记一天读者借书的人数为 Y，求 X 和 Y 的联合分布律.

10. 一负责人到达办公室的时间均匀分布在 8～12 时,他的秘书到达办公室的时间均匀分布在 7～9 时.设他们两人到达的时间是相互独立的,求他们到达办公室的时间相差不超过 5 min $\left(\frac{1}{12}\mathrm{h}\right)$ 的概率.

3.4　二维随机变量函数的分布

在 2.4 节中,我们讨论了一维随机变量函数的分布.本节探讨二维随机变量函数的分布问题.我们仅仅对几种特殊情况进行讨论.

3.4.1　二维离散型随机变量函数的分布

设 (X, Y) 是二维离散型随机变量,其分布律为

$$P\{X=x_i, Y=y_j\}=p_{ij}\quad (i, j=1, 2, \cdots).$$

$g(x, y)$ 是一个二元函数,则 $Z=g(X, Y)$ 作为 (X, Y) 的函数是一个随机变量.

记 $Z=g(X, Y)$ 的所有可能取值为 $z_k(k=1, 2, \cdots)$，则 Z 的分布律为

$$\begin{aligned}P\{Z=z_k\}&=P\{g(X, Y)=z_k\}\\&=\sum_{g(x_i, y_j)=z_k}P\{X=x_i, Y=y_j\}\ (k=1, 2, \cdots).\end{aligned}$$

例 3.13　设随机变量 (X, Y) 的分布律为

X \ Y	0	1
0	0.2	0.4
1	0.3	0.1

求二维随机变量的函数 $Z=X+Y$, $W=XY$ 的分布律.

解　由 (X, Y) 的分布律可得下表

p_k	0.2	0.4	0.3	0.1
(X, Y)	(0, 0)	(0, 1)	(1, 0)	(1, 1)
$Z=X+Y$	0	1	1	2
$W=XY$	0	0	0	1

由上表可知，$Z=X+Y$ 的所有可能取值为 0，1，2，其分布律为

Z	0	1	2
p_k	0.2	0.7	0.1

同理，$W=XY$ 只取两个值：0，1，其分布律为

W	0	1
p_k	0.9	0.1

例 3.14　设随机变量 X 与 Y 相互独立，且 $X \sim P(\lambda_1)$，$Y \sim P(\lambda_2)$，证明 $Z=X+Y \sim P(\lambda_1+\lambda_2)$.

证明　由于 $X \sim P(\lambda_1)$，$Y \sim P(\lambda_2)$，X 与 Y 的取值为任何非负整数，所以 Z 的取值也为所有非负整数，且

$$P\{X=i\}=\frac{\lambda_1^i e^{-\lambda_1}}{i!} \quad (i=0, 1, \cdots); \quad P\{Y=j\}=\frac{\lambda_2^j e^{-\lambda_2}}{j!} \quad (j=0, 1, \cdots).$$

对任一非负整数 k，事件"$X+Y=k$"可写成如下 $k+1$ 个互不相容事件之并

$$\{X+Y=k\}=\{X=0, Y=k\} \cup \{X=1, Y=k-1\} \cup \cdots \cup \{X=k, Y=0\}.$$

因此有

$$\begin{aligned} P\{X+Y=k\} &= P\{X=0, Y=k\}+P\{X=1, Y=k-1\}+\cdots+P\{X=k, Y=0\} \\ &= \sum_{i=0}^{k} P\{X=i, Y=k-i\}. \end{aligned}$$

由 X 与 Y 相互独立，知

$$P\{X+Y=k\}=\sum_{i=0}^{k} P\{X=i\} \cdot P\{Y=k-i\}.$$

从而可得

$$P\{X+Y=k\}=\sum_{i=0}^{k} \frac{\lambda_1^i e^{-\lambda_1}}{i!} \frac{\lambda_2^{k-i} e^{-\lambda_2}}{(k-i)!}=\frac{1}{k!}\left(\sum_{i=0}^{k} C_k^i \lambda_1^i \lambda_2^{k-i}\right) e^{-(\lambda_1+\lambda_2)}$$

$$= (\lambda_1 + \lambda_2)^k \frac{e^{-(\lambda_1+\lambda_2)}}{k!} \quad (k = 0, 1, 2, \cdots).$$

因此，$Z = X + Y \sim P(\lambda_1 + \lambda_2)$. 证毕.

例 3.14 说明，两个相互独立的服从泊松分布随机变量的和仍然服从泊松分布，且其参数为相应参数之和. 这称为泊松分布具有**可加性**. 下面我们还可得出，正态分布也具有可加性.

3.4.2 二维连续型随机变量函数的分布

设 (X, Y) 是二维连续型随机变量，其概率密度为 $f(x, y)$，$z = g(x, y)$ 是二元连续函数，则二维连续型随机变量的函数 $Z = g(X, Y)$ 是一维的连续型随机变量.

可用类似于求一维随机变量函数分布的方法来求 $Z = g(X, Y)$ 的分布.

首先，$Z = g(X, Y)$ 分布函数为

$$F_Z(z) = P\{Z \leqslant z\} = P\{g(X, Y) \leqslant z\} = \iint\limits_{g(x, y) \leqslant z} f(x, y)\mathrm{d}x\mathrm{d}y.$$

其次，由 $F_Z(z)$ 对 z 求导数，对几乎所有的 z，可得 $Z = g(X, Y)$ 的概率密度为

$$f_Z(z) = F'_Z(z) = \frac{\mathrm{d}}{\mathrm{d}z} \iint\limits_{g(x, y) \leqslant z} f(x, y)\mathrm{d}x\mathrm{d}y.$$

下面我们介绍两个常见的连续型随机变量函数的概率分布.

1. $Z=X+Y$ 的分布(和的分布)

设 (X, Y) 的概率密度 $f(x, y)$，则 $Z = X + Y$ 的分布函数为

$$F_Z(z) = P\{Z \leqslant z\} = P\{X + Y \leqslant z\} = \iint\limits_{x+y \leqslant z} f(x, y)\mathrm{d}x\mathrm{d}y.$$

其中二重积分区域 $\{(x, y) \mid x + y \leqslant z\}$ 是位于直线 $x + y = z$ 左下方的半平面，如图 3-4 所示.

化成二次积分，可得

$$F_Z(z) = \int_{-\infty}^{+\infty} \mathrm{d}x \int_{-\infty}^{z-x} f(x, y)\mathrm{d}y.$$

固定 x 和 z，作变量替换，令 $y = u - x$，得

$$\int_{-\infty}^{z-x} f(x, y)\mathrm{d}y = \int_{-\infty}^{z} f(x, u - x)\mathrm{d}u,$$

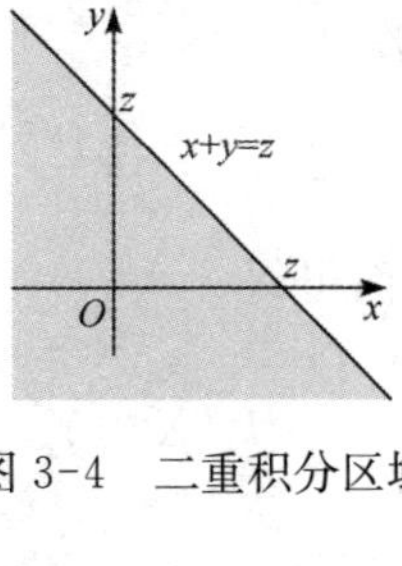

图 3-4 二重积分区域

于是得到

$$F_Z(z)=\int_{-\infty}^{+\infty}\left[\int_{-\infty}^{2}f(x,\ u-x)\mathrm{d}u\right]\mathrm{d}x=\int_{-\infty}^{z}\left[\int_{-\infty}^{+\infty}f(x,\ u-x)\mathrm{d}x\right]\mathrm{d}u.$$

$F_Z(z)$ 对 z 求导数,可得 Z 的概率密度为

$$f_Z(z)=\int_{-\infty}^{+\infty}f(x,\ z-x)\mathrm{d}x.$$

由 X, Y 的对称性,可得

$$f_Z(z)=\int_{-\infty}^{+\infty}f(z-y,\ y)\mathrm{d}y.$$

特别地,当 X 与 Y 相互独立时,有

$$f_Z(z)=\int_{-\infty}^{+\infty}f_X(x)f_Y(z-x)\mathrm{d}x\quad 或\quad f_Z(z)=\int_{-\infty}^{+\infty}f_X(z-y)f_Y(y)\mathrm{d}y.$$

其中 $f_X(x)$ 和 $f_Y(y)$ 分别是 X 和 Y 的概率密度.

上式通常称为**卷积公式**,在求相互独立的随机变量和的分布时,可直接用此公式.

例 3.15　设随机变量 X 与 Y 相互独立,其概率密度分别为

$$f_X(x)=\begin{cases}1, & 0\leqslant x\leqslant 1,\\ 0, & 其他;\end{cases}\qquad f_Y(y)=\begin{cases}\mathrm{e}^{-y}, & y>0,\\ 0, & 其他.\end{cases}$$

求 $Z=X+Y$ 的概率密度.

解　由卷积公式可知

$$f_Z(z)=\int_{-\infty}^{+\infty}f_X(x)f_Y(z-x)\mathrm{d}x.$$

而由 $f_X(x)$, $f_Y(y)$ 的定义,可得

$$f_X(x)f_Y(z-x)=\begin{cases}\mathrm{e}^{-z+x}, & 0\leqslant x\leqslant 1,\ x<z,\\ 0, & 其他.\end{cases}$$

将 z 分成以下三种情况,可得

$$f_Z(z)=\begin{cases}\int_0^z\mathrm{e}^{-z+x}\mathrm{d}x, & 0<z<1,\\ \int_0^1\mathrm{e}^{-z+x}\mathrm{d}x, & z\geqslant 1,\\ 0, & 其他.\end{cases}$$

即有

$$f_Z(z)=\begin{cases}1-e^{-z}, & 0<z<1,\\ (e-1)e^{-z}, & z\geqslant 1,\\ 0, & \text{其他}.\end{cases}$$

例 3.16 设随机变量 X 与 Y 相互独立,且都服从 $N(0, 1)$,求 $Z=X+Y$ 的概率密度.

解 由卷积公式可得 $Z=X+Y$ 的概率密度为

$$\begin{aligned}f_Z(z)&=\int_{-\infty}^{+\infty}f_X(x)f_Y(z-x)\mathrm{d}x\\&=\frac{1}{2\pi}\int_{-\infty}^{+\infty}e^{-\frac{x^2}{2}}e^{-\frac{(z-x)^2}{2}}\mathrm{d}x=\frac{1}{2\pi}e^{-\frac{z^2}{4}}\int_{-\infty}^{+\infty}e^{-\left(x-\frac{z}{2}\right)^2}\mathrm{d}x,\end{aligned}$$

令 $t=x-\frac{z}{2}$,即得

$$f_Z(z)=\frac{1}{2\pi}e^{-\frac{z^2}{4}}\int_{-\infty}^{+\infty}e^{-t^2}\mathrm{d}t=\frac{1}{2\sqrt{\pi}}e^{-\frac{z^2}{4}}\quad(-\infty<z<+\infty).$$

可见 $Z=X+Y\sim N(0, 2)$.

仿例 3.16 的方法,可以证明以下结论.

结论 1 设随机变量 X 与 Y 相互独立,且 $X\sim N(\mu_1, \sigma_1^2)$, $Y\sim N(\mu_2, \sigma_2^2)$,则

$$Z=X+Y\sim N(\mu_1+\mu_2, \sigma_1^2+\sigma_2^2).$$

结论 2 设随机变量 $X_i\sim N(\mu_i, \sigma_i^2)(i=1, 2, \cdots, n)$,且它们相互独立,则对任意不全为零的常数 $a_1, a_2, \cdots, a_n$,有

$$\sum_{i=1}^{n}a_iX_i\sim N\left(\sum_{i=1}^{n}a_i\mu_i, \sum_{i=1}^{n}a_i^2\sigma_i^2\right).$$

上面两个结论说明,正态分布具有可加性.

2. $M=\max\{X, Y\}$ 和 $N=\min\{X, Y\}$ 的分布(极值分布)

设随机变量 X 与 Y 相互独立,其分布函数分别为 $F_X(x)$ 和 $F_Y(y)$,则有 $M=\max\{X, Y\}$ 的分布函数为

$$\begin{aligned}F_M(z)&=P\{M\leqslant z\}=P\{X\leqslant z, Y\leqslant z\}\\&=P\{X\leqslant z\}\cdot P\{Y\leqslant z\}=F_X(z)\cdot F_Y(z);\end{aligned}$$

$N=\min\{X, Y\}$ 的分布函数为

$$F_N(z) = P\{N \leqslant z\} = 1 - P\{N > z\} = 1 - P\{X > z, Y > z\}$$
$$= 1 - P\{X > z\} \cdot P\{Y > z\}$$
$$= 1 - [1 - F_X(z)][1 - F_Y(z)].$$

上面的结果可以推广到 n 个随机变量的情形. 设 X_1, X_2, …, X_n 相互独立，其分布函数分别为 $F_{X_k}(x_k)(k = 1, 2, \cdots, n)$，则 $M = \max\{X_1, X_2, \cdots, X_n\}$，$N = \min\{X_1, X_2, \cdots, X_n\}$ 的分布函数分别为

$$F_M(Z) = F_{X_1}(z)F_{X_2}(z)\cdots F_{X_n}(z),$$
$$F_N(z) = 1 - [1 - F_{X_1}(z)][1 - F_{X_2}(z)]\cdots[1 - F_{X_n}(z)].$$

特别地，当 X_1, X_2, …, X_n 相互独立，且具有相同的分布函数 $F(x)$ 时，则有

$$F_M(z) = [F(z)]^n,\ F_N(z) = 1 - [1 - F(z)]^n.$$

例 3.17　设系统 L 由两个独立的子系统 L_1 和 L_2 联接而成，联接方式分别为(1)串联；(2)并联(图 3-5). 设 X 和 Y 分别表示 L_1 和 L_2 的寿命，且 $X \sim E(\alpha)$，$Y \sim E(\beta)$，其中 $\alpha > 0$，$\beta > 0$ 且 $\alpha \neq \beta$. 试分别就以上两种情况讨论系统 L 的寿命 Z 的概率密度.

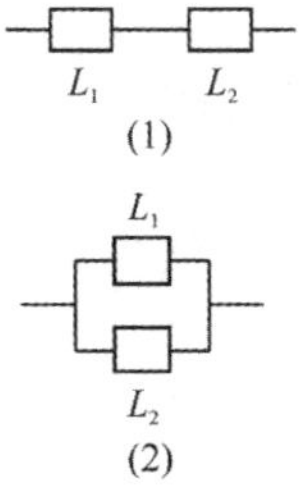

图 3-5　独立子系统

解　由 $X \sim E(\alpha)$，$Y \sim E(\beta)$ 可得 X, Y 的分布函数分别为

$$F_X(x) = \begin{cases} 1 - e^{-\alpha x}, & x > 0, \\ 0, & x \leqslant 0; \end{cases} \qquad F_Y(y) = \begin{cases} 1 - e^{-\beta y}, & y > 0, \\ 0, & y \leqslant 0. \end{cases}$$

(1) 若 L_1 与 L_2 串联，则当 L_1 与 L_2 中有一个故障时，系统 L 就停止工作，因此 L 的寿命为 $Z = \min\{X, Y\}$，其分布函数为

$$F_Z(z) = 1 - [1 - F_X(z)][1 - F_Y(z)]$$
$$= \begin{cases} 1 - e^{-(\alpha+\beta)z}, & z > 0, \\ 0, & z \leqslant 0. \end{cases}$$

故 $Z = \min\{X, Y\}$ 的概率密度为

$$f_Z(z) = \begin{cases} (\alpha + \beta)e^{-(\alpha+\beta)z}, & z > 0, \\ 0, & z \leqslant 0. \end{cases}$$

此结果表明，若子系统 L_1 和 L_2 的使用寿命分别服从 $\lambda = \alpha$ 与 $\lambda = \beta$ 的指数分布，则串联系统 L 的寿命服从 $\lambda = \alpha + \beta$ 的指数分布.

(2) 若 L_1 与 L_2 并联，则当 L_1 与 L_2 都损坏时，系统 L 才停止工作，因此 L 的寿

命为 $Z=\max\{X, Y\}$，其分布函数为

$$F_Z(z)=F_X(z)F_Y(z)=\begin{cases}(1-e^{-\alpha z})(1-e^{-\beta z}), & z>0,\\ 0, & z\leqslant 0.\end{cases}$$

故 $Z=\max\{X, Y\}$ 的概率密度为

$$f_Z(z)=\begin{cases}\alpha e^{-\alpha z}+\beta e^{-\beta z}-(\alpha+\beta)e^{-(\alpha+\beta)z}, & z>0,\\ 0, & z\leqslant 0.\end{cases}$$

习题 3.4

1. 设随机变量 X, Y 的联合分布律为

X \ Y	-1	0	1
0	0.2	0.3	0
1	0.1	0	0.4

求二维随机变量的函数 Z 的分布

(1) $Z=X+Y$；(2) $Z=XY$；(3) $Z=\max\{X, Y\}$.

2. 一生产小组由甲、乙两名工人组成，他们每天出废品数 X 与 Y 的分布律分别为

X	0	1	2
p_k	0.8	0.2	0

Y	0	1	3
p_k	0.7	0.2	0.1

设两名工人生产互不影响，求该小组每天出废品数 $X+Y$ 的分布律.

3. 对某种电子装置的输出测量了四次，得到结果为 X_1, X_2, X_3, X_4. 设它们是相互独立的随机变量且都服从参数 $\lambda=\dfrac{1}{8}$ 的指数分布，求

(1) $Z=\max\{X_1, X_2, X_3, X_4\}$ 的分布函数；(2) $P\{Z>4\}$.

4. 设随机变量 X, Y 相互独立同分布，且 X 的分布律为

X	1	2	3
p_k	$\frac{1}{3}$	$\frac{1}{3}$	$\frac{1}{3}$

记 $M=\max\{X, Y\}$, $N=\min\{X, Y\}$.

(1)求二维随机变量 (M, N) 的分布律；(2)判断 M 与 N 的独立性；(3)求 $P\{M+N\leqslant 3\}$.

5. 设 X, Y 是相互独立的随机变量，其概率密度分别为

$$f_X(x)=\begin{cases}1, & 0\leqslant x\leqslant 1,\\ 0, & \text{其他};\end{cases}\quad f_Y(y)=\begin{cases}2y, & 0\leqslant y\leqslant 1,\\ 0, & \text{其他}.\end{cases}$$

求 $Z=X+Y$ 的概率密度.

6. 设二维随机变量 (X, Y) 的概率密度为

$$f(x, y)=\begin{cases}Ae^{-x-y}, & 0<x<1, y>0,\\ 0, & \text{其他}.\end{cases}$$

(1)确定常数 A；(2)求边缘概率密度 $f_X(x)$，$f_Y(y)$；(3)求 $Z=\max\{X, Y\}$ 的分布函数.

7. 设随机变量 X 与 Y 相互独立，它们都服从正态分布 $N(0, \sigma^2)$. 试验证随机变量 $Z=\sqrt{X^2+Y^2}$ 的概率密度为

$$f_Z(z)=\begin{cases}\dfrac{z}{\sigma^2}e^{-\frac{z^2}{2\sigma^2}}, & z\geqslant 0,\\ 0, & \text{其他}.\end{cases}$$

总习题3

一、选择题

1. 设随机变量 X_1，X_2 同分布，且

X_i	-1	0	1
p_k	$\frac{1}{4}$	$\frac{1}{2}$	$\frac{1}{4}$

$(i=1, 2)$，

又 $P\{X_1X_2=0\}=1$，则 $P\{X_1=X_2\}=($　　$)$.

A. 0　　B. $\frac{1}{4}$　　C. $\frac{1}{2}$　　D. 1

2. 设二维随机变量 (X, Y) 的概率分布为

X \ Y	0	1
0	0.4	a
1	b	0.1

已知事件 $\{X=0\}$ 与 $\{X+Y=1\}$ 相互独立，则(　　).

A. $a=0.2$，$b=0.3$　　B. $a=0.4$，$b=0.1$

C. $a=0.3$，$b=0.2$　　D. $a=0.1$，$b=0.4$

3. 设随机变量 X 与 Y 相互独立,且都服从 $U(0, 1)$,则 $P\{X^2+Y^2\leqslant 1\}=($　　$)$.

A. $\frac{1}{4}$　　B. $\frac{1}{2}$　　C. $\frac{\pi}{8}$　　D. $\frac{\pi}{4}$

4. 设随机变量 X 与 Y 相互独立,且 $X\sim E(1)$, $Y\sim E(4)$,则 $P\{X<Y\}=($　　$)$.

A. $\frac{1}{5}$　　B. $\frac{1}{3}$　　C. $\frac{2}{5}$　　D. $\frac{4}{5}$

5. 设随机变量 X 与 Y 相互独立,且 $X\sim N(0, 1)$, Y 的概率分布为 $P\{Y=0\}=P\{Y=1\}=\frac{1}{2}$. 记 $F_Z(z)$ 为随机变量 $Z=XY$ 的分布函数,则函数 $F_Z(z)$ 的间断点个数为(　　).

A. 0　　B. 1　　C. 2　　D. 3

二、填空题

1. 从数 1, 2, 3, 4 中任取一个数,记为 X,再从 $1, 2, \cdots, X$ 中任取一个数记为 Y,则 $P\{Y=2\}=$ ________.

2. 在区间 $(0, 1)$ 中随机取两个数,则这两个数之差的绝对值小于 $\frac{1}{2}$ 的概率为________.

3. 设随机变量 X 与 Y 相互独立,且均服从 $U[0, 3]$,则 $P\{\max\{X, Y\}\leqslant 1\}=$ ________.

4. 设平面区域 D 由曲线 $y=\frac{1}{x}$ 及直线 $y=0$, $x=1$, $x=e^2$ 围成,随机变量 $(X, Y)\sim U(D)$,则 $f_X(2)=$ ________.

5. 设随机变量 $(X, Y)\sim N(1, 0; 1, 1; 0)$,则 $P\{XY-Y<0\}=$ ________.

三、解答题

1. 设随机变量 X 的概率密度为

$$f(x)=\begin{cases}\frac{1}{9}x^2, & 0<x<3,\\ 0, & \text{其他},\end{cases}$$

令随机变量

$$Y=\begin{cases}2, & X\leqslant 1,\\ X, & 1<X<2,\\ 1, & X\geqslant 2.\end{cases}$$

求(1) Y 的分布函数;(2) $P\{X\leqslant Y\}$.

2. 设随机变量 X_1, X_2, X_3, X_4 相互独立,且同分布:

$$P\{X_i=0\}=0.6,\quad P\{X_i=1\}=0.4\quad (i=1, 2, 3, 4),$$

求行列式 $X=\begin{vmatrix}X_1 & X_2\\ X_3 & X_4\end{vmatrix}$ 的概率分布.

3. 设二维随机变量 (X, Y) 的概率密度为

$$f(x, y)=\begin{cases}2-x-y, & 0<x<1, 0<y<1,\\ 0, & \text{其他}.\end{cases}$$

求(1) $P\{X>2Y\}$；(2) $Z=X+Y$ 的概率密度 $f_Z(z)$.

4. 袋中有1个红球、2个黑球与3个白球.现有放回地从袋中取两次,每次取一个球.以 X, Y, Z 分别表示两次取球所取得的红球、黑球与白球的个数.求

(1) $P\{X=1 \mid Z=0\}$；(2) (X, Y) 的概率分布.

5. 设随机变量 X 与 Y 相互独立,X 的概率分布为 $P\{X=i\}=\frac{1}{3}\ (i=-1, 0, 1)$, Y 的概率密度为

$$f_Y(y)=\begin{cases}1, & 0 \leqslant y<1, \\ 0, & \text{其他},\end{cases}$$

记 $Z=X+Y$. 求

(1) $P\left\{Z \leqslant \frac{1}{2} \mid X=0\right\}$；(2) Z 的概率密度 $f_Z(z)$.

6. 设数 X 在区间 $(0, 1)$ 上随机地取值，当观察到 $X=x\ (0<x<1)$ 时，数 Y 在区间 $(x, 1)$ 上随机地取值,求边缘概率密度 $f_Y(y)$.

四、证明题

1. 设随机变量 X 与 Y 相互独立,且服从同一分布.试证明：

$$P\{a<\min\{X, Y\} \leqslant b\}=[P\{X>a\}]^2-[P\{X>b\}]^2\ (a \leqslant b).$$

2. 设随机变量 X 与 Y 相互独立,且 $X \sim B(n_1, p)$, $Y \sim B(n_2, p)$，证明随机变量 $Z=X+Y \sim B(n_1+n_2, p)$.

第 4 章　随机变量的数字特征

在第 2 章和第 3 章中，我们讨论了随机变量及其分布. 我们知道，随机变量的分布函数、分布律、概率密度都能完整地描述随机变量的统计规律性. 但在许多实际问题中，要确定一个随机变量的分布是比较困难的，而且有时并不需要全面考察随机变量的变化情况，而只需知道它的某些特征即可. 例如，在评价某班级学生某课程成绩的好坏时，我们只关心其平均成绩以及每个学生的成绩与平均成绩之间的偏离程度. 这种与随机变量有关的数值，虽然不能完整地描述随机变量，但能刻画随机变量在某些方面的重要特征，称之为随机变量的**数字特征**.

本章主要讨论反映随机变量取值的集中与分散程度的数字特征——数学期望与方差，还要介绍随机变量的其他常用数字特征，包括协方差、相关系数和矩.

4.1　随机变量的数学期望

4.1.1　离散型随机变量的数学期望

对于任意随机变量 X，时常要考虑它平均取什么值，即平均值是多少. 先来看一个简单的例子.

例 4.1　设某班级共有 N 名同学，在某课程考试中，有 n_k 个人得 x_k 分 $(k=1, 2, \cdots, m)$，$\sum_{k=1}^{m} n_k = N$，则该班同学的平均分为

$$\frac{1}{N}\sum_{k=1}^{m} x_k n_k = \sum_{k=1}^{m} x_k \frac{n_k}{N},$$

令 X 表示学生所得的分数，则 $\frac{n_k}{N}$ 是事件 $\{X = x_k\}$ 发生的频率.

我们知道，当 N 充分大时，事件 $\{X = x_k\}$ 发生的概率 $P\{X = x_k\} \approx \frac{n_k}{N}$. 也可

以说，当 N 充分大时，事件 $\{X=x_k\}$ 发生的频率 $\frac{n_k}{N}$ 在一定意义下接近于事件 $\{X=x_k\}$ 发生的概率 $P\{X=x_k\}$，从而算术平均值 $\sum_{k=1}^{m} x_k \frac{n_k}{N}$ 在一定意义下接近于 $\sum_{k=1}^{m} x_k P\{X=x_k\}$.

我们用 $\sum_{k=1}^{m} x_k P\{X=x_k\}$ 表示随机变量 X 的数学期望或均值.

定义 4.1　设离散型随机变量 X 的分布律为

$$P\{X=x_k\}=p_k,\quad k=1,2,\cdots,$$

如果 $\sum_{k=1}^{\infty} x_k p_k$ 绝对收敛，则称级数 $\sum_{k=1}^{\infty} x_k p_k$ 为 X 的**数学期望**，简称**期望**或**均值**，记为 $E(X)$，则有

$$E(X)=\sum_{k=1}^{\infty} x_k p_k.$$

定义 4.1 中的 $\sum_{k=1}^{\infty} x_k p_k$ 绝对收敛，即 $\sum_{k=1}^{\infty} |x_k| p_k$ 收敛；要求 $\sum_{k=1}^{\infty} x_k p_k$ 绝对收敛是必需的，因为 $E(X)$ 是一个确定的数，不受 $x_k p_k$ 在级数中排列次序的影响.

另外，随机变量 X 的数学期望也称为数 x_k 以概率 p_k 为权的加权平均值.

例 4.2　设随机变量 $X \sim B(1, p)$，求 $E(X)$.

解　因 X 的分布律为

X	0	1
p_k	$1-p$	p

故 X 的数学期望为

$$E(X)=0\times(1-p)+1\times p=p.$$

例 4.3　有甲、乙两名射手，他们的射击技术用下表给出，其中 X 表示“甲击中的环数”，Y 表示“乙击中的环数”.

X	8	9	10
p_k	0.1	0.3	0.6

Y	8	9	10
p_k	0.2	0.5	0.3

试问哪一个射手本领高？

解 我们设甲、乙两射手各射击 N 枪,则他们击中环数的平均值分别是

$$E(X)=8\times0.1+9\times0.3+10\times0.6=9.5,$$
$$E(Y)=8\times0.2+9\times0.5+10\times0.3=9.1.$$

因此,从击中环数的平均值上看,甲射手的本领要比乙的高.

例4.3说明,随机变量的分布律虽完整地描述了随机变量,但却不够集中地反映随机变量某一方面的特征.

例 4.4 设随机变量 $X\sim B(n,\ p)$,求 $E(X)$.

解 因 X 的分布律为

$$P\{X=k\}=\mathrm{C}_n^k p^k(1-p)^{n-k}\quad(k=0,\ 1,\ 2,\ \cdots,\ n),$$

故

$$E(X)=\sum_{k=0}^{n}kP\{X=k\}=\sum_{k=0}^{n}k\frac{n!}{k!(n-k)!}p^k(1-p)^{n-k}$$
$$=np\sum_{k=1}^{n}\frac{(n-1)!}{(k-1)!(n-k)!}p^{k-1}\cdot(1-p)^{n-k},$$

令 $k-1=i$,则

$$E(X)=np\sum_{i=0}^{n-1}\frac{(n-1)!}{i!(n-1-i)!}p^i(1-p)^{n-1-i}$$
$$=np\sum_{i=0}^{n-1}\mathrm{C}_{n-1}^i p^i(1-p)^{n-1-i}$$
$$=np[p+(1-p)]^{n-1}=np.$$

例 4.5 设随机变量 $X\sim P(\lambda)$,求 $E(X)$.

解 因 X 的分布律为

$$P\{X=k\}=\frac{\lambda^k}{k!}\mathrm{e}^{-\lambda}\quad(k=0,\ 1,\ 2,\ \cdots),$$

故

$$E(X)=\sum_{k=0}^{\infty}kP\{X=k\}=\sum_{k=0}^{\infty}k\frac{\lambda^k}{k!}\mathrm{e}^{-\lambda}$$
$$=\lambda\mathrm{e}^{-\lambda}\sum_{k=1}^{\infty}\frac{\lambda^{k-1}}{(k-1)!}=\lambda\mathrm{e}^{-\lambda}\mathrm{e}^{\lambda}=\lambda.$$

例 4.6 某商店对某种家用电器的销售采用先使用后付款的方式.记家用电

器使用寿命为 X（以年计），且规定：当 $X \leqslant 1$ 时，购买一台付款 1 500 元；当 $1 < X \leqslant 2$ 时，购买一台付款 2 000 元；当 $2 < X \leqslant 3$ 时，购买一台付款 2 500 元；当 $X > 3$ 时，购买一台付款 3 000 元. 设 X 服从参数为 $\frac{1}{10}$ 的指数分布，试求该商店每台电器收费 Y 的数学期望.

解　先求出寿命 X 落在各个时间区间的概率，即有

$$P\{X \leqslant 1\} = \int_0^1 \frac{1}{10} e^{-\frac{x}{10}} dx = 1 - e^{-0.1} \approx 0.095\,2,$$

$$P\{1 < X \leqslant 2\} = \int_1^2 \frac{1}{10} e^{-\frac{x}{10}} dx = e^{-0.1} - e^{-0.2} \approx 0.086\,1,$$

$$P\{2 < X \leqslant 3\} = \int_2^3 \frac{1}{10} e^{-\frac{x}{10}} dx = e^{-0.2} - e^{-0.3} \approx 0.077\,9,$$

$$P\{X > 3\} = \int_3^{+\infty} \frac{1}{10} e^{-\frac{x}{10}} dx = e^{-0.3} \approx 0.740\,8,$$

因此，每台电器收费 Y 的分布律为

Y	1 500	2 000	2 500	3 000
p_k	0.095 2	0.086 1	0.077 9	0.740 8

计算可得 $E(Y) = 2\,732.15$，即平均每台电器收费 2 732.15 元.

4.1.2　连续型随机变量的数学期望

与离散型随机变量类似，对连续型随机变量，我们也要讨论其数学期望，我们给出如下定义.

定义 4.2　设连续型随机变量 X 的概率密度为 $f(x)$，若积分 $\int_{-\infty}^{+\infty} x f(x) dx$ 绝对收敛，则称 $\int_{-\infty}^{+\infty} x f(x) dx$ 为随机变量 X 的**数学期望**，记为 $E(X)$，则有

$$E(X) = \int_{-\infty}^{+\infty} x f(x) dx.$$

定义 4.2 中，积分 $\int_{-\infty}^{+\infty} x f(x) dx$ 绝对收敛，指的是 $\int_{-\infty}^{+\infty} |x| f(x) dx$ 收敛.

例 4.7　设随机变量 $X \sim U[a, b]$，求 $E(X)$.

解　因 X 的概率密度为

$$f(x)=\begin{cases}\dfrac{1}{b-a}, & a\leqslant x\leqslant b,\\ 0, & 其他,\end{cases}$$

故
$$E(X)=\int_{-\infty}^{+\infty}xf(x)\mathrm{d}x=\int_a^b\frac{x}{b-a}\mathrm{d}x=\frac{a+b}{2}.$$

这个结果直观地反映了,若随机变量 X 在区间 $[a, b]$ 上均匀分布,则它取值的平均值就在区间 $[a, b]$ 的中点.

例 4.8 设随机变量 $X\sim E(\lambda)$,求 $E(X)$.

解 因 X 的概率密度为

$$f(x)=\begin{cases}\lambda\mathrm{e}^{-\lambda x}, & x\geqslant 0,\\ 0, & x<0\end{cases}\quad(\lambda>0),$$

故

$$\begin{aligned}E(X)&=\int_{-\infty}^{+\infty}xf(x)\mathrm{d}x=\int_0^{+\infty}x\lambda\mathrm{e}^{-\lambda x}\mathrm{d}x=-\int_0^{+\infty}x\mathrm{d}\mathrm{e}^{-\lambda x}\\&=x\mathrm{e}^{-\lambda x}\Big|_0^{+\infty}-\int_0^{+\infty}\mathrm{e}^{-\lambda x}\mathrm{d}x=\frac{1}{\lambda}.\end{aligned}$$

由例 4.8 计算可知,一个元器件的寿命分布如果是参数为 λ 的指数分布,则它的平均寿命为 $\dfrac{1}{\lambda}$. 如果某种元器件的平均寿命为 $10^k(k=1, 2, \cdots)$(单位:h),则相应的 $\lambda=10^{-k}$. 在电子工业中人们就称该产品是"k 级"产品. 由此可知,k 越大,则产品的平均寿命越长,使用也就越可靠.

例 4.9 设随机变量 $X\sim N(\mu, \sigma^2)$,求 $E(X)$.

解 因 X 的概率密度为

$$f(x)=\frac{1}{\sqrt{2\pi}\sigma}\mathrm{e}^{-\frac{(x-\mu)^2}{2\sigma^2}}\quad(-\infty<x<+\infty),$$

故
$$E(X)=\int_{-\infty}^{+\infty}xf(x)\mathrm{d}x=\int_{-\infty}^{+\infty}\frac{x}{\sqrt{2\pi}\sigma}\mathrm{e}^{-\frac{(x-\mu)^2}{2\sigma^2}}\mathrm{d}x.$$

令 $t=\dfrac{x-\mu}{\sigma}$,则

$$E(X)=\frac{1}{\sqrt{2\pi}}\int_{-\infty}^{+\infty}(\sigma t+\mu)\mathrm{e}^{-\frac{t^2}{2}}\mathrm{d}t=\frac{\sigma}{\sqrt{2\pi}}\int_{-\infty}^{+\infty}t\mathrm{e}^{-\frac{t^2}{2}}\mathrm{d}t+\frac{\mu}{\sqrt{2\pi}}\int_{-\infty}^{+\infty}\mathrm{e}^{-\frac{t^2}{2}}\mathrm{d}t=\mu.$$

由此可知,正态分布 $N(\mu, \sigma^2)$ 中的参数 μ 恰好是服从该分布的随机变量的数学期望.

4.1.3　随机变量函数的数学期望

设随机变量 X 的分布已知,$Y=g(X)$ 是 X 的函数,我们要求 Y 的数学期望 $E(Y)$,这是随机变量函数的数学期望计算问题.

因为 $Y=g(X)$ 也是随机变量,故应有概率分布,它的分布可以由已知的 X 的分布求出来. 一旦知道了 Y 的分布,就可以按照数学期望的定义把 $E(Y)$ 计算出来,使用这种方法必须先求出随机变量函数 Y 的分布,一般比较复杂. 那么是否可以不先求 Y 的分布,而只根据 X 的分布求得 $E(Y)$ 呢? 答案是肯定的,我们有以下定理.

定理 4.1　设 Y 是随机变量 X 的函数: $Y=g(X)$ (其中 g 是连续函数),则有

(1) 设 X 是离散型随机变量,分布律为 $P\{X=x_k\}=p_k(k=1, 2, \cdots)$. 若级数 $\sum\limits_{k=1}^{\infty} g(x_k)p_k$ 绝对收敛,则 $Y=g(X)$ 的数学期望为

$$E(Y)=E[g(X)]=\sum_{k=1}^{\infty} g(x_k)p_k.$$

(2) 设 X 是连续型随机变量,概率密度为 $f(x)$. 若积分 $\int_{-\infty}^{+\infty} g(x)f(x)\mathrm{d}x$ 绝对收敛,则 $Y=g(X)$ 的期望为

$$E(Y)=E[g(X)]=\int_{-\infty}^{+\infty} g(x)f(x)\mathrm{d}x.$$

定理 4.1 的重要意义在于求 $E(Y)$ 时,不必算出 Y 的分布律或概率密度,而只需利用 X 的分布律或概率密度就可以求出. 定理 4.1 的证明超出了本书的范围,故从略.

例 4.10　设随机变量 X 的分布律为

X	1	2	3
p_k	0.1	0.7	0.2

求 $E\left(\dfrac{1}{X}\right)$, $E(X^2+1)$.

解　$$E\left(\frac{1}{X}\right)=1\times 0.1+\frac{1}{2}\times 0.7+\frac{1}{3}\times 0.2\approx 0.52.$$

$$E(X^2+1)=(1^2+1)\times 0.1+(2^2+1)\times 0.7+(3^2+1)\times 0.2=5.7.$$

例 4.11 设风速 $V\sim U(0,a)$，又设飞机机翼受到的正压力为 W, $W=kV^2$ ($k>0$ 是常数),求 $E(W)$.

解 因风速 V 的概率密度为

$$f_V(v)=\begin{cases}\dfrac{1}{a}, & 0<v<a,\\ 0, & 其他,\end{cases}$$

故
$$E(W)=\int_{-\infty}^{+\infty}kv^2 f_V(v)\,\mathrm{d}v=k\int_0^a \frac{1}{a}v^2\,\mathrm{d}v=\frac{1}{3}ka^2.$$

例 4.12 某公司计划开发一种新产品市场,并试图确定该产品的产量. 他们估计出售一件产品可获利 m 元,而积压一件产品导致 n 元的损失. 再者,他们预测销售量 Y (件)服从指数分布, $Y\sim E(\lambda)$. 问若要获得利润 Q 的数学期望最大,应生产多少件产品?

解 Y 的概率密度为

$$f_Y(y)=\begin{cases}\lambda \mathrm{e}^{-\lambda y}, & y>0,\\ 0, & y\leqslant 0\end{cases}\quad (\lambda>0).$$

设生产 x 件产品,则获得利润 Q 是 x 的函数

$$Q=Q(x)=\begin{cases}mY-n(x-Y), & Y<x,\\ mx, & Y\geqslant x.\end{cases}$$

Q 是随机变量,它是 Y 的函数,其数学期望为

$$\begin{aligned}E(Q)&=\int_0^{+\infty}Qf_Y(y)\,\mathrm{d}y=\int_0^x[my-n(x-y)]\lambda \mathrm{e}^{-\lambda y}\,\mathrm{d}y+\int_x^{+\infty}mx\lambda \mathrm{e}^{-\lambda y}\,\mathrm{d}y\\&=\frac{m+n}{\lambda}-\frac{m+n}{\lambda}\mathrm{e}^{-\lambda x}-nx.\end{aligned}$$

令
$$\frac{\mathrm{d}E(Q)}{\mathrm{d}x}=(m+n)\mathrm{e}^{-\lambda x}-n=0,$$

得唯一驻点
$$x=-\frac{1}{\lambda}\ln\frac{n}{m+n}.$$

而
$$\left.\frac{\mathrm{d}^2E(Q)}{\mathrm{d}x^2}\right|_{x=-\frac{1}{\lambda}\ln\frac{n}{m+n}}=-(m+n)\lambda \mathrm{e}^{-\lambda x}\Big|_{x=-\frac{1}{\lambda}\ln\frac{n}{m+n}}<0,$$

故知当 $x=-\frac{1}{\lambda}\ln\frac{n}{m+n}$ 时，$E(Q)$ 取极大值，且可知这也是最大值.

定理 4.1 可以直接推广到二维及其以上随机变量函数的情形. 我们有以下定理.

定理 4.2　设 (X, Y) 是二维随机变量，$g(x, y)$ 是二元连续函数，随机变量 $Z=g(X, Y)$.

(1) 设 (X, Y) 为二维离散型随机变量，其分布律为

$$P\{X=x_i, Y=y_j\}=p_{ij}\quad(i, j=1, 2, \cdots).$$

若级数 $\sum_{i=1}^{\infty}\sum_{j=1}^{\infty}g(x_i, y_j)p_{ij}$ 绝对收敛，则 Z 的数学期望为

$$E(Z)=\sum_{i=1}^{\infty}\sum_{j=1}^{\infty}g(x_i, y_j)p_{ij}.$$

特别地，$E(X)=\sum_{i=1}^{\infty}\sum_{j=1}^{\infty}x_i p_{ij}$，$E(Y)=\sum_{i=1}^{\infty}\sum_{j=1}^{\infty}y_j p_{ij}$.

(2) 设 (X, Y) 为二维连续型随机变量，其概率密度为 $f(x, y)$，若积分 $\int_{-\infty}^{+\infty}\int_{-\infty}^{+\infty}g(x, y)f(x, y)\mathrm{d}x\mathrm{d}y$ 绝对收敛，则 Z 的数学期望为

$$E(Z)=\int_{-\infty}^{+\infty}\int_{-\infty}^{+\infty}g(x, y)f(x, y)\mathrm{d}x\mathrm{d}y.$$

特别地，$E(X)=\int_{-\infty}^{+\infty}\int_{-\infty}^{+\infty}xf(x, y)\mathrm{d}x\mathrm{d}y$，$E(Y)=\int_{-\infty}^{+\infty}\int_{-\infty}^{+\infty}yf(x, y)\mathrm{d}x\mathrm{d}y$.

例 4.13　设随机变量 (X, Y) 的分布律为

X \ Y	0	1	2	3
1	0	$\frac{3}{8}$	$\frac{3}{8}$	0
3	$\frac{1}{8}$	0	0	$\frac{1}{8}$

求 $E(X)$，$E(Y)$ 和 $E(XY)$.

解　由定理 4.2 可得

$$E(X)=\left(1\times 0+1\times\frac{3}{8}+1\times\frac{3}{8}+1\times 0\right)+\left(3\times\frac{1}{8}+3\times 0+3\times 0+3\times\frac{1}{8}\right)=\frac{3}{2},$$

$$E(Y)=\left(0\times 0+0\times\frac{1}{8}\right)+\left(1\times\frac{3}{8}+1\times 0\right)+\left(2\times\frac{3}{8}+2\times 0\right)+\left(3\times 0+3\times\frac{1}{8}\right)=\frac{3}{2},$$

$$E(XY)=(1\times 0)\times 0+(1\times 1)\times\frac{3}{8}+(1\times 2)\times\frac{3}{8}+(1\times 3)\times 0+(3\times 0)\times\frac{1}{8}+(3\times 1)\times 0+(3\times 2)\times 0+(3\times 3)\times\frac{1}{8}=\frac{9}{4}.$$

例 4.14 设随机变量 (X, Y) 的概率密度为

$$f(x, y)=\begin{cases}\dfrac{3}{2x^3y^2}, & \dfrac{1}{x}<y<x,\ x>1,\\ 0, & \text{其他}.\end{cases}$$

求 $E\left(\dfrac{1}{XY}\right)$ 和 $E(Y)$.

解 由定理 4.2 可得

$$E\left(\frac{1}{XY}\right)=\int_{-\infty}^{+\infty}\int_{-\infty}^{+\infty}\frac{1}{xy}f(x, y)\mathrm{d}x\mathrm{d}y=\int_1^{+\infty}\frac{3}{2x^4}\mathrm{d}x\int_{\frac{1}{x}}^{x}\frac{1}{y^3}\mathrm{d}y=\frac{3}{4}\int_1^{+\infty}\left(\frac{1}{x^2}-\frac{1}{x^6}\right)\mathrm{d}x=\frac{3}{5}.$$

$$E(Y)=\int_{-\infty}^{+\infty}\int_{-\infty}^{+\infty}yf(x, y)\mathrm{d}x\mathrm{d}y=\int_1^{+\infty}\frac{3}{2x^3}\mathrm{d}x\int_{\frac{1}{x}}^{x}\frac{1}{y}\mathrm{d}y=3\int_1^{+\infty}\frac{\ln x}{x^3}\mathrm{d}x=\left[-\frac{3}{2}\frac{\ln x}{x^2}\right]_1^{+\infty}+\frac{3}{2}\int_1^{+\infty}\frac{1}{x^3}\mathrm{d}x=\frac{3}{4}.$$

4.1.4 随机变量数学期望的性质

为了便于随机变量数学期望的计算和应用,我们需要讨论数学期望的一些性质.

数学期望具有下列性质(设下面所提及的随机变量的数学期望都存在).

性质 1 设 C 是常数,则 $E(C)=C$.

性质2　设 X 是随机变量，C 是常数，则 $E(X+C)=E(X)+C$.

性质3　设 X 是随机变量，k 是常数，则 $E(kX)=kE(X)$.

性质4　设 X, Y 是随机变量，则 $E(X+Y)=E(X)+E(Y)$.

性质5　设随机变量 X 与 Y 相互独立，则 $E(XY)=E(X)E(Y)$.

性质1—性质3的证明可从定义4.1和定义4.2出发直接验证，请读者自己完成. 下面就连续型随机变量的情形证明性质4和性质5.

证明　设 (X, Y) 是二维连续型随机变量，其概率密度为 $f(x, y)$，关于 X, Y 的边缘概率密度分别为 $f_X(x)$，$f_Y(y)$. 则

$$\begin{aligned}E(X+Y)&=\int_{-\infty}^{+\infty}\int_{-\infty}^{+\infty}(x+y)f(x, y)\mathrm{d}x\mathrm{d}y\\&=\int_{-\infty}^{+\infty}\int_{-\infty}^{+\infty}xf(x, y)\mathrm{d}x\mathrm{d}y+\int_{-\infty}^{+\infty}\int_{-\infty}^{+\infty}yf(x, y)\mathrm{d}x\mathrm{d}y\\&=E(X)+E(Y).\end{aligned}$$

当 X 与 Y 相互独立时，有 $f(x, y)=f_X(x)f_Y(y)$，于是

$$\begin{aligned}E(XY)&=\int_{-\infty}^{+\infty}\int_{-\infty}^{+\infty}xyf(x, y)\mathrm{d}x\mathrm{d}y\\&=\left[\int_{-\infty}^{+\infty}xf_X(x)\mathrm{d}x\right]\left[\int_{-\infty}^{+\infty}yf_Y(y)\mathrm{d}y\right]=E(X)E(Y).\end{aligned}$$

证毕.

运用数学归纳法，易得如下推论.

推论　$E(a_1X_1+a_2X_2+\cdots+a_nX_n)=a_1E(X_1)+a_2E(X_2)+\cdots+a_nE(X_n)$，其中 $a_1, a_2, \cdots, a_n$ 均为常数.

特别地，有

$$E(X_1+X_2+\cdots+X_n)=E(X_1)+E(X_2)+\cdots+E(X_n).$$

例4.15　设一电路中电流 $I(\mathrm{A})$ 与电阻 $R(\Omega)$ 是两个相互独立的随机变量，其概率密度分别为

$$g(i)=\begin{cases}2i, & 0\leqslant i\leqslant 1,\\0, & \text{其他};\end{cases}\qquad h(r)=\begin{cases}\dfrac{r^2}{9}, & 0\leqslant r\leqslant 3,\\0, & \text{其他}.\end{cases}$$

试求电压 $V=IR$ 的均值.

解　$E(V)=E(IR)=E(I)E(R)=\left[\int_{-\infty}^{+\infty}ig(i)\mathrm{d}i\right]\left[\int_{-\infty}^{+\infty}rh(r)\mathrm{d}r\right]$

$$=\left(\int_0^1 2i^2\mathrm{d}i\right)\left(\int_0^3\frac{r^3}{9}\mathrm{d}r\right)=\frac{3}{2}(\mathrm{V}).$$

例 4.16 一民航送客车载有20位旅客自机场开出,旅客有10个车站可以下车,如到达一个车站没有旅客下车就不停车. 以 X 表示停车的次数,求 $E(X)$. 设每位旅客在各个车站下车是等可能的,并设各旅客是否下车相互独立.

解 引入随机变量

$$X_i = \begin{cases} 0, & \text{在第 } i \text{ 站没有人下车}, \\ 1, & \text{在第 } i \text{ 站有人下车} \end{cases} \quad (i = 1, 2, \cdots, 10),$$

易知

$$X = X_1 + X_2 + \cdots + X_{10}.$$

按题意,任一旅客在第 i 站不下车的概率为 $\frac{9}{10}$,因此20位旅客都不在第 i 站下车的概率为 $\left(\frac{9}{10}\right)^{20}$,在第 i 站有人下车的概率为 $1-\left(\frac{9}{10}\right)^{20}$,也就是

$$P\{X_i = 0\} = \left(\frac{9}{10}\right)^{20},\ P\{X_i = 1\} = 1-\left(\frac{9}{10}\right)^{20} \quad (i = 1, 2, \cdots, 10),$$

所以

$$E(X_i) = 1-\left(\frac{9}{10}\right)^{20} \quad (i = 1, 2, \cdots, 10),$$

从而 $E(X) = E(X_1 + X_2 + \cdots + X_{10}) = E(X_1) + E(X_2) + \cdots + E(X_{10})$

$$= 10\left[1-\left(\frac{9}{10}\right)^{20}\right] \approx 8.784\,(\text{次}).$$

例4.16是将随机变量 X 分解成数个随机变量之和,然后利用随机变量和的数学期望公式来求 $E(X)$,使 $E(X)$ 的计算大为简化,这种处理方法具有一定的普遍意义.

习题 4.1

1. 设随机变量 X 的分布律为

X	-2	0	2
p_k	0.4	0.3	0.3

求 $E(X)$, $E(X^2)$, $E(3X^2+5)$.

2. 一批产品中有一、二、三等品以及等外品和废品五种,相应的概率分别为0.6, 0.2, 0.1, 0.07及0.03,而其利润分别为100元, 70元, 50元, 5元和−60元. 求该批产品的平均利润.

3. 设随机变量 X 的分布函数为

$$F(x)=\begin{cases}0, & x<-1,\\ 0.3, & -1\leqslant x<0,\\ 0.6, & 0\leqslant x<1,\\ 0.8, & 1\leqslant x<3,\\ 1, & x\geqslant 3.\end{cases}$$

计算 $E(X)$.

4. 设随机变量 X 的概率密度为

(1) $f(x)=\dfrac{1}{2}e^{-|x|}$, $-\infty<x<+\infty$;　　(2) $f(x)=\begin{cases}x, & 0\leqslant x<1,\\ 2-x, & 1\leqslant x\leqslant 2,\\ 0, & \text{其他}.\end{cases}$

求 $E(X)$, $E(X^2)$.

5. 设圆的直径 $X\sim U[a, b]$,求圆面积 $Y=\dfrac{\pi}{4}X^2$ 的数学期望.

6. 设有两个相互独立工作的电子装置,它们的寿命 $X_k(k=1, 2)$ 服从相同的指数分布,$X_k\sim E(\lambda)$. 若将这两个电子装置串联联接组成整机,求整机寿命(单位:h) N 的数学期望.

7. 设随机变量 (X, Y) 的分布律为

X \ Y	-1	0	1
1	0.2	0.1	0.1
2	0.1	0	0.1
3	0	0.3	0.1

求 $E(X)$, $E(Y)$, $E\left(\dfrac{Y}{X}\right)$.

8. 设随机变量 (X, Y) 的概率密度为

$$f(x, y)=\begin{cases}e^{-x-y}, & x>0, y>0,\\ 0, & \text{其他}.\end{cases}$$

求 $E(X)$, $E(Y)$, $E(XY)$.

9. 设随机变量 (X, Y) 的概率密度为

$$f(x, y)=\begin{cases}12y^2, & 0\leqslant y\leqslant x\leqslant 1,\\ 0, & \text{其他}.\end{cases}$$

求 $E(X)$, $E(Y)$, $E(XY)$, $E(X^2+Y^2)$.

10. 设随机变量 (X, Y) 在区域 D 上服从均匀分布,其中 D 为 x 轴, y 轴和直线 $x+y+1=0$ 所围成的区域,求 $E(X)$, $E(-3X+2Y)$ 和 $E(XY)$.

11. 设随机变量 X,Y 的概率密度分别为

$$f_X(x)=\begin{cases}2x, & 0\leqslant x\leqslant 1,\\ 0, & 其他;\end{cases}\quad f_Y(y)=\begin{cases}e^{-y+5}, & y>5,\\ 0, & 其他.\end{cases}$$

(1) 求 $E(X+Y)$；(2)当 X 与 Y 相互独立时，求 $E(XY)$.

12. 掷 20 个骰子，求这 20 个骰子出现的点数之和的数学期望.

4.2 随机变量的方差

数学期望描述了随机变量一切可能取值的平均水平. 但在一些实际问题中，仅用数学期望还不能说明随机变量取值的稳定性，也就是随机变量取值的离散程度. 例如，一批零件的长度 X 服从某一分布，它的数学期望 $E(X)=10$ cm，若其中一部分零件的长度比较长，而另一部分零件的长度比较短，尽管它们的平均长度也是 10 cm，但由于"长短不齐"，这批零件的长度是否合格，还需考察零件长度与平均长度之间的偏离程度. 若偏离程度较小，说明这批零件的长度基本稳定在 10 cm 左右，整体质量较好；反之，若偏离程度较大，说明这批零件的长度参差不齐，整体质量不好.

那么，用什么量表示随机变量取值对其平均值的偏离程度呢？我们容易想到，用 $E[|X-E(X)|]$ 或 $E\{[X-E(X)]^2\}$ 可以度量随机变量 X 与其均值的偏离程度，但前者含有绝对值，运算上不方便，因此常用 $E\{[X-E(X)]^2\}$ 来度量随机变量 X 与其均值 $E(X)$ 的偏离程度. 由此，我们引入随机变量方差的概念.

4.2.1 随机变量方差的概念

定义 4.3 设 X 为一随机变量，若 $E\{[X-E(X)]^2\}$ 存在，则称 $E\{[X-E(X)]^2\}$ 为 X 的**方差**，记为 $D(X)$ 或 $Var(X)$，即

$$D(X)=E\{[X-E(X)]^2\}.$$

而称 $\sqrt{D(X)}$ 为 X 的**标准差**或**均方差**，它与 X 具有相同的度量单位，在实际应用中经常使用.

方差 $D(X)$ 刻画了随机变量 X 的取值与其数学期望 $E(X)$ 的偏离程度. 若 $D(X)$ 较大，则 X 的取值比较分散；若 $D(X)$ 较小，则 X 的取值比较集中.

由定义 4.3 可知，方差 $D(X)$ 实际上是随机变量 X 的函数 $[X-E(X)]^2$ 的数学期望，因此我们有下面的结论.

结论 1　设离散型随机变量 X 的分布律为 $P\{X=x_k\}=p_k(k=1,2,\cdots)$，则

$$D(X)=\sum_{k=1}^{\infty}[x_k-E(X)]^2p_k.$$

结论 2　设连续型随机变量 X 的概率密度为 $f(x)$，则

$$D(X)=\int_{-\infty}^{+\infty}[x-E(X)]^2f(x)\mathrm{d}x.$$

由方差的定义及数学期望的性质可推导出方差的计算公式，即有下列定理.

定理 4.3(方差的计算公式)　设随机变量 X 的方差 $D(X)$ 存在，则有

$$D(X)=E(X^2)-[E(X)]^2.$$

证明　$D(X)=E\{[X-E(X)]^2\}=E\{[X^2-2XE(X)+[E(X)]^2\}$

$$=E(X^2)-2E(X)E(X)+[E(X)]^2=E(X^2)-[E(X)]^2.$$

证毕.

由定理 4.3 可得

$$E(X^2)=D(X)+[E(X)]^2.$$

例 4.17　甲、乙两车间生产同一种产品，设 1 000 件产品中的次品数分别为随机变量 X 和 Y，已知其分布律分别是

X	0	1	2	3
p_k	0.2	0.1	0.5	0.2

Y	0	1	2	3
p_k	0.1	0.3	0.4	0.2

试评判甲、乙两车间的产品质量.

解　先计算 X，Y 的均值.

$$E(X)=0\times0.2+1\times0.1+2\times0.5+3\times0.2=1.7,$$
$$E(Y)=0\times0.1+1\times0.3+2\times0.4+3\times0.2=1.7.$$

可得，甲、乙两车间次品数的均值相同.

再计算 X，Y 的方差.

$$D(X)=(0-1.7)^2\times0.2+(1-1.7)^2\times0.1+(2-1.7)^2\times0.5+(3-1.7)^2\times0.2=1.01,$$
$$D(Y)=(0-1.7)^2\times0.1+(1-1.7)^2\times0.3+(2-1.7)^2\times0.4+(3-1.7)^2\times0.2=0.81.$$

可得 $D(X) < D(Y)$，这说明乙车间生产的产品质量较稳定.

例 4.18 设 X 为随机变量，$E(X)$，$D(X)$ 均存在，且 $D(X) \neq 0$，称 $X^* = \dfrac{X - E(X)}{\sqrt{D(X)}}$ 为随机变量 X 的**标准化变量**，则

$$E(X^*) = 0, \quad D(X^*) = 1.$$

证明 由数学期望的性质可得

$$E(X^*) = \frac{E[X - E(X)]}{\sqrt{D(X)}} = \frac{E(X) - E(X)}{\sqrt{D(X)}} = 0.$$

根据方差的计算公式，可得

$$D(X^*) = E[(X^*)^2] - [E(X^*)]^2 = E[(X^*)^2] = E\left\{\left[\frac{X - E(X)}{\sqrt{D(X)}}\right]^2\right\}$$

$$= \frac{1}{D(X)} E\{[X - E(X)]^2\} = \frac{D(X)}{D(X)} = 1.$$

4.2.2 随机变量方差的性质

为了便于随机变量方差的计算和应用，我们需要讨论方差的一些性质.

方差具有下列性质(设下面所提及的随机变量的方差都存在)：

性质 1 设 C 是常数，则 $D(C) = 0$.

性质 2 设 X 是随机变量，C 是常数，则 $D(X + C) = D(X)$.

性质 3 设 X 是随机变量，k 是常数，则 $D(kX) = k^2 D(X)$.

性质 4 设 X，Y 是两个随机变量，则

$$D(X \pm Y) = D(X) + D(Y) \pm 2E\{[X - E(X)][Y - E(Y)]\}.$$

特别地，若 X 与 Y 相互独立，则

$$D(X \pm Y) = D(X) + D(Y).$$

性质 1—性质 3 的证明可从定义 4.3 或方差的计算公式出发直接验证，请读者自己完成. 下面证明性质 4.

证明 注意到 $E(X + Y) = E(X) + E(Y)$，根据方差的定义，可得

$$\begin{aligned} D(X+Y) &= E\{[(X+Y) - E(X+Y)]^2\} \\ &= E\{[X - E(X)] + [Y - E(Y)]\}^2 \\ &= E\{[X - E(X)]^2 + [Y - E(Y)]^2 + 2[X - E(X)][Y - E(Y)]\} \\ &= D(X) + D(Y) + 2E\{[X - E(X)][Y - E(Y)]\}. \end{aligned}$$

同理可证

$$D(X-Y)=D(X)+D(Y)-2E\{[X-E(X)][Y-E(Y)]\}.$$

又 $E\{[X-E(X)][Y-E(Y)]\}=E[XY-XE(Y)-E(X)Y+E(X)E(Y)]$
$=E(XY)-E(X)E(Y)-E(X)E(Y)+E(X)E(Y)$
$=E(XY)-E(X)E(Y).$

若 X 与 Y 相互独立,则 $E(XY)=E(X)E(Y)$,于是

$$D(X\pm Y)=D(X)+D(Y).$$

证毕.

性质 5　$D(X)=0$ 的充分必要条件是 $P\{X=C\}=1$. 这里,C 是常数,且 $C=E(X)$.

性质 5 的证明从略.

运用数学归纳法,易得如下推论.

推论　设随机变量 $X_1, X_2, \cdots, X_n$ 相互独立,则有

$$D(a_1X_1+a_2X_2+\cdots+a_nX_n)=a_1^2D(X_1)+a_2^2D(X_2)+\cdots+a_n^2D(X_n),$$

其中 $a_1, a_2, \cdots, a_n$ 是任意常数.

特别地,当随机变量 $X_1, X_2, \cdots, X_n$ 相互独立时,有

$$D(X_1\pm X_2\pm\cdots\pm X_n)=D(X_1)+D(X_2)+\cdots+D(X_n).$$

4.2.3　一些常见随机变量分布的方差

1. 0—1 分布的方差

例 4.19　设随机变量 $X\sim B(1, p)$,求 $D(X)$.

解　因 X 的分布律为

X	0	1
P	$1-p$	p

故有

$$E(X^2)=0^2\times(1-p)+1^2\times p=p,$$

又 $E(X)=p$,所以

$$D(X)=E(X^2)-[E(X)]^2=p-p^2=p(1-p).$$

2. 泊松分布的方差

例 4.20　设随机变量 $X\sim P(\lambda)$,求 $D(X)$.

解 因 X 的分布律为

$$P\{X=k\}=\frac{\lambda^k}{k!}e^{-\lambda}\quad (k=0,1,\cdots),$$

则由 $E(X)=\lambda$ 可得

$$\begin{aligned}E(X^2)&=E[X(X-1)+X]=E[X(X-1)]+E(X)\\&=\sum_{k=1}^{\infty}k(k-1)\frac{\lambda^k e^{-\lambda}}{k!}+\lambda=\lambda^2 e^{-\lambda}\sum_{k=2}^{\infty}\frac{\lambda^{k-2}}{(k-2)!}+\lambda\\&=\lambda^2 e^{-\lambda}e^{\lambda}+\lambda=\lambda^2+\lambda,\end{aligned}$$

故

$$D(X)=E(X^2)-[E(X)]^2=\lambda^2+\lambda-\lambda^2=\lambda.$$

由此可知,泊松分布的数学期望与方差相等,都等于参数 λ. 因为泊松分布只含一个参数 λ,只要知道它的数学期望或方差就能完全确定它的分布了.

3. 二项分布的方差

例 4.21 设随机变量 $X\sim B(n,p)$,求 $D(X)$.

解 由二项分布的定义知,随机变量 X 是 n 重伯努利试验中事件 A 发生的次数,且在每次试验中 A 发生的概率为 p,为此引入随机变量

$$X_k=\begin{cases}1, & A \text{ 在第 } k \text{ 次试验中发生},\\ 0, & A \text{ 在第 } k \text{ 次试验中不发生}\end{cases}\quad (k=1,2,\cdots,n).$$

易知 $X=X_1+X_2+\cdots+X_n$,且 X_k 只依赖于第 k 次试验,而各次试验相互独立,于是 $X_1,X_2,\cdots,X_n$ 相互独立.

又知 $X_k\sim B(1,p)(k=1,2,\cdots,n)$,从而 $D(X_k)=p(1-p)(k=1,2,\cdots,n)$,故

$$D(X)=D\Big(\sum_{k=1}^{n}X_k\Big)=\sum_{k=1}^{n}D(X_k)=np(1-p).$$

4. 均匀分布的方差

例 4.22 设随机变量 $X\sim U(a,b)$,求 $D(X)$.

解 因 X 的概率密度为

$$f(x)=\begin{cases}\dfrac{1}{b-a}, & a<x<b,\\ 0, & \text{其他},\end{cases}$$

则

$$E(X^2)=\int_{-\infty}^{+\infty}x^2 f(x)dx=\int_a^b x^2\frac{1}{b-a}dx=\frac{1}{3}(a^2+ab+b^2).$$

又 $E(X)=\dfrac{a+b}{2}$，可得

$$D(X)=E(X^2)-[E(X)]^2=\frac{1}{3}(a^2+ab+b^2)-\left(\frac{a+b}{2}\right)^2=\frac{(b-a)^2}{12}.$$

5. 指数分布的方差

例 4.23　设随机变量 $X\sim E(\lambda)$，求 $D(X)$.

解　因 X 的概率密度为

$$f(x)=\begin{cases}\lambda e^{-\lambda x}, & x\geqslant 0,\\ 0, & x<0\end{cases}\quad(\lambda>0),$$

故由 $E(X)=\dfrac{1}{\lambda}$，得

$$\begin{aligned}E(X^2)&=\int_{-\infty}^{+\infty}x^2f(x)\mathrm{d}x=\int_0^{+\infty}x^2\lambda e^{-\lambda x}\mathrm{d}x\\&=-x^2e^{-\lambda x}\Big|_0^{+\infty}+2\int_0^{+\infty}xe^{-\lambda x}\mathrm{d}x=\frac{2}{\lambda}E(X)=\frac{2}{\lambda^2},\end{aligned}$$

所以

$$D(X)=E(X^2)-[E(X)]^2=\frac{2}{\lambda^2}-\frac{1}{\lambda^2}=\frac{1}{\lambda^2}.$$

6. 正态分布的方差

例 4.24　设随机变量 $X\sim N(\mu,\sigma^2)$，求 $D(X)$.

解　因 X 的概率密度为

$$f(x)=\frac{1}{\sqrt{2\pi}\sigma}e^{-\frac{(x-\mu)^2}{2\sigma^2}}\quad(-\infty<x<+\infty),$$

故由 $E(X)=\mu$ 可得

$$D(X)=E(X-\mu)^2=\int_{-\infty}^{+\infty}(x-\mu)^2\frac{1}{\sqrt{2\pi}\sigma}e^{-\frac{(x-\mu)^2}{2\sigma^2}}\mathrm{d}x.$$

令 $t=\dfrac{x-\mu}{\sigma}$，则

$$\begin{aligned}D(X)&=\int_{-\infty}^{+\infty}\frac{\sigma^2t^2}{\sqrt{2\pi}}e^{-\frac{t^2}{2}}\mathrm{d}t=-\frac{\sigma^2}{\sqrt{2\pi}}\int_{-\infty}^{+\infty}t\mathrm{d}(e^{-\frac{t^2}{2}})\\&=-\frac{\sigma^2}{\sqrt{2\pi}}te^{-\frac{t^2}{2}}\Big|_{-\infty}^{\infty}+\frac{\sigma^2}{\sqrt{2\pi}}\int_{-\infty}^{+\infty}e^{-\frac{t^2}{2}}\mathrm{d}t=\sigma^2.\end{aligned}$$

由此可知,正态分布 $N(\mu, \sigma^2)$ 中的参数 σ^2 恰好是服从该分布的随机变量的方差,而 σ 是标准差,因而正态分布完全可由它的数学期望和方差所确定.另外,结合正态分布的可加性,我们可得下面的结论.

结论 设随机变量 $X_i \sim N(\mu_i, \sigma_i^2)$ $(i=1, 2, \cdots, n)$,且相互独立,则其线性组合 $a_1X_1+a_2X_2+\cdots+a_nX_n$($a_1, a_2, \cdots, a_n$ 是任意常数)也服从正态分布,且 $a_1X_1+a_2X_2+\cdots+a_nX_n \sim N\left(\sum_{i=1}^{n} a_i\mu_i, \sum_{i=1}^{n} a_i^2\sigma_i^2\right)$. 这是一个很有用的结论.

例如,设 $X \sim N(1, 3)$, $Y \sim N(2, 4)$ 且 X 与 Y 相互独立,则 $Z=2X-3Y$ 也服从正态分布,而 $E(Z)=2\times1-3\times2=-4$, $D(Z)=2^2\times3+3^2\times4=48$,故有 $Z \sim N(-4, 48)$.

为方便读者记忆查阅使用,现将常见离散型和连续型随机变量的的数学期望和方差公式概括为表 4-1.

表 4-1　　常见离散型和连续型随机变量的数学期望和方差

名称、记号	分布律或概率密度	数学期望	方差
0—1 分布 $X \sim B(1, p)$	$P\{X=k\}=p^k(1-p)^{1-k}$ $(k=0, 1; 0<p<1)$	p	$p(1-p)$
二项分布 $X \sim B(n, p)$	$P\{X=k\}=C_n^k p^k(1-p)^{n-k}$ $(k=0, 1, 2, \cdots, n; 0<p<1)$	np	$np(1-p)$
泊松分布 $X \sim P(\lambda)$	$P\{X=k\}=\dfrac{\lambda^k}{k!}e^{-\lambda}$ $(\lambda>0; k=0, 1, 2, \cdots)$	λ	λ
均匀分布 $X \sim U(a, b)$	$f(x)=\begin{cases}\dfrac{1}{b-a}, & a<x<b, \\ 0, & \text{其他}\end{cases}$	$\dfrac{a+b}{2}$	$\dfrac{(b-a)^2}{12}$
指数分布 $X \sim E(\lambda)$	$f(x)=\begin{cases}\lambda e^{-\lambda x}, & x\geqslant 0, \\ 0, & x<0\end{cases}$ $(\lambda>0)$	$\dfrac{1}{\lambda}$	$\dfrac{1}{\lambda^2}$
正态分布 $X \sim N(\mu, \sigma^2)$	$f(x)=\dfrac{1}{\sqrt{2\pi}\sigma}e^{-\frac{(x-\mu)^2}{2\sigma^2}}$ $(-\infty<x<+\infty; \mu, \sigma$ 为常数, $\sigma>0.)$	μ	σ^2

习题 4.2

1. 设随机变量 X 的分布律为

X	-1	0	$\frac{1}{2}$	1	2
p_k	$\frac{1}{3}$	$\frac{1}{6}$	$\frac{1}{6}$	$\frac{1}{12}$	$\frac{1}{4}$

求 $D(X)$.

2. 设随机变量 $X \sim P(\lambda)$，且 $E[(X-1)(X-2)]=1$，求参数 λ.

3. 设随机变量 $X \sim B(n, p)$，若 $E(X)=12$，$D(X)=8$，求参数 n，p.

4. 设随机变量 X 的概率密度为

(1) $f(x)=\begin{cases} 3x^2, & 0 \leqslant x < 1, \\ 0, & \text{其他}; \end{cases}$　　(2) $f(x)=\begin{cases} 1+x, & -1 \leqslant x \leqslant 0, \\ 1-x, & 0 < x \leqslant 1, \\ 0, & \text{其他}. \end{cases}$

求 $E(X)$，$D(X)$.

5. 设随机变量 X 的概率密度为

$$f(x)=\begin{cases} a+bx, & 0 \leqslant x \leqslant 1, \\ 0, & \text{其他}. \end{cases}$$

若 $E(X)=0.6$，试求 a 与 b 的值，并求 $D(X)$.

6. 设长方形的长(单位：m) $X \sim U(0, 2)$，已知长方形的周长为 20，求长方形的面积 S 的数学期望和方差.

7. 设随机变量 X 与 Y 相互独立，且 $E(X)=E(Y)=1$，$D(X)=2$，$D(Y)=4$，求 $E[(X+Y)^2]$.

8. 设随机变量 X_1，X_2，X_3，X_4 相互独立，且有

$$E(X_k)=k, \quad D(X_k)=5-k \quad (k=1, 2, 3, 4).$$

设 $Y=2X_1-X_2+3X_3-\frac{1}{2}X_4$，求 $E(Y)$，$D(Y)$.

9. 设随机变量 X 与 Y 相互独立，且 $X \sim N(720, 30^2)$，$Y \sim N(640, 25^2)$，求 $Z_1=2X+Y$，$Z_2=X-Y$ 的分布，并求概率 $P\{X>Y\}$，$P\{X+Y>1\,400\}$.

10. 设随机变量 X 与 Y 相互独立，且都服从标准的正态分布 $N(0, 1)$，令 $Z=\sqrt{X^2+Y^2}$，试求 $E(Z)$，$D(Z)$.

4.3 随机变量的协方差与相关系数及矩

4.3.1 随机变量的协方差与相关系数

在前两节中,我们讨论了随机变量 X 与 Y 的重要数学特征——数学期望和方差,为了描述随机变量 X 与 Y 之间的相互关系,需要讨论反映 X 与 Y 之间相互关系的数字特征.

本节主要研究随机变量的协方差和相关系数,另外,将介绍矩和协方差矩阵等其他数字特征.

1. 随机变量的协方差

我们已经知道,随机变量 X 与 Y 相互独立是 X 与 Y 之间的一种关系,而且当 X 与 Y 相互独立时,有

$$E\{[X-E(X)][Y-E(Y)]\}=0.$$

由此可见,当 $E\{[X-E(X)][Y-E(Y)]\}\neq 0$ 时, X 与 Y 不相互独立. 另外,有一些随机变量 X 与 Y 尽管不相互独立,但仍然满足 $E\{[X-E(X)][Y-E(Y)]\}=0$.

为了研究 X 与 Y 之间的相互关系,我们引入协方差的概念.

定义 4.4 设 (X, Y) 为二维随机变量,若 $E\{[X-E(X)][Y-E(Y)]\}$ 存在,则称其为随机变量 X 与 Y 的**协方差**,记为 $\mathrm{Cov}(X, Y)$, 即

$$\mathrm{Cov}(X, Y)=E\{[X-E(X)][Y-E(Y)]\}.$$

根据定义 4.4,随机变量 X 与 Y 的协方差 $\mathrm{Cov}(X, Y)$, 其实就是随机变量的函数 $[X-E(X)][Y-E(Y)]$ 的数学期望,因此我们有以下结论.

结论 1 设二维离散型随机变量 (X, Y) 的分布律为

$$P\{X=x_i, Y=y_j\}=p_{ij} \quad (i, j=1, 2, \cdots),$$

则
$$\mathrm{Cov}(X, Y)=\sum_{i=1}^{\infty}\sum_{j=1}^{\infty}[x_i-E(X)][y_j-E(Y)]p_{ij}.$$

结论 2 设二维连续型随机变量 (X, Y) 的概率密度为 $f(x, y)$, 则

$$\mathrm{Cov}(X, Y)=\int_{-\infty}^{+\infty}\int_{-\infty}^{+\infty}[x-E(X)][y-E(Y)]f(x, y)\mathrm{d}x\mathrm{d}y.$$

另外，由定义 4.4 可推导出协方差的下列基本性质.

性质 1(基本性质)

(1) $\mathrm{Cov}(X, X) = D(X)$.

(2) $\mathrm{Cov}(X, Y) = \mathrm{Cov}(Y, X)$.

(3) $\mathrm{Cov}(C, X) = 0$ (C 为任意常数).

由定义 4.4，结合方差的性质，我们可得到协方差的如下计算公式.

性质 2(协方差的计算公式)

$$\mathrm{Cov}(X, Y) = E(XY) - E(X)E(Y).$$

证明　由方差的性质 4，可知

$$E\{[X - E(X)][Y - E(Y)]\} = E(XY) - E(X)E(Y),$$

因此 $\mathrm{Cov}(X, Y) = E(XY) - E(X)E(Y)$.　　证毕.

此式作为协方差的一个计算公式，使用简捷、方便.

推论 1　若 X 与 Y 相互独立，则 $\mathrm{Cov}(X, Y) = 0$.

推论 2　$D(X \pm Y) = D(X) + D(Y) \pm 2\mathrm{Cov}(X, Y)$，

性质 3(其他性质)

(1) $\mathrm{Cov}(aX, bY) = ab\mathrm{Cov}(X, Y)$，其中 a, b 是任意常数.

(2) $\mathrm{Cov}(X_1 + X_2, Y) = \mathrm{Cov}(X_1, Y) + \mathrm{Cov}(X_2, Y)$.

证明　根据协方差的计算公式，得到

$$\begin{aligned}\mathrm{Cov}(aX, bY) &= E[(aX)(bY)] - E(aX)E(bY)\\ &= abE[(XY) - E(X)E(Y)] = ab\mathrm{Cov}(X, Y).\\ \mathrm{Cov}(X_1 + X_2, Y) &= E[(X_1 + X_2)Y] - E(X_1 + X_2)E(Y)\\ &= [E(X_1Y) - E(X_1)E(Y)] + [E(X_2Y) - E(X_2)E(Y)]\\ &= \mathrm{Cov}(X_1, Y) + \mathrm{Cov}(X_2, Y).\end{aligned}$$

证毕.

2. 随机变量的相关系数

从定义 4.4 中可以看出，协方差 $\mathrm{Cov}(X, Y)$ 的单位是 X 与 Y 的单位的乘积，因此用它来作为描述随机变量之间的相关性的数字特征并不合适. 需要引进新的数学特征——相关系数.

设 X 与 Y 为随机变量，作其标准化变量 $X^* = \dfrac{X - E(X)}{\sqrt{D(X)}}$ 与 $Y^* = \dfrac{Y - E(Y)}{\sqrt{D(Y)}}$，则由协方差的性质可得

$$\text{Cov}(X^*, Y^*) = \frac{\text{Cov}(X, Y)}{\sqrt{D(X)}\sqrt{D(Y)}}.$$

上式右边记为标准化随机变量的协方差,是一个纯量,定义它为随机变量 X 与 Y 的相关系数.

定义 4.5 设 (X, Y) 为二维随机变量, $D(X) > 0$, $D(Y) > 0$, 称 $\frac{\text{Cov}(X, Y)}{\sqrt{D(X)}\sqrt{D(Y)}}$ 为随机变量 X 与 Y 的**相关系数**,记为 ρ_{XY} 或 ρ, 即有

$$\rho_{XY} = \frac{\text{Cov}(X, Y)}{\sqrt{D(X)}\sqrt{D(Y)}}.$$

特别地,当 $\rho_{XY} = 0$ 时,称 X 与 Y **不相关**.

定义 4.5 表明,随机变量 X 与 Y 的相关系数 ρ_{XY} 等于随机变量 X 与 Y 的协方差除以其标准差所得的商.

显然,当 X 与 Y 不相关时, $\text{Cov}(X, Y) = 0$.

另外,设 X 与 Y 相互独立,则 X 与 Y 不相关;但反之,不一定成立. 我们通过下面的例题来说明.

例 4.25 设随机变量 (X, Y) 的分布律为

X \ Y	-2	-1	1	2
1	0	$\frac{1}{4}$	$\frac{1}{4}$	0
4	$\frac{1}{4}$	0	0	$\frac{1}{4}$

试判别 X 与 Y 是否不相关,是否相互独立?

解 容易求得, $E(X) = \frac{5}{2}$, $E(Y) = 0$, $E(XY) = 0$, 于是

$$\text{Cov}(X, Y) = E(XY) - E(X)E(Y) = 0, \quad \rho_{XY} = 0,$$

这意味着 X 与 Y 不相关,

又 $\quad P\{X = 1\} = 0 + \frac{1}{4} + \frac{1}{4} + 0 = \frac{1}{2}, \quad P\{Y = -2\} = 0 + \frac{1}{4} = \frac{1}{4},$

所以 $P\{X = 1, Y = -2\} = 0 \neq P\{X = 1\}P\{Y = -2\} = \frac{1}{2} \times \frac{1}{4} = \frac{1}{8}.$

由此知 X 与 Y 不相互独立.

事实上，X，Y 具有关系：$X=Y^2$.

例 4.26　设随机变量 (X, Y) 的概率密度为

$$f(x, y)=\begin{cases}\dfrac{1}{8}(x+y), & 0\leqslant x\leqslant 2,\ 0\leqslant y\leqslant 2, \\ 0, & \text{其他}.\end{cases}$$

求 $\mathrm{Cov}(X, Y)$，ρ_{XY}.

解　因为

$$E(X)=\int_{-\infty}^{+\infty}\int_{-\infty}^{+\infty} x f(x, y)\mathrm{d}x\mathrm{d}y=\frac{1}{8}\int_0^2\int_0^2 x(x+y)\mathrm{d}x\mathrm{d}y=\frac{7}{6},$$

$$E(Y)=\int_{-\infty}^{+\infty}\int_{-\infty}^{+\infty} y f(x, y)\mathrm{d}x\mathrm{d}y=\frac{1}{8}\int_0^2\int_0^2 y(x+y)\mathrm{d}x\mathrm{d}y=\frac{7}{6},$$

$$\begin{aligned}E(XY)&=\int_{-\infty}^{+\infty}\int_{-\infty}^{+\infty} xy f(x, y)\mathrm{d}x\mathrm{d}y=\frac{1}{8}\int_0^2\int_0^2 xy(x+y)\mathrm{d}x\mathrm{d}y\\&=\frac{1}{8}\int_0^2\left(2x^2+\frac{8}{3}x\right)\mathrm{d}x=\frac{4}{3}.\end{aligned}$$

所以　$\mathrm{Cov}(X, Y)=E(XY)-E(X)E(Y)=-\dfrac{1}{36}$.

又　$$E(X^2)=\int_{-\infty}^{+\infty}\int_{-\infty}^{+\infty} x^2 f(x, y)\mathrm{d}x\mathrm{d}y=\frac{1}{8}\int_0^2\int_0^2 x^2(x+y)\mathrm{d}x\mathrm{d}y=\frac{5}{3},$$

$$E(Y^2)=\int_{-\infty}^{+\infty}\int_{-\infty}^{+\infty} y^2 f(x, y)\mathrm{d}x\mathrm{d}y=\frac{1}{8}\int_0^2\int_0^2 y^2(x+y)\mathrm{d}x\mathrm{d}y=\frac{5}{3},$$

所以　$D(X)=E(X^2)-[E(X)]^2=\dfrac{11}{36}$，　$D(Y)=E(Y^2)-[E(Y)]^2=\dfrac{11}{36}$.

故　$$\rho_{XY}=\frac{\mathrm{Cov}(X, Y)}{\sqrt{D(X)}\sqrt{D(Y)}}=-\frac{1}{11}.$$

设 X，Y 是随机变量，为说明相关系数 ρ_{XY} 的含义，考虑 X 的线性函数 $a+bX$ 来近似表达 Y.

令 $e=E[Y-(a+bX)]^2$，用 e 来衡量 $a+bX$ 近似表达 Y 的好坏程度，显然，e 越小，近似程度越好. 为此，我们要求 a，b 使 e 达到最小.

由于 $e=E(Y^2)+b^2E(X^2)+a^2-2aE(Y)-2bE(XY)+2abE(X)$，因此解方程

$$\begin{cases}\dfrac{\partial e}{\partial a}=2a+2bE(X)-2E(Y)=0,\\ \dfrac{\partial e}{\partial b}=2bE(X^2)-2E(XY)+2aE(X)=0,\end{cases}$$

可得　$b_0=\dfrac{\mathrm{Cov}(X,Y)}{D(X)}$, $a_0=E(Y)-b_0E(X)=E(Y)-E(X)\dfrac{\mathrm{Cov}(X,Y)}{D(X)}$,

于是有　$\min\limits_{(a,b)}E[Y-(a+bX)]^2=E[Y-(a_0+b_0X)]^2=(1-\rho_{XY}^2)D(Y)$.

根据上面的讨论,关于相关系数,有如下的定理.定理的详细证明过程由读者完成.

定理 4.4　设 ρ_{XY} 是随机变量 X, Y 的相关系数,则有

(1) $|\rho_{XY}|\leqslant 1$.

(2) 若 $D(X)>0$, $D(Y)>0$, 则 $|\rho_{XY}|=1$ 的充分必要条件是存在常数 a, $b(b\neq 0)$, 使得

$$P\{Y=a+bX\}=1.$$

而且当 $b>0$ 时, $\rho_{XY}=1$; 当 $b<0$ 时, $\rho_{XY}=-1$.

由此可说明,相关系数 ρ_{XY} 是刻画随机变量 X 与 Y 之间的"线性相关"紧密程度的量; $|\rho_{XY}|$ 的值越接近1, X 与 Y 的线性相关程度越高; $|\rho_{XY}|$ 的值越近于零, X 与 Y 的线性相关程度越弱;当 $|\rho_{XY}|=1$ 时, X 与 Y 之间以概率1存在着线性关系,即 Y 的变化可完全由 X 的线性函数给出;当 $\rho_{XY}=0$ 时, X 与 Y 之间不存在线性关系,但 X 与 Y 之间没有线性关系并不表示它们之间没有关系.

例 4.27　设随机变量 $(X,Y)\sim N(\mu_1,\mu_2,\sigma_1^2,\sigma_2^2,\rho)$, 求 X, Y 的相关系数 ρ_{XY}.

解　在例3.8中得到, $X\sim N(\mu_1,\sigma_1^2)$, $Y\sim N(\mu_2,\sigma_2^2)$, 因此

$$E(X)=\mu_1,\quad D(X)=\sigma_1^2,\quad E(Y)=\mu_2,\quad D(Y)=\sigma_2^2,$$

而　$\mathrm{Cov}(X,Y)=\displaystyle\int_{-\infty}^{+\infty}\int_{-\infty}^{+\infty}(x-\mu_1)(y-\mu_2)f(x,y)\,\mathrm{d}x\mathrm{d}y$

$$=\frac{1}{2\pi\sigma_1\sigma_2\sqrt{1-\rho^2}}\cdot$$

$$\int_{-\infty}^{+\infty}\int_{-\infty}^{+\infty}(x-\mu_1)(y-\mu_2)\mathrm{e}^{-\frac{(x-\mu_1)^2}{2\sigma_1^2}}\mathrm{e}^{-\frac{1}{2(1-\rho^2)}\left(\frac{y-\mu_2}{\sigma_2}-\rho\frac{x-\mu_1}{\sigma_1}\right)^2}\mathrm{d}x\mathrm{d}y.$$

令 $t=\frac{1}{\sqrt{1-\rho^2}}\left(\frac{y-\mu_2}{\sigma_2}-\rho\frac{x-\mu_1}{\sigma_1}\right)$，$u=\frac{x-\mu_1}{\sigma_1}$，则有

$$\begin{aligned}\mathrm{Cov}(X, Y) &= \frac{1}{2\pi}\int_{-\infty}^{+\infty}\int_{-\infty}^{+\infty}\sigma_1\sigma_2(tu\sqrt{1-\rho^2}+\rho u^2)\mathrm{e}^{-\frac{u^2}{2}-\frac{t^2}{2}}\mathrm{d}t\mathrm{d}u \\ &= \frac{\rho\sigma_1\sigma_2}{2\pi}\int_{-\infty}^{+\infty}u^2\mathrm{e}^{-\frac{u^2}{2}}\mathrm{d}u\int_{-\infty}^{+\infty}\mathrm{e}^{-\frac{t^2}{2}}\mathrm{d}t+ \\ &\quad \frac{\sigma_1\sigma_2\sqrt{1-\rho^2}}{2\pi}\int_{-\infty}^{+\infty}u\mathrm{e}^{-\frac{u^2}{2}}\mathrm{d}u\int_{-\infty}^{+\infty}t\mathrm{e}^{-\frac{t^2}{2}}\mathrm{d}t \\ &= \frac{\rho\sigma_1\sigma_2}{2\pi}\sqrt{2\pi}\cdot\sqrt{2\pi}+0=\rho\sigma_1\sigma_2.\end{aligned}$$

故随机变量 X，Y 的相关系数为

$$\rho_{XY}=\frac{\mathrm{Cov}(X, Y)}{\sqrt{D(X)}\sqrt{D(Y)}}=\rho.$$

这说明，设随机变量 $(X, Y)\sim N(\mu_1, \mu_2, \sigma_1^2, \sigma_2^2, \rho)$，则其中参数 ρ 就是 X 与 Y 的相关系数 ρ_{XY}，因此二维正态分布完全由 X，Y 各自的数学期望、方差以及它们的相关系数唯一决定.

另外，在例 3.12 中已经得到，若随机变量 $(X, Y)\sim N(\mu_1, \mu_2, \sigma_1^2, \sigma_2^2, \rho)$，则 X 与 Y 相互独立的充分必要条件为 $\rho=0$. 现在知道 ρ 即为 X 与 Y 的相关系数，故有下列结论.

定理 4.5　设随机变量 $(X, Y)\sim N(\mu_1, \mu_2, \sigma_1^2, \sigma_2^2, \rho)$，则 X 与 Y 相互独立的充分必要条件是 X 与 Y 不相关.

4.3.2　随机变量的矩与协方差矩阵

接下来，我们将以数学期望为基础来定出一类称为矩的数字特征.

定义 4.6　设 X 和 Y 为随机变量，k，l 为正整数，若 $E(X^k)$ 存在，则称之为 X 的 **k 阶原点矩**(简称 **k 阶矩**).

若 $E\{[X-E(X)]^k\}$ 存在，则称之为 X 的 **k 阶中心矩**.

若 $E(X^kY^l)$ 存在，则称之为 X 和 Y 的 **$k+l$ 阶混合矩**.

若 $E\{[X-E(X)]^k[Y-E(Y)]^l\}$，则称之为 X 和 Y 的 **$k+l$ 阶混合中心矩**.

由矩的定义可见，X 的数学期望 $E(X)$ 是 X 的一阶原点矩，X 的方差 $D(X)$ 是 X 的二阶中心矩，协方差 $\mathrm{Cov}(X, Y)$ 是 X 和 Y 的二阶混合中心矩.

设二维随机变量 (X, Y) 的四个二阶中心矩都存在，分别记为

$$c_{11}=E\{[X-E(X)]^2\},\quad c_{12}=E\{[X-E(X)][Y-E(Y)]\},$$
$$c_{21}=E\{[Y-E(Y)][X-E(X)]\},\quad c_{22}=E\{[Y-E(Y)]^2\}.$$

将它们排成矩阵的形式：

$$\begin{pmatrix} c_{11} & c_{12} \\ c_{21} & c_{22} \end{pmatrix},$$

称此矩阵为随机变量 (X, Y) 的**协方差矩阵**.

由于 $c_{12}=c_{21}$，因此二维随机变量的协方差矩阵是对称矩阵.

类似地，可定义 n 维随机变量 $X_1, X_2, \cdots, X_n$ 的协方差矩阵的概念，这里从略.

习题 4.3

1. 已知随机变量 (X, Y) 的分布律为

X \ Y	−1	0	2
0	0.1	0.2	0
1	0.3	0.05	0.1
2	0.15	0	0.1

求 $\mathrm{Cov}(X, Y)$.

2. 设 $D(X)=25$，$D(Y)=36$，$\rho_{XY}=0.4$，求 $D(X+Y)$ 与 $D(X-Y)$.

3. 设随机变量 (X, Y) 的概率密度为

$$f(x, y)=\begin{cases}1, & |y|<x,\ 0<x<1,\\ 0, & \text{其他}.\end{cases}$$

试求 $\mathrm{Cov}(X, Y)$.

4. 设随机变量 (X, Y) 的概率密度为

$$f(x, y)=\begin{cases}8xy, & 0\leqslant x\leqslant y\leqslant 1,\\ 0, & \text{其他}.\end{cases}$$

求 $\mathrm{Cov}(X, Y)$ 和 $D(X+Y)$.

5. 设 X, Y 是随机变量，且 $Y=a+bX$，试求 ρ_{XY}.

6. 设随机变量 $X\sim N(1, 3^2)$，$Y\sim N(0, 4^2)$，且 $\rho_{XY}=-\dfrac{1}{2}$. 记 $Z=\dfrac{X}{3}-\dfrac{Y}{2}$，求 $D(Z)$ 及 ρ_{XZ}.

7. 将一枚硬币重复掷 n 次，以 X 和 Y 分别表示正面向上和反面向上的次数，求 X 和 Y 相关系数 ρ_{XY}.

8. 设随机变量 X 和 Y 相互独立，且 X 和 Y 有相同的概率分布，其数学期望和方差都存在，

记 $U = X + Y$, $V = X - Y$，证明 U 与 V 不相关.

9. 设随机变量 (X, Y) 在圆域 $D = \{(x, y) \mid x^2 + y^2 \leqslant 1\}$ 上服从均匀分布，证明 X 与 Y 不相关，且不相互独立.

10. 设随机变量 $\theta \sim U[-\pi, \pi]$, $X = \sin\theta$, $Y = \cos\theta$，判断 X 与 Y 是否不相关，是否相互独立?

11. 设 X, Y, Z 是随机变量，且 $E(X) = E(Y) = 1$, $E(Z) = -1$, $D(X) = D(Y) = D(Z) = 1$, $\rho_{XY} = 0$, $\rho_{YZ} = -\frac{1}{2}$, $\rho_{XZ} = \frac{1}{2}$，试求 $E(X+Y+Z)$, $D(X+Y+Z)$.

总 习 题 4

一、选择题

1. 设随机变量 X 的分布函数为 $F(x) = 0.3\Phi(x) + 0.7\Phi\left(\frac{x-1}{2}\right)$，其中 $\Phi(x)$ 为标准正态分布的分布函数，则 $E(X) = ($　　$)$.

A. 0　　B. 0.3　　C. 0.7　　D. 1

2. 设随机变量 X 与 Y 相互独立，且 $E(X)$ 与 $E(Y)$ 存在，记 $U = \max\{X, Y\}$, $V = \min\{X, Y\}$，则 $E(UV) = ($　　$)$.

A. $E(U)E(V)$　　B. $E(X)E(Y)$

C. $E(U)E(Y)$　　D. $E(X)E(V)$

3. 设随机变量 X 与 Y 相互独立，且 $X \sim N(1, 2)$, $Y \sim N(1, 4)$，则 $D(XY) = ($　　$)$.

A. 6　　B. 8　　C. 14　　D. 15

4. 设随机变量 $X_1, X_2, \cdots, X_n (n > 1)$ 独立同分布，且其方差为 $\sigma^2 > 0$，令 $Y = \frac{1}{n}\sum_{i=1}^{n} X_i$，则(　　).

A. $\mathrm{Cov}(X_1, Y) = \frac{\sigma^2}{n}$　　B. $\mathrm{Cov}(X_1, Y) = \sigma^2$

C. $D(X_1 + Y) = \frac{n+2}{n}\sigma^2$　　D. $D(X_1 - Y) = \frac{n+1}{n}\sigma^2$

5. 设随机变量 $X \sim N(0, 1)$, $Y \sim N(1, 4)$，且相关系数 $\rho_{XY} = 1$，则(　　).

A. $P\{Y = -2X - 1\} = 1$　　B. $P\{Y = 2X - 1\} = 1$

C. $P\{Y = -2X + 1\} = 1$　　D. $P\{Y = 2X + 1\} = 1$

二、填空题

1. 设随机变量 X 的概率分布为 $P\{X = k\} = \frac{c}{k!}$, $k = 0, 1, 2, \cdots$，则 $E(X^2) =$ ________.

2. 设随机变量 X, Y 相互独立，且都服从 $N\left(0, \frac{1}{2}\right)$，则 $E(|X - Y|) =$ ________.

3. 设随机变量 X 的概率分布为 $P\{X=-2\}=\frac{1}{2}$, $P\{X=1\}=a$, $P\{X=3\}=b$, 若 $E(X)=0$, 则 $D(X)=$ ________.

4. 设二维随机变量 $(X, Y)\sim N(\mu, \mu; \sigma^2, \sigma^2; 0)$, 则 $E(XY^2)=$ ________.

5. 设随机变量 X 和 Y 的联合概率分布为

X \ Y	-1	0	1
0	0.07	0.18	0.15
1	0.08	0.32	0.20

则 $\mathrm{Cov}(X^2, Y^2)=$ ________.

三、解答题

1. 设随机变量 $Y\sim E(1)$, 随机变量 $X_k=\begin{cases}0, & Y\leqslant k,\\ 1, & Y>k,\end{cases}$ $(k=1, 2)$,

求(1) X_1 和 X_2 的联合概率分布;(2) $E(X_1+X_2)$.

2. 一游客乘电梯从底层到电视塔观光,电梯于每个整点的第 5 min, 25 min 和 55 min 从底层起行. 假设一游客在早 8 点的第 X min 到达底层候梯处,且 $X\sim U[0, 60]$, 求该游客等候时间的数学期望.

3. 设随机变量 (X, Y) 在以点 $(0, 1)$, $(1, 0)$, $(1, 1)$ 为顶点的三角形区域上服从均匀分布,试求 $D(X+Y)$.

4. 设随机变量 X 服从几何分布,其分布律为

$$P\{X=k\}=p(1-p)^{k-1}, k=1, 2, \cdots,$$

其中 $0<p<1$, 求 $E(X)$, $D(X)$.

5. 设 A, B 为两事件,且 $P(A)=\frac{1}{4}$, $P(B|A)=\frac{1}{3}$, $P(A|B)=\frac{1}{2}$, 令

$$X=\begin{cases}1, & A\text{发生},\\ 0, & A\text{不发生};\end{cases}\qquad Y=\begin{cases}1, & B\text{发生},\\ 0, & B\text{不发生}.\end{cases}$$

求(1) 二维随机变量 (X, Y) 的概率分布;(2) ρ_{XY}.

6. 设随机变量 X 的概率密度为 $f(x)=\frac{1}{2}\mathrm{e}^{-|x|}$, $-\infty<x<+\infty$,

(1) 求 $E(X)$ 和 $D(X)$;

(2) 求 $\mathrm{Cov}(X, |X|)$, 并问 X 与 $|X|$ 是否不相关?

(3) 问 X 与 $|X|$ 是否相互独立? 为什么?

四、证明题

1. 设随机变量 X 与 Y 相互独立,证明:

$$D(XY)=D(X)D(Y)+[E(X)]^2D(Y)+[E(Y)]^2D(X).$$

2. 设 A, B 为两个事件,随机变量

$$X = \begin{cases} 1, & A\text{ 发生}, \\ -1, & A\text{ 不发生}; \end{cases} \qquad Y = \begin{cases} 1, & B\text{ 发生}, \\ -1, & B\text{ 不发生}. \end{cases}$$

证明: X 与 Y 不相关的充分必要条件是 A 与 B 相互独立.

第 5 章　大数定律与中心极限定理

在第 1 章中我们曾经指出,事件发生的频率具有稳定性,概率这个概念就是频率稳定性的抽象结果. 在实践中,我们还发现,大量随机现象的平均结果也具有稳定性. 这种稳定性就是我们将要讨论的大数定律的客观背景.

正态分布是概率论中的重要分布之一,它有着广泛的应用. 中心极限定理将阐明原本不服从正态分布的一般随机变量的和,在一定条件下近似服从正态分布.

本章主要介绍大数定律与中心极限定理,它们揭示了随机现象的重要统计规律,在概率论与数理统计的理论研究和实际应用中都具有重要的意义.

5.1　大 数 定 律

概率公理化定义的客观基础是频率的稳定性,即在 n 次独立重复试验中,事件 A 发生的频率随试验次数的增加而具有稳定性. 对于这种稳定性的严格数学意义,大数定律从理论上做了进一步的论证,其反映的是必然性与偶然性之间辨证联系的规律.

本节我们先介绍切比雪夫(Chebyshev)不等式,然后介绍三个常用的大数定律——切比雪夫大数定律、伯努利大数定律和辛钦大数定律.

5.1.1　切比雪夫不等式

为了证明一系列的大数定律,需要用到切比雪夫不等式,它在概率论中有重要的地位.

定理 5.1(切比雪夫不等式)　设随机变量 X 的数学期望 $E(X)$ 与方差 $D(X)$ 都存在,则对于任意的 $\varepsilon > 0$, 有不等式

$$P\{|X-E(X)|\geqslant\varepsilon\}\leqslant\frac{D(X)}{\varepsilon^2},$$

这一不等式称为**切比雪夫不等式**.

证明　仅证明连续型随机变量的情形. 设连续型随机变量 X 的概率密度为 $f(x)$，则

$$P\{|X-E(X)|\geqslant\varepsilon\}=\int_{|x-E(X)|\geqslant\varepsilon}f(x)\mathrm{d}x\leqslant\int_{|x-E(X)|\geqslant\varepsilon}\frac{[x-E(X)]^2}{\varepsilon^2}f(x)\mathrm{d}x$$

$$\leqslant\frac{1}{\varepsilon^2}\int_{-\infty}^{+\infty}(x-E(X))^2f(x)\mathrm{d}x=\frac{D(X)}{\varepsilon^2}.$$

证毕.

切比雪夫不等式也可以写成

$$P\{|X-E(X)|<\varepsilon\}\geqslant1-\frac{D(X)}{\varepsilon^2},$$

它表示，随机变量 X 的方差 $D(X)$ 越小，事件 $\{|X-E(X)|<\varepsilon\}$ 发生的概率越大，即 X 取值基本集中在其数学期望 $E(X)$ 附近. 由此又一次表明，方差刻画随机变量取值的分散程度.

切比雪夫不等式在概率论的理论推证和概率的估计中都有重要用途. 当随机变量 X 的分布未知时，利用其数学期望和方差可以估计事件 $\{|X-E(X)|<\varepsilon\}$ 发生的概率.

例 5.1　设随机变量 X 的数学期望 $E(X)$ 与方差 $D(X)$ 都存在，且 $D(X)=\sigma^2$，试估计概率 $P\{|X-E(X)|\geqslant2\sigma\}$ 和 $P\{|X-E(X)|<3\sigma\}$.

解　根据切比雪夫不等式，有

$$P\{|X-E(X)|\geqslant2\sigma\}\leqslant\frac{D(X)}{(2\sigma)^2}=\frac{\sigma^2}{(2\sigma)^2}=\frac{1}{4}=0.25,$$

$$P\{|X-E(X)|<3\sigma\}\geqslant1-\frac{D(X)}{(3\sigma)^2}=1-\frac{\sigma^2}{(3\sigma)^2}=\frac{8}{9}\approx0.888\,9.$$

但是，若已知 $X\sim N(\mu,\sigma^2)$，则根据例 2.21 可得

$$P\{|X-E(X)|<3\sigma\}=P\{|X-\mu|<3\sigma\}\approx0.997\,4,$$
$$P\{|X-E(X)|\geqslant2\sigma\}=1-P\{|X-\mu|<2\sigma\}\approx1-0.954\,4=0.045\,6.$$

例 5.2　假设一批种子的良种率为 $\frac{1}{6}$，从中任意选出 600 粒，试用切比雪夫不等式估计，这 600 粒种子中良种所占比例与 $\frac{1}{6}$ 之差的绝对值小于 0.02 的概率.

解 设 X 表示 600 粒种子中的良种数,则 $X \sim B\left(600, \frac{1}{6}\right)$. 又

$$E(X) = 600 \times \frac{1}{6} = 100, \quad D(X) = 600 \times \frac{1}{6} \times \frac{5}{6},$$

由切比雪夫不等式,得

$$\begin{aligned} P\left\{\left|\frac{X}{600} - \frac{1}{6}\right| < 0.02\right\} &= P\left\{\left|\frac{X-100}{600}\right| < 0.02\right\} \\ &= P\{|X-100| < 12\} \geqslant 1 - \frac{D(X)}{12^2} \\ &= 1 - \frac{600 \times \frac{1}{6} \times \frac{5}{6}}{144} \approx 0.4213. \end{aligned}$$

5.1.2 三个大数定律

定理 5.2(切比雪夫大数定律) 设随机变量 $X_1, X_2, \cdots, X_n, \cdots$ 相互独立,且具有相同的数学期望和方差: $E(X_i) = \mu$, $D(X_i) = \sigma^2 (i = 1, 2, \cdots)$, 作前 n 个随机变量的算术平均 $\overline{X} = \frac{1}{n}\sum_{i=1}^{n} X_i$, 则对任意的 $\varepsilon > 0$, 有

$$\lim_{n \to \infty} P\{|\overline{X} - \mu| < \varepsilon\} = \lim_{n \to \infty} P\left\{\left|\frac{1}{n}\sum_{i=1}^{n} X_i - \mu\right| < \varepsilon\right\} = 1.$$

证明 由于

$$E\left(\frac{1}{n}\sum_{i=1}^{n} X_i\right) = \frac{1}{n}\sum_{i=1}^{n} E(X_i) = \frac{1}{n} \cdot n\mu = \mu,$$

$$D\left(\frac{1}{n}\sum_{i=1}^{n} X_i\right) = \frac{1}{n^2}\sum_{i=1}^{n} D(X_i) = \frac{1}{n^2} \cdot n\sigma^2 = \frac{\sigma^2}{n}.$$

由切比雪夫不等式,可得

$$P\left\{\left|\frac{1}{n}\sum_{i=1}^{n} X_i - \mu\right| < \varepsilon\right\} \geqslant 1 - \frac{\frac{\sigma^2}{n}}{\varepsilon^2}.$$

在上式中令 $n \to \infty$, 并注意到概率不能大于 1,即得

$$\lim_{n\to\infty}\left\{\left|\frac{1}{n}\sum_{i=1}^{n}X_i-\mu\right|<\varepsilon\right\}=1.$$ 证毕.

定理 5.2 表明，当 n 充分大时，随机变量 $X_1, X_2, \cdots, X_n$ 的算术平均值 $\frac{1}{n}\sum_{i=1}^{n}X_i$ 接近于其数学期望 $E(X_i)=\mu\ (i=1, 2, \cdots, n)$，这种接近是在概率意义下的接近，反映了算术平均值及频率的稳定性.

定义 5.1　设 $X_1, X_2, \cdots, X_n, \cdots$ 是一个随机变量序列，a 是一个常数，若对于任意的 $\varepsilon>0$，有

$$\lim_{n\to\infty}P\{|X_n-a|<\varepsilon\}=1,$$

则称序列 $X_1, X_2, \cdots, X_n, \cdots$ **依概率收敛**于 a，记为 $X_n\xrightarrow{P}a$.

$X_n\xrightarrow{P}a$ 意味着，对任意的 $\varepsilon>0$（不论怎样地小），当 n 充分大时，事件 $\{|X_n-a|\geqslant\varepsilon\}$ 发生的概率很小. 或者说，当 n 无限增大时，事件 $\{|X_n-a|<\varepsilon\}$ 几乎是必然要发生的，其不发生的概率为零，这也是与一般意义下"收敛"的不同之处.

可以证明，依概率收敛的序列有如下性质.

性质　设 $X_n\xrightarrow{P}a$，$Y_n\xrightarrow{P}b$，且函数 $g(x, y)$ 在点 (a, b) 处连续，则

$$g(X_n, Y_n)\xrightarrow{P}g(a, b).$$

定理 5.2 用"依概率收敛"可以叙述为下面的定理 5.2′.

定理 5.2′(切比雪夫大数定律)　设随机变量 $X_1, X_2, \cdots, X_n, \cdots$ 相互独立，且具有相同的数学期望和方差：$E(X_i)=\mu$，$D(X_i)=\sigma^2\ (i=1, 2, \cdots)$，则序列 $\left\{\overline{X}_n=\frac{1}{n}\sum_{i=1}^{n}X_i\right\}$ 依概率收敛于 μ，即 $\overline{X}_n\xrightarrow{P}\mu$. 此时称 $\{\overline{X}_n\}$ 服从切比雪夫大数定律.

例 5.3　设随机变量 $X_1, X_2, \cdots, X_n, \cdots$ 相互独立，且 $X_i(i=1, 2, \cdots)$ 的分布律为

X_i	$-\sqrt{2}$	0	$\sqrt{2}$
p_i	$\frac{1}{4}$	$\frac{1}{2}$	$\frac{1}{4}$

问随机变量序列 $X_1, X_2, \cdots, X_n, \cdots$ 是否服从切比雪夫大数定律?

解　由于随机变量 $X_1, X_2, \cdots, X_n, \cdots$ 相互独立，且

$$E(X_i)=0,\ D(X_i)=1\quad (i=1,\ 2,\ \cdots),$$

因此由定理5.2,随机变量序列 $X_1,\ X_2,\ \cdots,\ X_n$ 服从切比雪夫大数定律.

定理5.3(伯努利大数定律) 设 n_A 是 n 次独立重复试验中事件 A 发生的次数,事件 A 在每次试验中发生的概率 $P(A)=p(0<p<1)$,则对于任意的 $\varepsilon>0$,有

$$\lim_{n\to\infty}P\left\{\left|\frac{n_A}{n}-p\right|<\varepsilon\right\}=1.$$

证明 因为 $n_A\sim B(n,\ p)$,所以 $E(n_A)=np$,$D(n_A)=np(1-p)$,从而

$$E\left(\frac{n_A}{n}\right)=p,\quad D\left(\frac{n_A}{n}\right)=\frac{p(1-p)}{n}.$$

对于任意的 $\varepsilon>0$,由切比雪夫不等式,可得

$$P\left\{\left|\frac{n_A}{n}-E\left(\frac{n_A}{n}\right)\right|\geqslant\varepsilon\right\}\leqslant\frac{D\left(\frac{n_A}{n}\right)}{\varepsilon^2},$$

即有

$$P\left\{\left|\frac{n_A}{n}-p\right|\geqslant\varepsilon\right\}\leqslant\frac{p(1-p)}{n\varepsilon^2}\to 0\quad (n\to\infty).$$

注意到 $P\left\{\left|\frac{n_A}{n}-p\right|\geqslant\varepsilon\right\}\geqslant 0$,从而得

$$\lim_{n\to\infty}P\left\{\left|\frac{n_A}{n}-p\right|\geqslant\varepsilon\right\}=0\quad 或\quad \lim_{n\to\infty}P\left\{\left|\frac{n_A}{n}-p\right|<\varepsilon\right\}=1.$$ 证毕.

定理5.3给出的伯努利大数定律以严格的数学形式表述了频率的稳定性,即当 n 充分大时,事件发生的频率必然趋于一稳定值(事件发生的概率). 因此,在实际问题的应用中,当试验次数很大时,用事件发生的频率来代替事件发生的概率是合理的.

如果事件 A 的概率 p 很小,则由伯努利大数定律知事件 A 发生的频率也是很小的,或者说事件 A 很少发生. 即"概率很小的随机事件在个别试验中几乎不会发生",这一原理称为**小概率原理**,其应用十分广泛. 例如,如果在某种假设下,一个事件发生的概率很小,可是它在一次随机试验中竟然发生了,因此根据小概率原理有理由怀疑假设的正确性.

但应该注意，概率小到什么程度才能算作“小概率事件”，这就需要根据实际情况而定，例如飞机失事的危险概率远远低于车祸的危险概率，但如果一个航空公司的事故率达 1%时，相信没多少人选择该公司的航班了，而一个汽车公司的事故率哪怕为 10%，还是有不少人乘坐该公司的汽车.

定理 5.2 中要求随机变量 $X_1, X_2, \cdots, X_n, \cdots$ 的方差存在，但在这些随机变量独立且服从同一分布的情况下，这一要求可以去掉. 事实上，有如下定理.

定理 5.4(辛钦大数定律)　设随机变量 $X_1, X_2, \cdots, X_n, \cdots$ 相互独立，服从同一分布，且具有数学期望 $E(X_i)=\mu(i=1, 2, \cdots)$ 则对于任意的 $\varepsilon>0$，有

$$\lim_{n\to\infty}P\left\{\left|\frac{1}{n}\sum_{i=1}^{n}X_i-\mu\right|<\varepsilon\right\}=1.$$

定理 5.4 的证明比较复杂，这里从略.

显然，伯努利大数定律是辛钦大数定律的特殊情况.

辛钦大数定律为寻找随机变量的期望值提供了一条实际可行的途径. 例如，要估计某地区的平均亩产量，可收割某些有代表性的地块，如 n 块，计算其平均亩产量，则当 n 较大时，可用它作为整个地区平均亩产量的一个估计，此类做法在实际应用中具有重要意义.

例 5.4　设随机变量 $X_1, X_2, \cdots, X_n, \cdots$ 相互独立，且都服从 $U(0, 1)$，则 $\frac{1}{n}\sum_{i=1}^{n}\mathrm{e}^{-\frac{X_i^2}{2}}$ 依概率收敛于 $\int_0^1\mathrm{e}^{-\frac{x^2}{2}}\mathrm{d}x$.

证明　由于随机变量 $X_1, X_2, \cdots, X_n, \cdots$ 独立同分布，由定理 3.5 知随机变量 $\mathrm{e}^{-\frac{X_1^2}{2}}, \mathrm{e}^{-\frac{X_2^2}{2}}, \cdots, \mathrm{e}^{-\frac{X_n^2}{2}}, \cdots$ 也独立同分布.

因为 $X_i\sim U(0, 1)$，所以其概率密度为

$$f(x)=\begin{cases}1, & 0<x<1,\\ 0, & \text{其他}.\end{cases}$$

从而

$$E(\mathrm{e}^{-\frac{X_i^2}{2}})=\int_{-\infty}^{+\infty}\mathrm{e}^{-\frac{x^2}{2}}f(x)\mathrm{d}x=\int_0^1\mathrm{e}^{-\frac{x^2}{2}}\mathrm{d}x\quad(i=1, 2, \cdots).$$

根据辛钦大数定律，当 $n\to\infty$ 时，$\frac{1}{n}\sum_{i=1}^{n}\mathrm{e}^{-\frac{X_i^2}{2}}$ 依概率收敛于 $\int_0^1\mathrm{e}^{-\frac{x^2}{2}}\mathrm{d}x$.　　证毕.

例 5.4 的结果在定积分的数值计算上是很有用的.

习题 5.1

1. 设随机变量 X 的分布律为

X	1	2	3
p_k	0.2	0.3	0.5

试利用切比雪夫不等式估计事件 $|X-E(X)|<1.5$ 的概率.

2. 设随机变量 X 的数学期望 $E(X)=100$，方差 $D(X)=10$，试利用切比雪夫不等式估计 $P\{80<X<120\}$.

3. 设 X, Y 是随机变量，$E(X)=-2$, $E(Y)=2$, $D(X)=1$, $D(Y)=4$, $\rho_{XY}=-0.5$，试利用切比雪夫不等式估计 $P\{|X+Y|\geqslant 6\}$.

4. 已知正常男性成人血液中，1 ml 白细胞数平均是 7 300，均方差是 700，试利用切比雪夫不等式估计每毫升含白细胞数在 5 200 ～ 9 400 的概率.

5. 设供电站电网有 100 盏电灯，夜晚每盏灯开灯的概率皆为 0.8. 假设每盏灯开关是相互独立的，若随机变量 X 为 100 盏灯中开着的灯数，试利用切比雪夫不等式估计 X 落在 75～85 的概率不小于多少?

6. 设随机变量 X_1, X_2, $\cdots$, X_n, $\cdots$ 相互独立，且都服从参数为 2 的指数分布，证明当 $n\to\infty$ 时，$Y_n=\dfrac{1}{n}\sum\limits_{i=1}^{n}X_i^2$ 依概率收敛于 $\dfrac{1}{2}$.

7. 设 $\{X_n\}(n=1, 2, \cdots)$ 为独立同分布的随机变量序列，每个随机变量的方差为 $D(X_i)=\sigma^2(i=1, 2, \cdots)$，证明 $\dfrac{1}{n}\sum\limits_{i=1}^{n}[X_i-E(X_i)]^2$ 依概率收敛于 σ^2.

5.2 中心极限定理

在实际问题中，许多随机现象是由大量相互独立的随机因素综合影响所形成，其中每一个因素在总的影响中所起的作用是微小的. 这类随机变量一般都服从或近似服从正态分布. 这种现象就是中心极限定理的客观背景. 有关论证随机变量之和的极限分布是正态分布的定理通常叫做**中心极限定理**.

本节，我们将介绍两个常用的中心极限定理——独立同分布中心极限定理和棣莫佛-拉普拉斯(De Moiver-Laplace)中心极限定理.

5.2.1 独立同分布中心极限定理

定理 5.5(独立同分布中心极限定理) 设随机变量 X_1, X_2, $\cdots$, X_n, $\cdots$ 独立同分布，且具有数学期望和方差 $E(X_i)=\mu$, $D(X_i)=\sigma^2>0$ $(i=1, 2, \cdots)$，则对于任意的实数 x，都有

$$\lim_{n\to\infty} P\left\{\frac{\sum_{i=1}^{n} X_i - n\mu}{\sqrt{n}\sigma} \leqslant x\right\} = \int_{-\infty}^{x} \frac{1}{\sqrt{2\pi}} \mathrm{e}^{-\frac{t^2}{2}} \mathrm{d}t = \Phi(x).$$

定理 5.5 的证明超出了本书的范围.这里从略.

定理 5.5 表明，当 n 充分大时，n 个具有数学期望和方差的独立同分布的随机变量 $X_1, X_2, \cdots, X_n$ 之和 $\sum_{i=1}^{n} X_i$ 的标准化变量近似服从标准正态分布，从而 $\sum_{i=1}^{n} X_i$ 近似服从正态分布.

也就是说，虽然在一般情况下，很难求出 $\sum_{i=1}^{n} X_i$ 的分布的确切形式，但当 n 充分大时，可求出其近似分布，即有 $\sum_{i=1}^{n} X_i \overset{\text{近似}}{\sim} N(n\mu, n\sigma^2)$. 因此，我们可以利用正态分布对 $\sum_{i=1}^{n} X_i$ 进行理论分析或实际计算.

另外，我们由定理 5.5 还可以得到，当 n 充分大时，$\overline{X} = \frac{1}{n}\sum_{i=1}^{n} X_i \overset{\text{近似}}{\sim} N\left(\mu, \frac{\sigma^2}{n}\right)$，这是独立同分布中心极限定理结果的另一种形式，而这一结果正是数理统计中大样本统计推断的理论基础.

例 5.5　在一个超市中，结账柜台为顾客服务的时间(单位：min)是相互独立的随机变量且服从相同的分布，均值为 1.5，方差为 1.

(1) 求对 100 位顾客的总服务时间不超过 2 h 的概率；

(2) 要求总的服务时间不超过 1 h 的概率大于 0.95，问至多能对多少位顾客服务？

解　(1)设 $X_i\ (i = 1, 2, \cdots, 100)$ 表示对第 i 位顾客的服务时间. 根据题意 $X_1, X_2, \cdots, X_{100}$ 相互独立且服从相同的分布，于是由定理 5.5 可得

$$P\left\{\sum_{i=1}^{100} X_i \leqslant 120\right\} = P\left\{\frac{\sum_{i=1}^{100} X_i - E\left(\sum_{i=1}^{100} X_i\right)}{\sqrt{D\left(\sum_{i=1}^{100} X_i\right)}} \leqslant \frac{120 - E\left(\sum_{i=1}^{100} X_i\right)}{\sqrt{D\left(\sum_{i=1}^{100} X_i\right)}}\right\}$$

$$= P\left\{\frac{\sum_{i=1}^{100} X_i - 150}{10} \leqslant \frac{120 - 150}{10}\right\} \approx \Phi\left(\frac{120 - 150}{10}\right)$$

$$= \Phi(-3) = 1 - \Phi(3) \approx 0.0013.$$

(2) 设 1 h 内能对 N 位顾客服务,并设 X_i $(i = 1, 2, \cdots, N)$ 表示对第 i 位顾客的服务时间. 根据题意,要确定最大的 N, 使得 $P\left\{\sum_{i=1}^{N} X_i \leqslant 60\right\} > 0.95$.

根据定理 5.5,有

$$P\left\{\sum_{i=1}^{N} X_i \leqslant 60\right\} = P\left\{\frac{\sum_{i=1}^{N} X_i - 1.5N}{\sqrt{N} \times 1} \leqslant \frac{60 - 1.5N}{\sqrt{N} \times 1}\right\}$$

$$\approx \Phi\left(\frac{60 - 1.5N}{\sqrt{N}}\right) > 0.95.$$

查表得 $\dfrac{60 - 1.5N}{\sqrt{N}} > 1.645$, 从而得 $N < 33.64$.

由于 N 为正整数,所以取 $N = 33$, 即最多只能为 33 位顾客服务,才能使总的服务时间不超过 1 h 的概率大于 0.95.

5.2.2 棣莫佛-拉普拉斯中心极限定理

将定理 5.5 应用到 n 重伯努利试验,可得到下面的定理.

定理 5.6(棣莫佛-拉普拉斯中心极限定理) 设随机变量 $\eta_n (n = 1, 2, \cdots)$ 服从二项分布 $B(n, p)$ $(0 < p < 1)$, 则对于任意的实数 x, 有

$$\lim_{n \to \infty} P\left\{\frac{\eta_n - np}{\sqrt{np(1-p)}} \leqslant x\right\} = \int_{-\infty}^{x} \frac{1}{\sqrt{2\pi}} e^{-\frac{t^2}{2}} dt = \Phi(x).$$

证明 设 $X_i = \begin{cases} 1, & \text{第 } i \text{ 次试验中 } A \text{ 发生}, \\ 0, & \text{第 } i \text{ 次试验中 } A \text{ 不发生} \end{cases}$ $(i = 1, 2, \cdots, n)$, 则 $\eta_n = \sum_{i=1}^{n} X_i$, 其中 $X_1, X_2, \cdots, X_n$ 相互独立,且服从相同的 0—1 分布 $B(1, p)$.

由于 $E(X_i) = p$, $D(X_i) = p(1-p)$ $(i = 1, 2, \cdots, n)$, $\eta_n = \sum_{i=1}^{n} X_i$, 且 $\eta_n \sim B(n, p)$, 由定理 5.5 可得

$$\lim_{n \to \infty} P\left\{\frac{\eta_n - np}{\sqrt{np(1-p)}} \leqslant x\right\} = \lim_{n \to \infty} P\left\{\frac{\sum_{i=1}^{n} X_i - np}{\sqrt{np(1-p)}} \leqslant x\right\}$$

$$= \int_{-\infty}^{x} \frac{1}{\sqrt{2\pi}} e^{-\frac{t^2}{2}} dt = \Phi(x).$$ 证毕.

定理 5.6 表明，当 n 充分大时，服从二项分布 $B(n, p)$ 的随机变量近似地服从正态分布 $N(np, np(1-p))$. 因此，在实际应用中，当 n 充分大时，可以用正态分布近似计算二项分布的概率.

事实上，由定理 5.6 可得，设 $\eta_n \sim B(n, p)$，则当 n 充分大时，对于任意的实数 $a < b$，有

$$P\left\{a < \frac{\eta_n - np}{\sqrt{np(1-p)}} \leqslant b\right\} \approx \Phi(b) - \Phi(a).$$

例 5.6　某家保险公司有一万人参加保险，每年每人支付 12 元保险费. 在一年之内这些人死亡的概率都是 0.006，死亡后家属可向保险公司领取 1 000 元保险金. 试求(1)保险公司一年的利润不少于 6 万元的概率；(2)保险公司亏本的概率.

解　设参加保险的一万人中一年内死亡的人数为 X，则 $X \sim B(10\,000, 0.006)$.

由题设，该保险公司一年收入保险费 12 万元，付给死者家属的保险金为 $1\,000X$ 元，于是，公司一年的利润为

$$120\,000 - 1\,000X = 1\,000(120 - X)\ (\text{元}).$$

(1) 根据定理 5.6，保险公司一年的利润不少于 6 万元的概率为

$$\begin{aligned}
&P\{1\,000(120 - X) \geqslant 60\,000\} \\
&= P\{0 \leqslant X \leqslant 60\} \\
&= P\left\{\frac{0 - 10\,000 \times 0.006}{\sqrt{10\,000 \times 0.006 \times 0.994}} \leqslant \frac{X - 10\,000 \times 0.006}{\sqrt{10\,000 \times 0.006 \times 0.994}}\right. \\
&\left.\leqslant \frac{60 - 10\,000 \times 0.006}{\sqrt{10\,000 \times 0.006 \times 0.994}}\right\} \approx \Phi\left(\frac{60-60}{7.72}\right) - \Phi\left(\frac{0-60}{7.72}\right) \\
&\approx \Phi(0) - \Phi(-7.77) \approx 0.5 - 0 = 0.5.
\end{aligned}$$

(2) 根据定理 5.6，保险公司亏本的概率为

$$\begin{aligned}
P\{1\,000(120 - X) < 0\} &= P\{X > 120\} \\
&= P\left\{\frac{X - 60}{7.72} > \frac{120 - 60}{7.72}\right\} \\
&\approx 1 - \Phi(7.77) \approx 1 - 1 = 0.
\end{aligned}$$

即保险公司一般不会亏本.

例 5.7 设某工厂有 400 台同类机器,各台机器发生故障的概率都是 0.02,各台机器工作是相互独立的,试求机器出故障的台数不小于 2 的概率.

解 设机器出故障的台数为 X,则 $X \sim B(400,\ 0.02)$,分别用三种方法来计算所求概率.

(1) 用二项分布计算.

$$\begin{aligned} P\{X \geqslant 2\} &= 1 - P\{X = 0\} - P\{X = 1\} \\ &= 1 - 0.98^{400} - 400 \times 0.02 \times 0.98^{399} \approx 0.9972. \end{aligned}$$

(2) 用泊松分布近似计算. $\lambda = np = 400 \times 0.02 = 8$,查表得

$$\begin{aligned} P\{X \geqslant 2\} &= 1 - P\{X = 0\} - P\{X = 1\} \approx 1 - \mathrm{e}^{-8} - 8\mathrm{e}^{-8} \\ &\approx 1 - 0.000335 - 0.002684 \approx 0.997. \end{aligned}$$

(3) 用正态分布近似计算. $\sqrt{npq} = \sqrt{400 \times 0.02 \times 0.98} = 2.8$,由定理5.6得

$$\begin{aligned} P(X \geqslant 2) &= 1 - P(X \leqslant 1) \approx 1 - \Phi\left(\frac{1 - np}{\sqrt{npq}}\right) \\ &= \Phi\left(\frac{7}{2.8}\right) \approx 0.9938. \end{aligned}$$

习题 5.2

1. 用机器包装味精,每袋净重为随机变量,期望值为 100 g,标准差为 10 g,一箱内装 200 袋味精,求一箱味精净重大于 20 500 g 的概率.

2. 一加法器同时收到 20 个噪声电压 $V_k\ (k = 1,\ 2,\ \cdots,\ 20)$,设它们是相互独立的随机变量,都服从区间 $(0,\ 10)$ 上的均匀分布,记 $V = \sum_{k=1}^{20} V_k$,求 $P\{V > 105\}$ 的近似值.

3. 据以往经验,某种电器元件的寿命服从均值为 100 h 的指数分布,现随机地取 16 只,设它们的寿命相互独立,求这 16 只元件的寿命总和大于 1 920 h 的概率.

4. 设有 10 部机器同时工作,每台机器出故障的概率为 0.2,求三台机器同时停止工作的概率.

5. 某保险公司经多年的统计资料表明,在索赔户中被盗户占 20%,在随机抽查的 100 家索赔户中,求被盗的户数不少于 14 户且不超过 30 户的概率.

6. 有一批建筑房屋所用的木柱,其中 80%的长度不小于 3 m,现在从这批木柱中随机地取 100 根,求其中至少有 30 根短于 3 m 的概率.

7. 某一复杂的系统由 100 个相互独立起作用的部件所组成,在整个运行期间每个部件损

坏的概率为 0.10,为使整个系统起作用,至少必须有 85 个部件正常工作,求整个系统起作用的概率.

8. 某微机系统有 120 个终端,每个终端有 5%的时间在使用,若各终端使用与否是相互独立的,试求有不少于 10 个终端在使用的概率.

9. 确定投掷一枚均匀硬币时,需投掷多少次才能保证使得正面出现的频率在 0.4～0.6 的概率不小于 90%?

10. 某实验室有 150 台仪器,各自独立工作,每台仪器平均只需 70%的工作时间,而每台仪器工作时要消耗的电功率为 E,试问要供应这个实验室多少电功率才能以 99.9%的概率保证这个实验室不致因为供电不足而影响工作?

总 习 题 5

一、选择题

1. 设随机变量 $X_i(i=1, 2, \cdots, 20)$ 相互独立,且都服从 $U(0, 10)$,则 $P\{\sum_{i=1}^{20} X_i < 105\}$ 的近似值为(　　).

A. $1-\Phi(0.387)$　　B. $\Phi(0.387)$

C. $2\Phi(0.387)-1$　　D. $2\Phi(0.387)$

2. 有一大批产品,其中一等品比率为 20%,现从中随机抽取 100 个产品,则一等品的个数在 18～22 个之间的概率的近似值为(　　).

A. $1-\Phi(0.5)$　　B. $\Phi(0.5)$

C. $2\Phi(0.5)-1$　　D. $2\Phi(0.5)$

3. 设 $X_1, X_2, \cdots, X_n \cdots$ 为独立同分布的随机变量序列,且均服从 $E(\lambda)$ $(\lambda > 1)$,记 $\Phi(x)$ 为标准正态分布函数,则(　　).

A. $\lim\limits_{n\to\infty} P\left\{\dfrac{\sum_{i=1}^{n} X_i - n\lambda}{\lambda\sqrt{n}} \leqslant x\right\} = \Phi(x)$　　B. $\lim\limits_{n\to\infty} P\left\{\dfrac{\sum_{i=1}^{n} X_i - n\lambda}{\sqrt{n\lambda}} \leqslant x\right\} = \Phi(x)$

C. $\lim\limits_{n\to\infty} P\left\{\dfrac{\sum_{i=1}^{n} X_i - n}{\sqrt{n\lambda}} \leqslant x\right\} = \Phi(x)$　　D. $\lim\limits_{n\to\infty} P\left\{\dfrac{\lambda\sum_{i=1}^{n} X_i - n}{\sqrt{n}} \leqslant x\right\} = \Phi(x)$

4. 设随机变量 $X_1, X_2, \cdots, X_n$ 相互独立,$S_n = X_1 + X_2 + \cdots + X_n$,则根据中心极限定理,当 n 充分大时,S_n 近似服从正态分布,只要 $X_1, X_2, \cdots, X_n$ (　　).

A. 有相同的数学期望　　B. 有相同的方差

C. 服从同一指数分布　　D. 服从同一离散型分布

二、填空题

1. 设 X 为随机变量,$E(X)=\mu$, $D(X)=\sigma^2$,则由切比雪夫不等式可得 $P\{|X-\mu| \geqslant 3\sigma\}$

$\leqslant$________.

2. 将一枚骰子连接掷 4 次，点数之和记为 X，则由切比雪夫不等式，可估计 $P\{10 < X < 18\} \approx$________.

3. 设 n_A 是 n 次独立重复试验中事件 A 发生的次数，事件 A 在每次试验中发生的概率为 p，则对于任意的 $\varepsilon > 0$，有 $\lim\limits_{n\to\infty} P\left\{\left|\dfrac{n_A}{n} - p\right| \geqslant \varepsilon\right\} =$________.

4. 对敌人防御阵地进行 100 次轰炸，每次轰炸命中目标的炮弹数是一个随机变量，其数学期望为 2，方差为 2.25，则在 100 次轰炸中有 180～220 颗炮弹命中目标的概率为________.

三、解答题

1. 设随机变量 $X_1, X_2, \cdots, X_n$ 相互独立，且服从同一分布，已知 $E(X^k) = \alpha_k$，$k = 1, 2, \cdots$，存在. 问当 n 充分大时，随机变量 $Y_n = \dfrac{1}{n}\sum\limits_{i=1}^{n} X_i^2$ 近似服从什么分布？并指出其分布参数.

2. 一生产线生产的产品成箱包装，每箱的重量是随机的. 假设每箱平均重 50 kg，标准差为 5 kg. 若用最大载重量为 5 t 的汽车承运，试利用中心极限定理说明每辆车最多可以装多少箱，才能保证不超载的概率大于 0.977？

3. 某药厂断言，该厂生产的某种药品对于医治一种疑难的血液病的治愈率为 0.8，医院检验员任意抽查 100 名服用此药品的病人，如果其中多于 75 人治愈，就接受这一断言，否则就拒绝这一断言.

(1) 若实际上此药品对这种疾病的治愈率是 0.8，问接受这一断言的概率是多少？

(2) 若实际上此药品对这种疾病的治愈率为 0.7，问接受这一断言的概率是多少？

四、证明题

1. 设随机变量 $X_1, X_2, \cdots, X_n, \cdots$，满足 $\lim\limits_{n\to\infty} \dfrac{1}{n^2} D\left(\sum\limits_{i=1}^{n} X_i\right) = 0$，证明：对任意 $\varepsilon > 0$，

$$\lim_{n\to\infty} P\left\{\left|\frac{1}{n}\sum_{i=1}^{n} X_i - \frac{1}{n}\sum_{i=1}^{n}\mu_i\right| < \varepsilon\right\} = 1,$$

其中 $\mu_i = E(X_i)$，$i = 1, 2, \cdots$.

2. 设 $X_1, X_2, \cdots, X_n, \cdots$ 是独立同分布的随机变量序列，$E(X_i) = \mu$，$D(X_i) = \sigma^2 > 0$ $(i = 1, 2, \cdots, n)$，令 $Y_n = \dfrac{2}{n(n+1)}\sum\limits_{i=1}^{n} iX_i$. 证明：随机变量序列 $\{Y_n\}$ 依概率收敛于 μ.

第6章　数理统计的基本概念

前面五章我们学习了概率论的基本内容，概括起来主要是随机变量的概率分布.从本章起，我们进入数理统计内容的学习.数理统计是使用概率论的方法，根据试验或实际观察得到的数据资料来研究随机现象，对研究对象的客观规律性做出种种合理的估计和判断.数理统计的应用十分广泛，几乎渗透到人类活动的一切领域.如农业、生物和医学领域的"生物统计"，教育心理学领域的"教育统计"，管理领域的"计量经济"，金融领域的"保险统计"，等等，这些统计方法的共同基础都是数理统计.

本书主要介绍数理统计的基本内容和基本方法，包括收集、整理数据资料，对所得的数据资料进行统计分析，对所研究的对象的性质、特点做出统计推断等.

在本章中，我们将先介绍总体、样本及统计量等数理统计的基础知识，然后给出正态总体抽样分布的一些重要结论.

6.1　数理统计的基本概念

6.1.1　总体与样本

定义6.1　研究对象的全体称为**总体**，总体中的每个元素称为**个体**，总体中所包含个体的个数称为总体的**容量**.容量为有限的总体称为**有限总体**，容量为无限的总体称为**无限总体**.

例如，在研究某高校学生生活消费状况时，该校全体学生就是一个总体，其中每一个学生是一个个体；在人口普查中，总体是某地区的全体人口，个体就是该地区的每一个人.

在数理统计学中，我们并不笼统地研究所关心对象的一切情况，而只是对它的某一个或几个数值指标感兴趣.例如，当我们在研究某高校学生生活消费状况时，关心的可能是学生们每月的生活消费额，并不去关心他的身高、体重等，于是每一个学生的月生活消费额就是个体，而总体是所有学生的月生活消费额；又如，考察灯泡时,我们并不研究它的形状、式样等特征,而只是关心灯泡寿命、亮度等数值指标的大小.当我们只考察灯泡寿命这项数值指标时,一批灯泡中的每一个灯泡有一个确定的寿命值,因此,自然会把所有的这些灯泡寿命的全体当作总体,这时每个灯泡寿命值就是个体.

这时,总体指一个或多个数量指标,这些数量指标对我们来说是不了解或者说是未知的,我们可以用一个或多个随机变量来表示它们.因此,总体可以是一维随机变量,也可以是多维随机变量.例如,在研究某高校学生生活消费状况时,可以用 X 表示月生活消费额,在研究某厂生产的灯泡的质量时,可以分别用 X, Y 表示灯泡的寿命和光亮度,那么,对上面两个问题的研究就转化为对总体 X 和总体 (X, Y) 的研究了.

今后,凡是提到总体就是指一个随机变量,常用大写字母 X, Y, Z 等表示总体.

在实际应用中,为了研究总体的特性,总是从总体中抽出部分个体进行观察和试验,根据观察或试验得到的数据推断总体的性质.从总体 X 中每抽取一个个体,就是对总体 X 做一次随机试验,重复进行 n 次试验后,得到了总体 X 的一组数值 x_1, x_2, $\cdots$, x_n, 称为一个样本观测值.

为了保证所抽取的个体在总体中具有代表性,则抽取个体的方法应符合两条规定.

(1) 随机性.要求在每次抽取时,总体中的每一个个体被抽到的可能性均等.

(2) 独立性.要求每次抽取一个个体后,总体的成分不改变,即每次抽取之间相互不影响.称此种方法为**简单随机抽样**,简称**抽样**.

定义 6.2 设随机变量 X_1, X_2, $\cdots$, X_n 相互独立,且每一个 X_i $(i = 1, 2, \cdots, n)$ 与总体 X 具有相同的分布,则称 n 维随机变量 X_1, X_2, $\cdots$, X_n 为来自总体 X 的**简单随机样本**,简称**样本**,它的观测值 x_1, x_2, $\cdots$, x_n 称为**样本观察值**,简称**样本值**, n 称为**样本容量**.

如果没有特殊说明,以后所说样本均指简单随机样本.

设总体 X 的分布函数为 $F(x)$, 样本 X_1, X_2, $\cdots$, X_n 可看作是一个 n 维随机变量 X_1, X_2, $\cdots$, X_n, 则 X_1, X_2, $\cdots$, X_n 相互独立且与 X 同分布,所以 X_1, X_2, $\cdots$, X_n 的分布函数为

$$F^*(x_1, x_2, \cdots, x_n) = F(x_1)F(x_2)\cdots F(x_n) = \prod_{i=1}^{n} F(x_i).$$

具体地,我们有

(1) 设总体 X 是离散型随机变量,其分布律为 $P\{X = x\} = p(x)$, 则 $(X_1,$

X_2, …, X_n) 的分布律为

$$P\{X_1 = x_1, X_2 = x_2, \cdots, X_n = x_n\} = \prod_{i=1}^{n} p(x_i).$$

(2) 设总体 X 是连续型随机变量,其概率密度为 $f(x)$,则 X_1, X_2, …, X_n 的概率密度为

$$f^*(x_1, x_2, \cdots, x_n) = f(x_1)f(x_2)\cdots f(x_n) = \prod_{i=1}^{n} f(x_i).$$

例 6.1　设总体 X 服从参数为 λ 的泊松分布,其分布律为

$$P\{X = x\} = \frac{\lambda^x}{x!}e^{-\lambda}, \quad x = 0, 1, 2, \cdots,$$

求容量为 n 的样本 X_1, X_2, …, X_n 的分布律.

解　因为 X_i ($i = 1, 2, \cdots, n$) 与总体 X 同分布,所以

$$P\{X_i = x_i\} = \frac{\lambda^{x_i}}{x_i!}e^{-\lambda}, \quad x_i = 0, 1, 2, \cdots,$$

从而 X_1, X_2, …, X_n 的分布律为

$$P\{X_1 = x_1, X_2 = x_2, \cdots, X_n = x_n\} = \prod_{i=1}^{n} \frac{\lambda^{x_i}}{x_i!}e^{-\lambda} = e^{-n\lambda}\prod_{i=1}^{n} \frac{\lambda^{x_i}}{x_i!}.$$

例 6.2　设总体 X 服从均值为 $\frac{1}{2}$ 的指数分布, X_1, X_2, X_3, X_4 为来自总体 X 的样本,求 X_1, X_2, X_3, X_4 的联合概率密度和联合分布函数.

解　X 的概率密度和分布函数分别为

$$f(x) = \begin{cases} 2e^{-2x}, & x > 0, \\ 0, & x \leqslant 0; \end{cases} \qquad F(x) = \begin{cases} 1 - e^{-2x}, & x > 0, \\ 0, & x \leqslant 0, \end{cases}$$

则 X_1, X_2, X_3, X_4 的联合概率密度为

$$\begin{aligned} f(x_1, x_2, x_3, x_4) &= f(x_1)f(x_2)f(x_3)f(x_4) \\ &= \begin{cases} 16e^{-2\sum_{i=1}^{4} x_i}, & x_i > 0, i = 1, 2, 3, 4, \\ 0, & \text{其他}, \end{cases} \end{aligned}$$

X_1, X_2, X_3, X_4 的联合分布函数为

$$F(x_1, x_2, x_3, x_4) = F(x_1)F(x_2)F(x_3)F(x_4)$$

$$= \begin{cases} \prod_{i=1}^{4}(1-e^{-2x_i}), & x_i > 0, i = 1, 2, 3, 4, \\ 0, & \text{其他}. \end{cases}$$

6.1.2 直方图

为了研究总体的分布性质,人们经常通过观察或试验得到一些样本值,但一般情况下所得到的数据都是杂乱无章的.为了利用这些数据进行统计分析,将这些数据加以整理,要借助于表格和图形对它们描述.

下面我们通过一个例子对随机变量 X 引进"**频率直方图**",它能使我们对 X 的分布有一个粗略的了解.

例 6.3 某工厂生产一种零件,由于生产过程中各种随机因素的影响,零件长度不尽相同.现测得该厂生产的 100 个零件的长度(单位:mm)如下:

129, 132, 136, 145, 140, 145, 147, 142, 138, 144, 147, 142, 137, 144,
144, 134, 149, 142, 137, 137, 155, 128, 143, 144, 148, 139, 143, 142,
135, 142, 148, 137, 142, 144, 141, 149, 132, 134, 145, 132, 140, 142,
130, 145, 148, 143, 148, 135, 136, 152, 141, 146, 138, 131, 138, 136,
144, 142, 142, 137, 141, 134, 142, 133, 153, 143, 145, 140, 137, 142,
150, 141, 139, 139, 150, 139, 137, 139, 140, 143, 149, 136, 142, 134,
146, 145, 130, 136, 140, 134, 142, 142, 135, 131, 136, 139, 137, 144,
141, 136.

用 X 表示该厂生产的零件长度,我们来考察总体 X 的分布.

解 我们对 X 引进直方图,从而近似求出 X 的分布.下面使用例中的数据说明画直方图的过程.

(1) 先对这 100 个数据进行整理,我们看到其中的最小值是 128,最大值是 155,因此先取一个区间 I,其左端点比数据的最小值稍小一些,右端点比数据的最大值稍大一些,例如可取 $I=(127.5, 155.5)$,I 可以把所有数据包含在内.

(2) 将区间 I 分为若干个小区间,小区间的个数与数据个数 n 有关,通常为 5~10 个.

例如 $I=(127.5, 155.5)$等分为 7 个小区间:

(127.5, 131.5), (131.5, 135.5), (135.5, 139.5),

(139.5, 143.5), (143.5, 147.5), (147.5, 151.5), (151.5, 155.5).

上述这些区间的端点均比数据多取一位小数,其目的是使数据不落在区间的端点上.

(3) 每个小区间叫做一个组,数据落入每个组的个数是频数,每个组的频数与数据总个数的比值是频率. 这样得到数据统计表,见下表.

组	频数	频率
(127.5, 131.5)	6	0.06
(131.5, 135.5)	12	0.12
(135.5, 139.5)	24	0.24
(139.5, 143.5)	28	0.28
(143.5, 147.5)	18	0.18
(147.5, 151.5)	8	0.08
(151.5, 155.5)	4	0.04

(4) 在平面直角坐标系的横轴上截出各组的区间,每组的区间长度叫做组距,此例中的组距为 4.

在每组上以组距为底向上作矩形,使该矩形的面积等于这组相应的频率,即

$$矩形的高 = 频率 \div 组距 = \frac{1}{4} \times 频率.$$

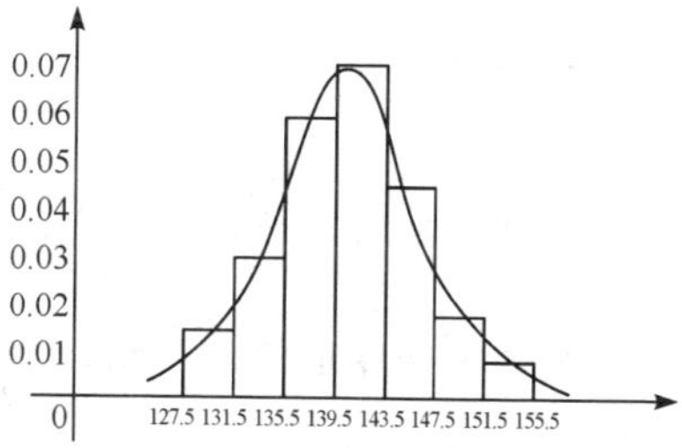

图 6-1　直方图

这样的图形称为**直方图**,如图 6-1 所示.

根据伯努利大数定律,概率可以由频率近似表示,因此,这个直方图可以近似地刻画零件长度 X 的概率分布情况.

用上述直方图刻画 X 的概率分布情况比较粗糙. 为了更加准确地刻画 X 的概率分布情况,应该增加数据的个数,同时要把组分得更细. 可以设想,当数据的个数越来越多,组分得越来越细时,直方图的外形轮廓越来越接近某一条曲线,如图 6-1 所示. 这条曲线可以准确地刻画 X 的概率分布情况.

6.1.3　统计量与样本矩

随机样本是对总体进行统计分析与推断的依据,当我们获取样本后,往往不是直接利用样本进行推断,而是要对样本进行"加工"、"整理",以把它们所提供的关于总体的信息集中起来. 为此我们引进统计量的定义.

定义 6.3　设 $X_1, X_2, \cdots, X_n$ 为总体 X 的一个样本, $g(X_1, X_2, \cdots, X_n)$ 是一个样本函数. 若 $g(X_1, X_2, \cdots, X_n)$ 不含未知参数,则称 $g(X_1, X_2, \cdots, X_n)$ 为一个**统计量**. 设 $x_1, x_2, \cdots, x_n$ 为 $X_1, X_2, \cdots, X_n$ 的样本观测值,则 $g(x_1,$

$x_2, \cdots, x_n$) 称为统计量 $g(X_1, X_2, \cdots, X_n)$ 的**观测值**.

例如,设 $X_1, X_2, \cdots, X_n$ 是来自正态总体 $N(\mu, \sigma^2)$ 的样本,$\overline{X}=\frac{1}{n}\sum_{i=1}^{n}X_i$ 是统计量,而 $\frac{1}{n}\sum_{i=1}^{n}(X_i-\mu)^2$ 当 μ 为一个已知数时是统计量,当 μ 为未知参数时就不是统计量.

统计量一般是样本的连续函数,显然它们也是随机变量. 常用的统计量有以下几个.

样本均值 $\overline{X}=\frac{1}{n}\sum_{i=1}^{n}X_i$;

样本方差 $S^2=\frac{1}{n-1}\sum_{i=1}^{n}(X_i-\overline{X})^2$;

样本标准差 $S=\sqrt{S^2}=\sqrt{\frac{1}{n-1}\sum_{i=1}^{n}(X_i-\overline{X})^2}$;

样本 k 阶原点矩 $A_k=\frac{1}{n}\sum_{i=1}^{n}X_i^k \quad (k=1, 2, \cdots)$;

样本 k 阶中心矩 $B_k=\frac{1}{n}\sum_{i=1}^{n}(X_i-\overline{X})^k \quad (k=2, 3, \cdots)$.

它们的观测值分别为

$$\bar{x}=\frac{1}{n}\sum_{i=1}^{n}x_i,$$

$$s^2=\frac{1}{n-1}\sum_{i=1}^{n}(x_i-\bar{x})^2,$$

$$s=\sqrt{\frac{1}{n-1}\sum_{i=1}^{n}(x_i-\bar{x})^2},$$

$$a_k=\frac{1}{n}\sum_{i=1}^{n}x_i^k \quad (k=1, 2, \cdots),$$

$$b_k=\frac{1}{n}\sum_{i=1}^{n}(x_i-\bar{x})^k \quad (k=2, 3, \cdots).$$

这些观测值仍分别称为样本均值、样本方差、样本标准差、样本 k 阶(原点)矩以及样本 k 阶中心矩.

显然,样本均值 $\overline{X}$ 为样本一阶原点矩. 另外,样本二阶中心矩与样本方差的关系为

$$B_2=\frac{n-1}{n}S^2.$$

容易验证(请读者自己完成)

$$\frac{1}{n-1}\sum_{i=1}^{n}(X_i-\overline{X})^2=\frac{1}{n-1}\left(\sum_{i=1}^{n}X_i^2-n\overline{X}^2\right).$$

所以,我们有样本方差的计算公式

$$S^2=\frac{1}{n-1}\sum_{i=1}^{n}(X_i-\overline{X})^2=\frac{1}{n-1}\left(\sum_{i=1}^{n}X_i^2-n\overline{X}^2\right).$$

例 6.4　在某工厂生产的轴承中随机地取 10 只,测得其重量(单位:kg)为

2.36	2.42	2.38	2.34	2.40
2.42	2.39	2.43	2.39	2.37

求样本均值、样本方差与样本标准差.

解　样本均值为

$$\bar{x}=\frac{2.36+2.42+2.38+2.34+2.40+2.42+2.39+2.43+2.39+2.37}{10}$$
$$=2.39(\text{kg});$$

样本方差为

$$s^2=\frac{1}{10-1}(2.36^2+2.42^2+2.38^2+2.34^2+2.40^2+2.42^2+2.39^2+$$
$$2.43^2+2.39^2+2.37^2-10\times 2.39^2)=0.000\,822\,2(\text{kg}^2).$$

样本标准差为 $s=\sqrt{0.000\,822\,2}\approx 0.028\,7(\text{kg})$.

我们指出,设总体 X 的 k 阶矩 $E(X^k)=\mu_k$ 存在,则当 $n\to\infty$ 时,有 $A_k\xrightarrow{P}\mu_k(k=1,2,\cdots,n)$.

这是因为 $X_1, X_2, \cdots, X_n$ 相互独立且与 X 同分布,所以由定理 3.5 知, $X_1^k, X_2^k, \cdots, X_n^k$ 相互独立且与 X^k 同分布. 故有 $E(X_1^k)=E(X_2^k)=\cdots=E(X_n^k)=\mu_k$.

由定理 5.4(辛钦大数定律)知, $A_k=\frac{1}{n}\sum_{i=1}^{n}X_i^k\xrightarrow{P}\mu_k(k=1,2,\cdots,n)$, 从而由第 5 章中关于依概率收敛的序列的性质知道

$$g(A_1, A_2, \cdots, A_k)\xrightarrow{P}g(\mu_1, \mu_2, \cdots, \mu_k),$$

其中 g 为连续函数,这就是第 7 章所要介绍的矩估计法的理论根据.

关于样本均值和样本方差,有以下重要定理.

定理 6.1 设 $X_1, X_2, \cdots, X_n$ 是来自总体 X 的样本,且总体均值 $E(X)=\mu$,总体方差 $D(X)=\sigma^2$,则 $E(\overline{X})=\mu$, $D(\overline{X})=\dfrac{\sigma^2}{n}$, $E(S^2)=\sigma^2$.

证明 由样本的定义知, $X_1, X_2, \cdots, X_n$ 相互独立与总体 X 同分布,因此 $E(X_i)=E(X)=\mu$, $D(X_i)=D(X)=\sigma^2(i=1, \cdots, n)$,故有

$$E(\overline{X})=E\left(\frac{1}{n}\sum_{i=1}^{n}X_i\right)=\frac{1}{n}\sum_{i=1}^{n}E(X_i)=\frac{1}{n}n\mu=\mu,$$

$$D(\overline{X})=D\left(\frac{1}{n}\sum_{i=1}^{n}X_i\right)=\frac{1}{n^2}\sum_{i=1}^{n}D(X_i)=\frac{1}{n^2}n\sigma^2=\frac{1}{n}\sigma^2,$$

$$E(S^2)=E\left[\frac{1}{n-1}\sum_{i=1}^{n}(X_i-\overline{X})^2\right]=E\left[\frac{1}{n-1}\left(\sum_{i=1}^{n}X_i^2-n\overline{X}^2\right)\right]$$

$$=\frac{1}{n-1}\left[\sum_{i=1}^{n}E(X_i^2)-nE(\overline{X}^2)\right]=\frac{1}{n-1}\left[\sum_{i=1}^{n}(\sigma^2+\mu^2)-n\left(\frac{\sigma^2}{n}+\mu^2\right)\right]$$

$$=\sigma^2.$$

证毕.

习题 6.1

1. 设某厂大量生产某种产品,其次品率 p 未知. 每 m 件产品包装为一盒,为了检查产品的质量,任意抽取 n 盒查其中的次品数. 试在这个统计问题中说明什么是总体、样本以及它们的分布.

2. 设总体 $X\sim N(\mu, \sigma^2)$, μ, σ^2 未知, $X_1, X_2, \cdots, X_n$ 为一个样本,指出 $\sum\limits_{i=1}^{n}kX_i$, $\max\limits_{1\leqslant i\leqslant n}\{X_i\}$, $\dfrac{1}{\sigma^2}\sum\limits_{i=1}^{n}(X_i-\overline{X})^2$, $\sum\limits_{i=1}^{n}(X_i-\mu)^2$, $\dfrac{\overline{X}-\mu}{\sigma}\sqrt{n}$, $\min\limits_{1\leqslant i\leqslant n}\{X_i\}$ 哪些是统计量,哪些不是统计量.

3. 设总体容量为 10 的一组观测值为 1, 2, 3, 4, 3, 4, 5, 6, 4, 8. 试求样本均值、样本方差和样本二阶中心矩.

4. 设从某总体中抽取容量为 100 的样本,总体期望 $\mu=10$,标准差 $\sigma=20$,求样本均值 $\overline{X}$ 的期望和标准差.

5. 设总体 X 服从 0-1 分布, $P\{X=1\}=p\ (0<p<1)$, $X_1, X_2, \cdots, X_n$ 是来自总体 X 的一个样本. 求

(1) 样本 $(X_1, X_2, \cdots, X_n)$ 的分布律;

(2) $E(\overline{X})$, $D(\overline{X})$ 和 $E(S^2)$, $E(B_2)$;

(3) 证明 $B_2 = \overline{X}(1-\overline{X})$.

6. 设总体 $X \sim N(1, 25)$，$X_1, X_2, \cdots, X_{100}$ 是来自总体 X 的样本，$\overline{X}$ 为样本均值，若 $Y = a\overline{X} + b$ 服从正态分布 $N(0, 1)$，试求 a 和 b 的值.

7. 测得 20 个毛坯重量(单位:g)，列表如下：

毛坯重量	185	187	192	195	200	202	205	206
频数	1	1	1	1	1	2	1	1
毛坯重量	207	208	210	214	215	216	218	227
频数	2	1	1	1	2	1	2	1

将其按区间 (183.5, 192.5)，…，(219.5, 228.5) 分为 5 组，列出毛坯重量的频率分布表，并作直方图.

6.2　三个重要分布与抽样分布定理

统计量是我们对总体的分布规律或数字特征进行推断的基础，由于统计量是随机变量，所以在使用统计量进行统计推断时必须要知道它的分布，统计量的分布称为**抽样分布**. 抽样分布在数理统计的诸多方法及其应用中都有十分重要的作用.

在数理统计中常用的分布，除正态分布外，还有 χ^2 分布、t 分布和 F 分布.

本节我们将介绍来自正态总体的三个重要分布以及正态总体下的几个抽样分布定理.

6.2.1　正态总体样本线性函数的分布

为了便于统一，我们先介绍标准正态分布的上 α 分位点的概念.

定义 6.4　设随机变量 $X \sim N(0, 1)$，对于给定的实数 α，$0 < \alpha < 1$，称满足条件

$$P\{X > z_\alpha\} = \alpha$$

的点 z_α 为标准正态分布的上 α **分位点**(图 6-2).

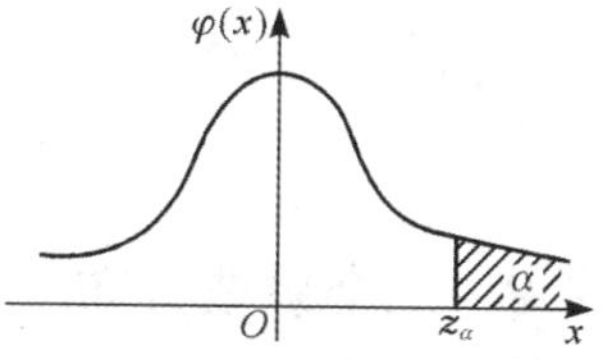

图 6-2　$N(0, 1)$的上 α 分位点

由 $P\{X > z_\alpha\} = \alpha$ 可得，$\Phi(z_\alpha) = 1-\alpha$，因此通过查标准正态分布表(附表 2)可得出 z_α. 例如，$z_{0.025} = 1.96$，$z_{0.05} = 1.645$，$z_{0.1} = 1.282$.

设总体 X 服从正态分布 $N(\mu, \sigma^2)$，$X_1, X_2, \cdots, X_n$ 为来自总体 X 的样本. 考察统计量 $Y = \sum_{i=1}^{n} a_i X_i$ (a_i 为不全为零的常数，$i = 1, 2, \cdots, n$)，根据正态分布的

可加性，我们可得以下定理.

定理 6.2 设 $X_1, X_2, \cdots, X_n$ 是来自正态总体 $N(\mu, \sigma^2)$ 的一个样本，则样本的任一确定的线性函数 $\sum_{i=1}^{n} a_i X_i$ 也服从正态分布，且 $\sum_{i=1}^{n} a_i X_i \sim N\left(\mu \sum_{i=1}^{n} a_i, \sigma^2 \sum_{i=1}^{n} a_i^2\right)$.

特别地，取 $a_i = \dfrac{1}{n}\ (i = 1, 2, \cdots, n)$，则可得以下推论.

推论 设 $X_1, X_2, \cdots, X_n$ 是来自正态总体 $N(\mu, \sigma^2)$ 的一个样本，$\overline{X}$ 是样本均值，则

(1) $\overline{X} = \dfrac{1}{n}\sum_{i=1}^{n} X_i \sim N\left(\mu, \dfrac{\sigma^2}{n}\right)$.

(2) $\dfrac{\overline{X} - \mu}{\sigma / \sqrt{n}} \sim N(0, 1)$.

可见，$\overline{X}$ 具有良好的性质，一方面 $\overline{X}$ 与总体 X 有相同的均值，另一方面向均值集中.

例 6.5 从正态总体 $N(\mu, 25)$ 中抽取容量为 16 的样本，求样本均值 $\overline{X}$ 与总体均值 μ 之差的绝对值小于 2 的概率.

解 因为 $X \sim N(\mu, 25)$，$n = 16$，所以由定理 6.2 知 $\overline{X} \sim N\left(\mu, \dfrac{25}{16}\right)$，故所求概率为

$$P\{|\overline{X} - \mu| < 2\} = P\left\{\frac{|\overline{X} - \mu|}{\sqrt{\frac{25}{16}}} < \frac{2}{\sqrt{\frac{25}{16}}}\right\} = P\left\{\frac{|\overline{X} - \mu|}{\sqrt{\frac{25}{16}}} < 1.6\right\}$$
$$= \Phi(1.6) - \Phi(-1.6) = 2\Phi(1.6) - 1$$
$$= 2 \times 0.9452 - 1 = 0.8904.$$

6.2.2 三个重要分布

下面介绍三个来自正态分布的常用统计量的分布.

1. χ^2 分布

定义 6.5 设随机变量 $X_1, X_2, \cdots, X_n$ 相互独立，且均服从标准正态分布 $N(0, 1)$，则称随机变量

$$\chi^2 = X_1^2 + X_2^2 + \cdots + X_n^2$$

服从自由度为 n 的 **χ^2 分布**，记为 $\chi^2 \sim \chi^2(n)$.

此处，自由度是指上式右端包含的相互独立随机变量个数.

$\chi^2(n)$ 分布的概率密度为

$$f(x)=\begin{cases}\dfrac{1}{2^{\frac{n}{2}}\Gamma\left(\dfrac{n}{2}\right)}x^{\frac{n}{2}-1}\mathrm{e}^{-\frac{x}{2}}, & x>0,\\ 0, & x\leqslant 0.\end{cases}$$

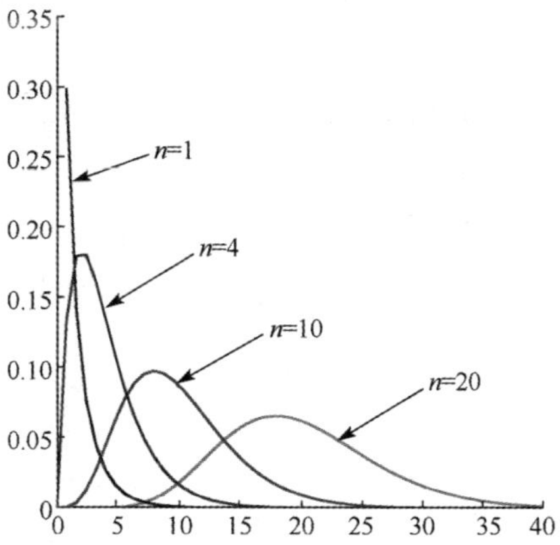

图 6-3　χ^2 分布概率密度的图形

式中，$\Gamma(a)=\int_0^{+\infty}x^{a-1}\mathrm{e}^{-x}\mathrm{d}x$ 是伽玛函数，概率密度 $f(x)$ 的图形如图 6-3 所示.

由 χ^2 分布的定义，可知

(1) 设 $X_1, X_2, \cdots, X_n$ 是来自正态总体 $N(0, 1)$ 的样本，则统计量

$$\chi^2 = X_1^2+X_2^2+\cdots+X_n^2 \sim \chi^2(n).$$

(2) 设 $X\sim\chi^2(n)$，则 X 可以分解为 n 个相互独立的标准正态随机变量的平方和.

另外，我们可以证明，χ^2 分布具有下列性质.

性质 1　设 $X\sim\chi^2(n)$，则有 $E(X)=n$, $D(X)=2n$.

性质 2(可加性)　设 $X\sim\chi^2(n_1)$, $Y\sim\chi^2(n_2)$，并且 X 与 Y 相互独立，则有 $X+Y\sim\chi^2(n_1+n_2)$.

定义 6.6　设 $\chi^2\sim\chi^2(n)$，对于给定的实数 α, $0<\alpha<1$，称满足条件

$$P\{\chi^2>\chi_\alpha^2(n)\}=\int_{\chi_\alpha^2(n)}^{+\infty}f(x)\mathrm{d}x=\alpha$$

的点 $\chi_\alpha^2(n)$ 为 $\chi^2(n)$ 的**上 α 分位点**，其中 $f(x)$ 为 χ^2 分布的概率密度，其图形如图 6-4 所示.

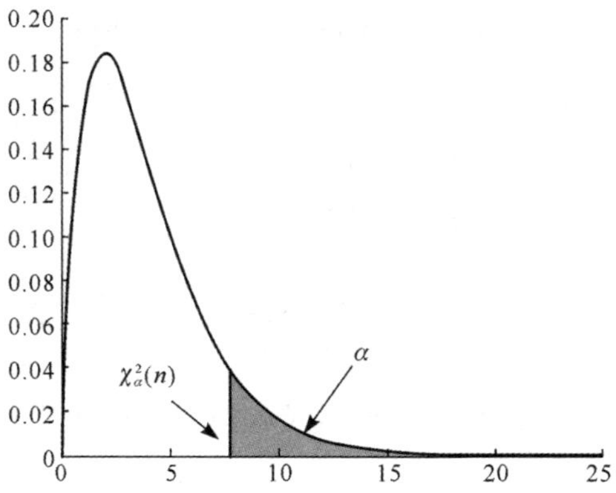

图 6-4　$\chi_\alpha^2(n)$的上 α 分位点

对于不同的 α, n, $\chi_\alpha^2(n)$ 的值已编制成表供查用，见附表 3 的 χ^2 分布表.

例如，$\alpha=0.9$, $n=25$，查 χ^2 分布表，得 $\chi_{0.9}^2(25)=16.473$. 但该表只

列到 $n=45$ 为止.费希尔(R. A. Fisher)曾证明,当n足够大时,近似地有 $\chi_\alpha^2(n)\approx\frac{1}{2}(z_\alpha+\sqrt{2n-1})^2$,因此,当 $n>45$ 时,可以利用上述近似公式计算 $\chi_\alpha^2(n)$. 例如,

$\chi_{0.05}^2(50)\approx\frac{1}{2}(1.645+\sqrt{99})^2=67.221$.

例 6.6 设 X_1, X_2, …, X_{10} 是来自总体 $X\sim N(0, 0.3^2)$ 的一个样本,求 $P\left\{\sum\limits_{i=1}^{10}X_i^2>1.44\right\}$.

解 由于X_1, X_2, …, X_6 是来自总体$N(0, 0.3^2)$的样本,因此 $\frac{X_i}{0.3}\sim N(0, 1)$ $(i=1, 2, \cdots, 10)$.

从而由 χ^2 分布的定义知, $\sum\limits_{i=1}^{10}\left(\frac{X_i}{0.3}\right)^2=\frac{1}{0.3^2}\sum\limits_{i=1}^{10}X_i^2\sim\chi^2(10)$, 故有

$$P\left\{\sum_{i=1}^{10}X_i^2>1.44\right\}=P\left\{\frac{1}{0.3^2}\sum_{i=1}^{10}X_i^2>\frac{1.44}{0.3^2}\right\}=P\left\{\frac{1}{0.3^2}\sum_{i=1}^{10}X_i^2>16\right\}.$$

查表得 $\chi_{0.1}^2(10)=15.987$, 所以由 χ^2 分布的上 α 分位点的定义,得

$$P\left\{\sum_{i=1}^{10}X_i^2>1.44\right\}=0.1.$$

2. t 分布

定义 6.7 设随机变量 $X\sim N(0, 1)$, $Y\sim\chi^2(n)$, 且 X 与 Y 相互独立,则称统计量 $T=\frac{X}{\sqrt{Y/n}}$ 服从自由度为n 的 **t 分布**,记为 $T\sim t(n)$.

自由度为 n 的 t 分布的概率密度为

$$f(x)=\frac{\Gamma\left(\frac{n+1}{2}\right)}{\sqrt{n\pi}\,\Gamma\left(\frac{n}{2}\right)}\left(1+\frac{x^2}{n}\right)^{-\frac{n+1}{2}}\quad(-\infty<x<+\infty).$$

图 6-5 是几个不同自由度 n 的 t 分布对应的概率密度 $f(x)$ 的图形.

由 t 分布的定义,可得

设 $T\sim t(n)$, 则有相互独立的随机变量 $X\sim N(0, 1)$, $Y\sim\chi^2(n)$, 使得 $T=\frac{X}{\sqrt{Y/n}}$.

另外，可以证明，t 分布有下列性质.

性质1　设 $T \sim t(n)$，则

$$E(T)=0\ (n>1),$$

$$D(T)=\frac{n}{n-2}\ (n>2).$$

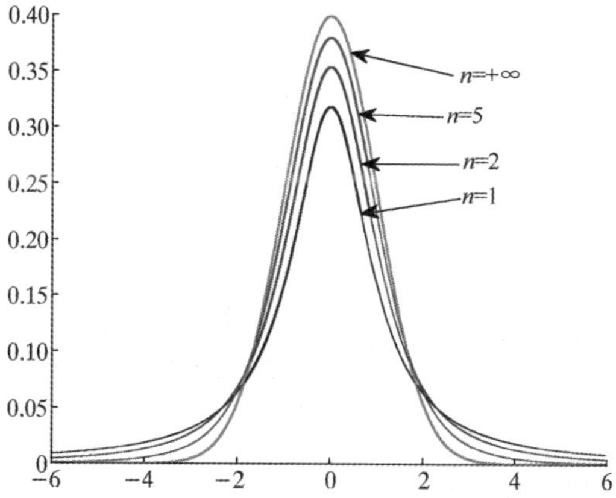

图 6-5　t 分布概率密度的图形

性质2（t 分布与标准正态分布的关系）

$$\lim_{n\to\infty} f_n(x)=\frac{1}{\sqrt{2\pi}}\mathrm{e}^{-\frac{x^2}{2}}=\varphi(x).$$

式中，$f_n(x)$ 是自由度 n 的 t 分布的概率密度，$\varphi(x)$ 是标准正态分布的概率密度.

上述性质 2 说明，t 分布的极限分布是标准正态分布.

定义 6.8　设 $T \sim t(n)$，对于给定的实数 α，$0<\alpha<1$，称满足条件

$$P\{T>t_\alpha(n)\}=\int_{t_\alpha(n)}^{+\infty} f(x)\mathrm{d}x=\alpha$$

的点 $t_\alpha(n)$ 为 $t(n)$ 的上 α **分位点**，其中 $f(x)$ 为 t 分布的概率密度，如图 6-6 所示.

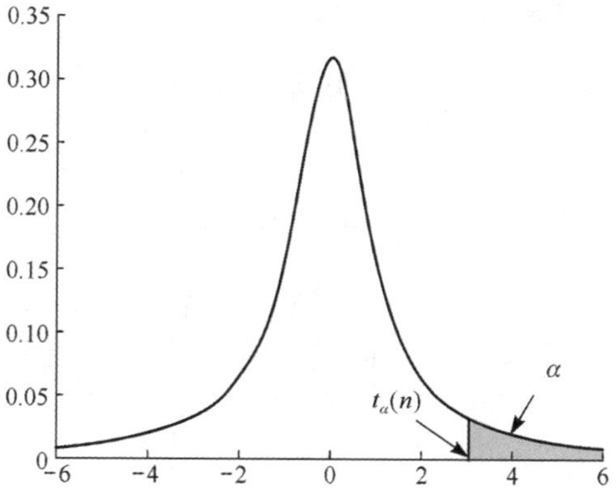

图 6-6　$t(n)$的上 α 分位点

t 分布的上 α 分位点可自书末的附表 4 查得. 例如，对于 $\alpha=0.025$，$n=10$，查 t 分布表（附表 4），可得 $t_{0.025}(10)=2.2281$.

由 t 分布上 α 分位点的定义及 $f(x)$ 图形的对称性，可知 $t_{1-\alpha}(n)=-t_\alpha(n)$.

当 $n>45$ 时，可以用近似公式 $t_\alpha(n)\approx z_\alpha$.

例 6.7　设 $X_1, X_2, \cdots, X_5$ 是来自总体 $X\sim N(0,1)$ 的一个样本，求常数 c，使统计量 $\dfrac{c(X_1+X_2)}{\sqrt{X_3^2+X_4^2+X_5^2}}$ 服从 t 分布.

解　由于 $X_1, X_2, \cdots, X_5$ 是来自总体 $X\sim N(0,1)$ 的一个样本，所以

$$X_1+X_2 \sim N(0,\ 2), \quad \frac{X_1+X_2}{\sqrt{2}} \sim N(0,\ 1),$$

而 $X_3^2+X_4^2+X_5^2 \sim \chi^2(3)$，且 $\frac{X_1+X_2}{\sqrt{2}}$ 与 $X_3^2+X_4^2+X_5^2$ 相互独立，于是

$$\frac{\dfrac{X_1+X_2}{\sqrt{2}}}{\sqrt{\dfrac{X_3^2+X_4^2+X_5^2}{3}}}=\sqrt{\frac{3}{2}}\frac{X_1+X_2}{\sqrt{X_3^2+X_4^2+X_5^2}} \sim t(3),$$

因此，所求的常数 $c=\sqrt{\frac{3}{2}}$.

3. *F* 分布

定义 6.9 设随机变量 $X \sim \chi^2(n_1)$，$Y \sim \chi^2(n_2)$，且 X 与 Y 相互独立，则称统计量 $F=\frac{X/n_1}{Y/n_2}$ 服从第一自由度为 n_1，第二自由度为 n_2 的 F 分布，记为 $F \sim F(n_1,\ n_2)$.

设 $F \sim F(n_1,\ n_2)$，则 F 的概率密度是

$$f(x)=\begin{cases}\dfrac{\Gamma\left(\dfrac{n_1+n_2}{2}\right)}{\Gamma\left(\dfrac{n_1}{2}\right)\Gamma\left(\dfrac{n_2}{2}\right)}\left(\dfrac{n_1}{n_2}\right)^{\frac{n_1}{2}}x^{\frac{n_1}{2}-1}\left(1+\dfrac{n_1}{n_2}x\right)^{-\frac{n_1+n_2}{2}}, & x>0, \\ 0, & x \leqslant 0.\end{cases}$$

图 6-7 给出了几个不同自由度 $(n_1,\ n_2)$ 对应的 F 分布概率密度的图形.

由 F 分布的定义，可得

(1) 设 $F \sim F(n_1,\ n_2)$，则有相互独立的随机变量 $X \sim \chi^2(n_1)$，$Y \sim \chi^2(n_2)$，使得 $F=\frac{X/n_1}{Y/n_2}$.

(2) 设 $F \sim F(n_1,\ n_2)$，则 $\frac{1}{F} \sim F(n_2,\ n_1)$.

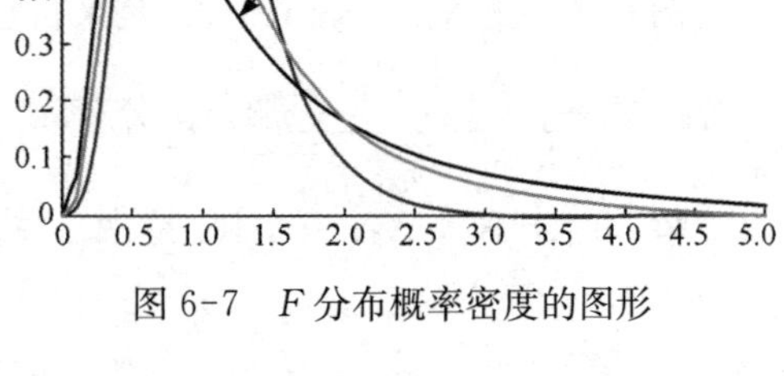

图 6-7 F 分布概率密度的图形

另外,可以证明, F 分布有下列性质.

性质 1　设 $F \sim F(n_1, n_2)$, 则

$$E(F)=\frac{n_2}{n_2-2}\ (n_2>2),\ D(F)=\frac{n_2^2(2n_1+2n_2-4)}{n_1(n_2-2)^2(n_2-4)}\ (n_2>4).$$

性质 2　设 $F \sim F(1, n)$, $T \sim t(n)$, 则 $F = T^2$.

定义 6.10　设 $F \sim F(n_1, n_2)$, 对于给定的实数 α, $0<\alpha<1$, 称满足条件

$$P\{F > F_\alpha(n_1, n_2)\} = \int_{F_\alpha(n_1, n_2)}^{+\infty} f(x)\mathrm{d}x = \alpha$$

的点 $F_\alpha(n_1, n_2)$ 为 $F(n_1, n_2)$ 分布的上 **α 分位点**,其中 $f(x)$ 为 F 分布的概率密度,如图 6-8 所示.

F 分布的上 α 分位点 $F_\alpha(n_1, n_2)$, 可以查附表 5. 例如,对于 $\alpha = 0.025$, $n_1 = 8$, $n_2 = 6$, 查表得 $F_{0.025}(8, 6) = 5.60$.

F 分布的上 α 分位点,有如下重要的性质: $F_{1-\alpha}(n_1, n_2) = \dfrac{1}{F_\alpha(n_2, n_1)}$.

附表 5 仅给出了 α 较小 (0.10, 0.05, 0.025, 0.01, 0.005) 时的上侧分位数值,对于 α 较大(接近 1)的 $F_\alpha(n_1, n_2)$ 值,可利用上述性质进行计算. 例如根据上述性质,可求得

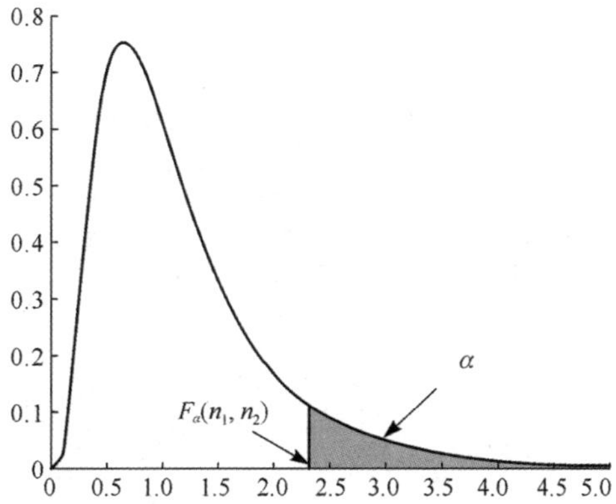

图 6-8　$F(n_1, n_2)$的上 α 分位点

$$F_{0.95}(12, 9) = \frac{1}{F_{0.05}(9, 12)} = \frac{1}{2.80} \approx 0.357.$$

6.2.3　正态总体下的抽样分布定理

从理论上讲,若总体的分布已知,则统计量的分布总是确定的. 但对一般的总体分布,统计量分布的计算往往很复杂,有时甚至不能求出. 这里我们仅考虑正态总体的情况. 一方面是因为其抽样分布较容易求出,另一方面是正态分布可以作为很多统计问题中总体分布的近似分布.

下述几个定理(包括定理 6.2)给出了正态总体样本均值与样本方差的分布,它们在数理统计中起着十分重要的作用,是数理统计的基本定理.

定理 6.3(Fisher 引理) 设 $X_1, X_2, \cdots, X_n$ 是来自正态总体 $N(\mu, \sigma^2)$ 的样本,$\overline{X}$, S^2 分别是样本均值与样本方差,则有

(1) $\overline{X}$ 与 S^2 相互独立;

(2) $\dfrac{(n-1)S^2}{\sigma^2} \sim \chi^2(n-1)$.

证明从略.以下将要介绍的两个定理可以作为 Fisher 引理的两个推论.

定理 6.4 设 $X_1, X_2, \cdots, X_n$ 是来自正态总体 $N(\mu, \sigma^2)$ 的样本,$\overline{X}$, S^2 分别是样本均值与样本方差,则有

$$T = \frac{\overline{X} - \mu}{S/\sqrt{n}} \sim t(n-1).$$

证明 由定理 6.2 和定理 6.3,可知

$$\frac{\overline{X} - \mu}{\sigma/\sqrt{n}} \sim N(0, 1), \quad \frac{(n-1)S^2}{\sigma^2} \sim \chi^2(n-1).$$

因为 $\overline{X}$ 与 S^2 相互独立,所以 $\dfrac{\overline{X} - \mu}{\sigma/\sqrt{n}}$ 与 $\dfrac{(n-1)S^2}{\sigma^2}$ 也相互独立.由 t 分布的定义得

$$T = \frac{\dfrac{\overline{X} - \mu}{\sigma/\sqrt{n}}}{\sqrt{\dfrac{(n-1)S^2/\sigma^2}{n-1}}} = \frac{\overline{X} - \mu}{S/\sqrt{n}} \sim t(n-1).$$

定理 6.5 设 $X_1, X_2, \cdots, X_{n_1}$ 是来自正态总体 $N(\mu_1, \sigma_1^2)$ 的样本,$Y_1, Y_2, \cdots, Y_{n_2}$ 是来自 $N(\mu_2, \sigma_2^2)$ 的样本,且两个样本相互独立,设 $\overline{X} = \dfrac{1}{n_1}\sum_{i=1}^{n_1} X_i$ 和 $\overline{Y} = \dfrac{1}{n_2}\sum_{j=1}^{n_2} Y_j$ 分别是这两个样本的均值,$S_1^2 = \dfrac{1}{n_1 - 1}\sum_{i=1}^{n_1}(X_i - \overline{X})^2$ 和 $S_2^2 = \dfrac{1}{n_2 - 1}\sum_{j=1}^{n_2}(Y_j - \overline{Y})^2$ 分别是这两个样本的方差,则有

(1) $\dfrac{S_1^2/\sigma_1^2}{S_2^2/\sigma_2^2} \sim F(n_1 - 1, n_2 - 1)$;

(2) 当 $\sigma_1^2=\sigma_2^2=\sigma^2$ 时，$\dfrac{(\overline{X}-\overline{Y})-(\mu_1-\mu_2)}{S_w\sqrt{\dfrac{1}{n_1}+\dfrac{1}{n_2}}}\sim t(n_1+n_2-2)$.

式中，$S_w^2=\dfrac{(n_1-1)S_1^2+(n_2-1)S_2^2}{n_1+n_2-2}$.

证明　(1) 根据定理6.3,有

$$\frac{(n_1-1)S_1^2}{\sigma_1^2}\sim\chi^2(n_1-1),\quad \frac{(n_2-1)S_2^2}{\sigma_2^2}\sim\chi^2(n_2-1).$$

由于两个样本相互独立,所以 S_1^2 与 S_2^2 独立,由 F 分布的定义,有

$$\frac{\dfrac{(n_1-1)S_1^2}{\sigma_1^2(n_1-1)}}{\dfrac{(n_2-1)S_2^2}{\sigma_2^2(n_2-1)}}=\frac{S_1^2/\sigma_1^2}{S_2^2/\sigma_2^2}\sim F(n_1-1,\ n_2-1),$$

即 $\dfrac{S_1^2/\sigma_1^2}{S_2^2/\sigma_2^2}\sim F(n_1-1,\ n_2-1)$.

(2) 根据定理6.2,知

$$\overline{X}\sim N\left(\mu_1,\ \frac{\sigma^2}{n_1}\right),\quad \overline{Y}\sim N\left(\mu_2,\ \frac{\sigma^2}{n_2}\right).$$

由正态分布可加性,得

$$\overline{X}-\overline{Y}\sim N\left(\mu_1-\mu_2,\ \frac{\sigma^2}{n_1}+\frac{\sigma^2}{n_2}\right)$$

或

$$U=\frac{(\overline{X}-\overline{Y})-(\mu_1-\mu_2)}{\sigma\sqrt{\dfrac{1}{n_1}+\dfrac{1}{n_2}}}\sim N(0,\ 1).$$

又 $\dfrac{(n_1-1)S_1^2}{\sigma^2}\sim\chi^2(n_1-1)$，$\dfrac{(n_2-1)S_2^2}{\sigma^2}\sim\chi^2(n_2-1)$，且两个样本相互独立，根据 χ^2 分布的可加性,有

$$V=\frac{(n_1-1)S_1^2}{\sigma^2}+\frac{(n_2-1)S_2^2}{\sigma^2}\sim\chi^2(n_1+n_2-2).$$

可证明U与V相互独立,根据t分布的定义,有

$$\frac{U}{\sqrt{\frac{V}{n_1+n_2-2}}}=\frac{(\overline{X}-\overline{Y})-(\mu_1-\mu_2)}{S_w\sqrt{\frac{1}{n_1}+\frac{1}{n_2}}}\sim t(n_1+n_2-2).$$

式中,$S_w^2=\frac{(n_1-1)S_1^2+(n_2-1)S_2^2}{n_1+n_2-2}$.

例 6.8 设总体$X\sim N(3,\sigma^2)$,有容量$n=10$的样本,样本方差$s^2=4$,求样本均值$\overline{X}$落在2.125 3到3.874 7的概率.

解 由定理6.4得$\frac{\overline{X}-3}{S/\sqrt{10}}\sim t(9)$. 根据题意,所求概率为

$$\begin{aligned}&P\{2.125\,3\leqslant\overline{X}\leqslant 3.874\,7\}\\&=P\left\{\frac{2.125\,3-3}{2/\sqrt{10}}\leqslant\frac{\overline{X}-3}{2/\sqrt{10}}\leqslant\frac{3.874\,7-3}{2/\sqrt{10}}\right\}\\&\approx P\left\{-1.383\leqslant\frac{\overline{X}-3}{2/\sqrt{10}}\leqslant 1.383\right\}\\&=P\left\{\left|\frac{\overline{X}-3}{2/\sqrt{10}}\right|\leqslant 1.383\right\}.\end{aligned}$$

查t分布表,可得$t_{0.1}(9)=1.383$,由t分布的对称性及其上α分位点的意义,有

$$P\{2.125\,3\leqslant\overline{X}\leqslant 3.874\,7\}\approx 1-2\times 0.1=0.8.$$

习题 6.2

1. 从总体$N(52,6.3^2)$中随机抽取一容量为36的样本,求样本均值$\overline{X}$落在50.8到53.8的概率.

2. 已知$X\sim\chi^2(11)$,求λ_1,λ_2,使$P\{X>\lambda_2\}=P(X<\lambda_1)=0.025$.

3. 设X_1,X_2,X_3,X_4是来自正态总体$N(0,4)$的样本,求统计量$Z=\frac{1}{20}(X_1-2X_2)^2+\frac{1}{100}(3X_3-4X_4)^2$服从的分布,并指出自由度是多少?

4. 设$X_1,X_2,\cdots,X_9$和$Y_1,Y_2,\cdots,Y_9$是来自同一个总体$X\sim N(0,9)$的两个独立样

本,试确定 $Z=\dfrac{\sum\limits_{i=1}^{9}X_i}{\sqrt{\sum\limits_{i=1}^{9}Y_i^2}}$ 的分布.

5. 设随机变量 $X\sim t(n)$,证明 $X^2\sim F(1,\ n)$.

6. 设 $X_1,\ X_2,\ \cdots,\ X_{15}$ 是来自总体 $N(0,\ \sigma^2)$ 的样本,证明 $Y=\dfrac{\sum\limits_{i=1}^{10}X_i^2}{2\sum\limits_{i=11}^{15}X_i^2}\sim F(10,\ 5)$.

7. 从总体 $N(\mu,\ \sigma^2)$ 中抽取容量为 21 的样本,求 $P\left\{\dfrac{S^2}{\sigma^2}\leqslant 1.4206\right\}$ 和 $D(S^2)$.

8. 设总体 $X\sim N(20,\ 3)$,从 X 中分别抽取容量为 10, 15 的两个相互独立的样本,求两样本均值之差的绝对值大于 0.3 的概率.

9. 设 $X_1,\ X_2$ 为来自正态总体 $N(0,\ \sigma^2)$ 的样本,试求 $\dfrac{(X_1+X_2)^2}{(X_1-X_2)^2}$ 的分布.

总 习 题 6

一、选择题

1. 设 $X_1,\ X_2,\ X_3,\ X_4$ 为来自总体 $N(1,\ \sigma^2)$ 的样本,则统计量 $\dfrac{X_1-X_2}{|X_3+X_4-2|}$ 的分布为(　　).

A. $N(0,\ 1)$　　B. $t(1)$　　C. $\chi^2(1)$　　D. $F(1,\ 1)$

2. 设 $X_1,\ X_2,\ \cdots,\ X_n(n\geqslant 2)$ 是来自标准正态总体 $N(0,\ 1)$ 的样本,则(　　).

A. $n\overline{X}\sim N(0,\ 1)$　　B. $nS^2\sim\chi^2(n)$

C. $\dfrac{(n-1)\overline{X}}{S}\sim t(n-1)$　　D. $\dfrac{(n-1)X_1^2}{\sum\limits_{i=2}^{n}X_i^2}\sim F(1,\ n-1)$

3. 设随机变量 $X\sim t(n)$, $Y\sim F(1,\ n)$,给定 $\alpha\ (0<\alpha<0.5)$,常数 c 满足 $P\{X>c\}=\alpha$,则 $P\{Y>c^2\}=$(　　).

A. α　　B. $1-\alpha$　　C. 2α　　D. $1-2\alpha$

4. 设总体 $X\sim P(\lambda)$, $X_1,\ X_2,\ \cdots,\ X_n\ (n\geqslant 2)$ 是来自总体 X 的样本,对应的统计量 $T_1=\dfrac{1}{n}\sum\limits_{i=1}^{n}X_i$, $T_2=\dfrac{1}{n-1}\sum\limits_{i=1}^{n-1}X_i+\dfrac{1}{n}X_n$,则有(　　).

A. $E(T_1)>E(T_2),\ D(T_1)>D(T_2)$　　B. $E(T_1)>E(T_2),\ D(T_1)<D(T_2)$

C. $E(T_1)<E(T_2),\ D(T_1)<D(T_2)$　　D. $E(T_1)<E(T_2),\ D(T_1)>D(T_2)$

5. 设 $X_1,\ X_2,\ \cdots,\ X_n$ 是来自正态总体 $N(\mu,\ \sigma^2)$ 的样本,记

$$S_1^2=\frac{1}{n-1}\sum_{i=1}^{n}(X_i-\overline{X})^2,\qquad S_2^2=\frac{1}{n}\sum_{i=1}^{n}(X_i-\overline{X})^2,$$

$$S_3^2=\frac{1}{n-1}\sum_{i=1}^{n}(X_i-\mu)^2,\qquad S_4^2=\frac{1}{n}\sum_{i=1}^{n}(X_i-\mu)^2,$$

则服从自由度为 $n-1$ 的 t 分布的随机变量是(　　).

A. $\dfrac{\overline{X}-\mu}{S_1/\sqrt{n-1}}$　　B. $\dfrac{\overline{X}-\mu}{S_2/\sqrt{n-1}}$

C. $\dfrac{\overline{X}-\mu}{S_3/\sqrt{n-1}}$　　D. $\dfrac{\overline{X}-\mu}{S_4/\sqrt{n-1}}$

二、填空题

1. 设总体 $X\sim N(\mu_1,\sigma^2)$，$Y\sim N(\mu_2,\sigma^2)$，$X_1,X_2,\cdots,X_{n_1}$ 和 $Y_1,Y_2,\cdots,Y_{n_2}$ 分别是来自总体 X 和 Y 的样本,则 $E\left[\dfrac{\sum\limits_{i=1}^{n_1}(X_i-\overline{X})^2+\sum\limits_{j=1}^{n_2}(Y_j-\overline{Y})^2}{n_1+n_2-2}\right]=$________.

2. 设总体 X 的概率密度为 $f(x)=\dfrac{1}{2}\mathrm{e}^{-|x|}\ (-\infty<x<+\infty)$，$X_1,X_2,\cdots,X_n$ 为总体 X 的样本,则 $E(S^2)=$________.

3. 设 $X_1,X_2,\cdots,X_n$ 是来自总体 $N(\mu,\sigma^2)\ (\sigma>0)$ 的样本,记统计量 $T=\dfrac{1}{n}\sum\limits_{i=1}^{n}X_i^2$，则 $E(T)=$________.

4. 设总体 X 的概率密度为

$$f(x;\theta)=\begin{cases}\dfrac{2x}{3\theta^2}, & \theta<x<2\theta,\\ 0, & \text{其他}.\end{cases}$$

其中,θ 是未知参数，$X_1,X_2,\cdots,X_n$ 为总体 X 的样本,若 $E(c\sum\limits_{i=1}^{n}X_i^2)=\theta^2$，则 $c=$________.

5. 在天平上重复称量一重为 a 的物品,假设各次称重结果相互独立且同服从正态分布 $N(0,0.2^2)$. 若以 $\overline{X}_n$ 表示 n 次称量结果的算术平均值,则为使 $P\{|\overline{X}_n-a|<0.1\}\geqslant 0.95$，$n$ 的最小值应不小于自然数________.

三、解答题

1. 设 $X_1,X_2,\cdots,X_6$ 是来自正态总体 $N(2,3)$ 的样本,求实数 a，使 $P\left\{\sum\limits_{i=1}^{6}(X_i-2)^2\leqslant a\right\}=0.95$.

2. 设两个总体 X,Y 的方差分别为 $\sigma_1^2=12$，$\sigma_2^2=18$，在总体 X,Y 中分别抽取容量为 $n_1=61$，$n_2=31$ 的样本,且两个样本相互独立,样本方差分别为 S_1^2,S_2^2，求 $P\left\{\dfrac{S_1^2}{S_2^2}>1.16\right\}$.

3. 设总体 $X\sim N(\mu,\sigma^2)$，从该总体中抽取样本 $X_1,X_2,\cdots,X_{2n}\ (n\geqslant 2)$，其样本均值为 $\overline{X}=\dfrac{1}{2n}\sum\limits_{i=1}^{2n}X_i$，求统计量 $Y=\sum\limits_{i=1}^{n}(X_i+X_{n+i}-2\overline{X})^2$ 的数学期望 $E(Y)$.

4. 设 $X_1, X_2, \cdots, X_n (n > 2)$ 为来自正态总体 $N(0, \sigma^2)$ 的样本,记 $Y_i = X_i - \overline{X}$, $i = 1, 2, \cdots, n$,求

(1) $D(Y_i)$, $i = 1, 2, \cdots, n$;

(2) $\mathrm{Cov}(Y_1, Y_n)$.

四、证明题

设 $X_1, X_2, \cdots, X_9$ 是来自正态总体 X 的样本,$Y_1 = \frac{1}{6}(X_1 + X_2 + \cdots + X_6)$, $Y_2 = \frac{1}{3}(X_7 + X_8 + X_9)$, $S^2 = \frac{1}{2}\sum_{i=7}^{9}(X_i - Y_2)^2$, $Z = \frac{\sqrt{2}(Y_1 - Y_2)}{S}$. 证明统计量 $Z \sim t(2)$.

第7章　参数估计

在实际问题中，一个总体的分布形式往往是已知的，但分布中所含的一个或多个参数却是未知的. 只有确定这些未知的参数，才能解决实际问题. 所谓**参数估计**，就是利用样本所得到的信息来估计有关总体分布中的未知参数.

本章主要介绍参数估计的两种方法——点估计和区间估计.

7.1　参数的点估计

7.1.1　点估计的概念

对于所研究的总体，往往已经有了某些信息，例如，已知某高校大一男生的身高 X 服从正态分布 $N(\mu, \sigma^2)$，但参数 μ 未知，通过抽查 500 名男生，测得其样本平均值为 166 cm，用 166 cm 作为身高 X 的均值 μ 的一个估计，这就是点估计.

点估计就是以样本的某一个函数值作为总体中未知参数的估计值.

定义 7.1　设总体 X 的分布函数为 $F(x;\ \theta)$，其中 θ 是待估参数，X_1，X_2，…，X_n 是来自 X 的一个样本，构造一个统计量 $\hat{\theta}(X_1, X_2, \cdots, X_n)$ 来估计 θ，则称 $\hat{\theta}(X_1, X_2, \cdots, X_n)$ 为 θ 的**点估计量**. 对应于样本观测值 x_1，x_2，…，x_n，称 $\hat{\theta}(x_1, x_2, \cdots, x_n)$ 为 θ 的**点估计值**.

需要注意的是，估计量 $\hat{\theta}(X_1, X_2, \cdots, X_n)$ 是一个随机变量，是样本的函数，是一个统计量. 而估计值是一个数值，对不同的样本值，θ 的估计值 $\hat{\theta}(x_1, x_2, \cdots, x_n)$ 一般是不同的. 在不至于混淆的情况下，可将参数 θ 的估计量和估计值均记为 $\hat{\theta}$.

对于点估计问题，关键是构造出一个合适的统计量作为点估计量，所谓合适就是既有合理性，又便于计算. 下面我们举例说明.

例 7.1　在某炸药制造厂，一天中发生着火现象的次数 X 服从参数为 λ 的泊松分布，λ 为未知. 现有以下的样本值

着火次数 k	0	1	2	3	4	5	6
发生 k 次着火的天数 n_k	75	90	54	22	6	2	1

试估计参数 λ.

解 因为总体 $X \sim P(\lambda)$，因此 $E(X)=\lambda$.

根据大数定律可知，当 n 充分大时，样本均值 $\overline{X}$ 依概率收敛于总体均值 $E(X)$. 我们自然可考虑用样本均值 $\overline{X}$ 的观测值 $\bar{x}$ 作为 λ 的估计值.

由所得的样本值计算得

$$\bar{x}=\frac{\sum_{k=0}^{6} kn_k}{\sum_{k=0}^{6} n_k}=\frac{1}{250}(0\times 75+1\times 90+2\times 54+3\times 22+4\times 6+5\times 2+6\times 1)$$
$$=1.216.$$

于是用 $\bar{x}=1.216$ 作为参数 λ 的估计.

在例 7.1 中，将样本均值作为总体均值的估计，从而得到参数的估计量和估计值，这就是一种构造估计量的点估计方法. 下面介绍两种常用的点估计方法，即矩估计法和极大似然估计法.

7.1.2 矩估计法

将例 7.1 中“把样本均值作为总体均值的估计”这一做法加以推广，就得到参数估计中的矩估计法.

在 6.1 节中，我们指出，样本矩依概率收敛于相应的总体矩，样本矩的连续函数依概率收敛于相应的总体矩的连续函数，因此我们就用样本矩作为相应的总体矩的估计量. 这种方法称为**矩估计法**. 具体地，我们有以下定义.

定义 7.2 用样本的 k 阶矩去估计总体的 k 阶矩的方法称为**矩估计法**. 用矩估计法确定的估计量称为**矩估计量**. 相应的估计值称为**矩估计值**. 矩估计量与矩估计值统称为**矩估计**.

矩估计法是英国统计学家皮尔逊(Pearson)于 1894 年提出的. 由于方法简便易行，性质良好，因此一直沿用至今.

矩估计法的具体做法如下.

设总体 X 的分布函数为 $F(x;\theta_1,\theta_2,\cdots,\theta_k)$，其中 $\theta_1,\theta_2,\cdots,\theta_k$ 为待估计的 k 个参数，假设 X 的前 k 阶矩 $\mu_i=E(X^i)$ $(i=1,2,\cdots,k)$ 都存在.

步骤 1 列出矩估计式. 求总体 X 的前 k 阶矩

$$\begin{cases}\mu_1 = E(X) = \mu_1(\theta_1, \theta_2, \cdots, \theta_k), \\ \mu_2 = E(X^2) = \mu_2(\theta_1, \theta_2, \cdots, \theta_k), \\ \quad \vdots \\ \mu_k = E(X^k) = \mu_k(\theta_1, \theta_2, \cdots, \theta_k).\end{cases} \tag{7-1}$$

步骤 2 求解关于矩估计量的方程组. 将未知参数 $\theta_1, \theta_2, \cdots, \theta_k$ 表示为 $\mu_1, \mu_2, \cdots, \mu_k$ 的函数,即解方程组(7-1),得到

$$\begin{cases}\theta_1 = g_1(\mu_1, \mu_2, \cdots, \mu_k), \\ \theta_2 = g_2(\mu_1, \mu_2, \cdots, \mu_k), \\ \quad \vdots \\ \theta_k = g_k(\mu_1, \mu_2, \cdots, \mu_k).\end{cases}$$

步骤 3 求出矩估计. 分别以样本 k 阶矩 $A_1, A_2, \cdots, A_k$ 代替相应的总体矩 $\mu_1, \mu_2, \cdots, \mu_k$,从而得到未知参数 $\theta_1, \theta_2, \cdots, \theta_k$ 的矩估计为

$$\begin{cases}\hat{\theta}_1 = g_1(A_1, A_2, \cdots, A_k), \\ \hat{\theta}_2 = g_2(A_1, A_2, \cdots, A_k), \\ \quad \vdots \\ \hat{\theta}_k = g_k(A_1, A_2, \cdots, A_k).\end{cases}$$

例 7.2 设总体 $X \sim U[0, \theta]$,其中 θ 是未知参数. $X_1, X_2, \cdots, X_n$ 是来自 X 的样本,试求 θ 的矩估计量.

解 (1) 列出矩估计式. 由于 $X \sim U[0, \theta]$,因此总体 X 的一阶矩为

$$\mu_1 = E(X) = \frac{\theta}{2}.$$

(2) 求解关于矩估计量的方程. 在上面的方程 $\mu_1 = \dfrac{\theta}{2}$ 中解得 $\theta = 2\mu_1$.

(3) 求出矩估计. 以样本一阶矩 $A_1 = \overline{X}$ 代替相应的总体一阶矩 μ_1,从而得到未知参数 θ 的矩估计为 $\hat{\theta} = 2\overline{X}$.

例 7.3 设总体 X 的分布律为

X	-1	1	2
p_k	$1-\theta$	$1-\theta$	$2\theta-1$

其中,$\theta\left(\dfrac{1}{2} < \theta < 1\right)$ 是未知参数. 现抽得一个样本,得到其观测值为 $x_1 = 2$, $x_2 = 1$, $x_3 = 1$,求 θ 的矩估计值.

解 总体的一阶矩为

$$\mu_1 = E(X) = -1 \times (1-\theta) + 1 \times (1-\theta) + 2 \times (2\theta - 1) = 4\theta - 2,$$

样本一阶矩为

$$\bar{x} = \frac{1}{3}(2+1+1) = \frac{4}{3}.$$

令 $\mu_1 = \bar{x}$，得 $4\theta - 2 = \frac{4}{3}$，故 θ 的矩估计值为 $\hat{\theta} = \frac{5}{6}$.

例 7.4 设总体 X 的数学期望 μ 和方差 σ^2 都存在，且 $\sigma^2 > 0$，$X_1, X_2, \cdots, X_n$ 是来自总体 X 的一个样本. 试求总体 X 的期望 μ 和方差 σ^2 的矩估计量.

解 总体的一阶、二阶矩分别为

$$\begin{cases} \mu_1 = E(X) = \mu, \\ \mu_2 = E(X^2) = D(X) + [E(X)]^2 = \sigma^2 + \mu^2. \end{cases}$$

令 $\begin{cases} \mu_1 = A_1, \\ \mu_2 = A_2, \end{cases}$ 即 $\begin{cases} \mu = A_1, \\ \sigma^2 + \mu^2 = A_2, \end{cases}$ 得 μ 和 σ^2 的矩估计量分别为

$$\begin{cases} \hat{\mu} = \mu_1 = \overline{X}, \\ \widehat{\sigma^2} = A_2 - A_1^2 = \frac{1}{n}\sum_{i=1}^{n} X_i^2 - \overline{X}^2 = \frac{1}{n}\sum_{i=1}^{n}(X_i - \overline{X})^2. \end{cases}$$

所得结果表明，只要总体的期望和方差存在，其矩估计不受总体的分布类型影响，对任何总体都适用.

例如，对于正态总体 $N(\mu, \sigma^2)$，未知参数 μ，σ^2 的矩估计量分别为

$$\hat{\mu} = \overline{X}, \quad \widehat{\sigma^2} = \frac{1}{n}\sum_{i=1}^{n}(X_i - \overline{X})^2.$$

7.1.3 极大似然估计法

在介绍这一方法之前，先看生活中的两个例子. 我们知道，医生给病人看病，在问明症状后(包括必要的检查)，作诊断时总是对那些可能直接引起这些症状的疾病多加考虑. 又如当机器发生故障时，有经验的修理工，首先总是从易损部件、薄弱环节查起. 这两个例子有一个共同规律，那就是在获得了一些观测资料之后，给参数选取一个值，使得前面的观测结果出现的可能性最大，这也就是下面要介绍的极大似然估计法的基本思想.

设总体 X 为离散型随机变量,其分布律为

$$P\{X=x\}=p(x;\theta_1,\theta_2,\cdots,\theta_k).$$

其中,$\theta_1,\theta_2,\cdots,\theta_k$ 为待估的未知参数. 若 $X_1,X_2,\cdots,X_n$ 是来自总体 X 的样本,$x_1,x_2,\cdots,x_n$ 是样本值,则样本的分布律为

$$P\{X_1=x_1,X_2=x_2,\cdots,X_n=x_n\}=\prod_{i=1}^{n}p(x_i;\theta_1,\theta_2,\cdots,\theta_k),$$

对于确定的样本值 $x_1,x_2,\cdots,x_n$, 上式是未知参数 $\theta_1,\theta_2,\cdots,\theta_k$ 的函数,记为

$$\begin{aligned}L(\theta_1,\theta_2,\cdots,\theta_k)&=L(x_1,x_2,\cdots,x_n;\theta_1,\theta_2,\cdots,\theta_k)\\&=\prod_{i=1}^{n}p(x_i;\theta_1,\theta_2,\cdots,\theta_k).\end{aligned}$$

该函数称为样本的**似然函数**.

设总体 X 是连续型随机变量,若其概率密度为 $f(x;\theta_1,\theta_2,\cdots,\theta_k)$,则样本的似然函数定义为

$$L(\theta_1,\theta_2,\cdots,\theta_k)=\prod_{i=1}^{n}f(x_i;\theta_1,\theta_2,\cdots,\theta_k).$$

定义 7.3 设样本似然函数 $L(x_1,x_2,\cdots,x_n;\theta_1,\theta_2,\cdots,\theta_k)$ 在 $\hat{\theta}_i(x_1,x_2,\cdots,x_n)$ $(i=1,2,\cdots,k)$ 处达到最大值,则称 $\hat{\theta}_i(x_1,x_2,\cdots,x_n)$ 为参数 $\theta_i(i=1,2,\cdots,k)$ 的**极大似然估计值**,相应的统计量 $\hat{\theta}_i(X_1,X_2,\cdots,X_n)$ 为参数 $\theta_i(i=1,2,\cdots,k)$ 的**极大似然估计量**. 极大似然估计值和极大似然估计量统称为**极大似然估计**.

极大似然估计法的思想是,利用已经得到的抽样结果,寻找使这个结果出现的可能性最大的那个 $\theta_i(i=1,2,\cdots,k)$ 值作为参数 $\theta_i(i=1,2,\cdots,k)$ 的估计值 $\hat{\theta}_i(x_1,x_2,\cdots,x_n)$ $(i=1,2,\cdots,k)$.

由定义 7.3 可知,求参数的极大似然估计问题,就是求似然函数 L 的最大值问题. 当 L 关于 $\theta_1,\theta_2,\cdots,\theta_k$ 可微时, L 要在 $\hat{\theta}_1,\hat{\theta}_2,\cdots,\hat{\theta}_k$ 取得最大值, $\hat{\theta}_1,\hat{\theta}_2,\cdots,\hat{\theta}_k$ 必须满足

$$\frac{\partial L}{\partial\theta_i}=0\quad(i=1,2,\cdots,k).\tag{7-2}$$

由它可解得 $\theta_1,\theta_2,\cdots,\theta_k$ 的极大似然估计 $\hat{\theta}_1,\hat{\theta}_2,\cdots,\hat{\theta}_k$.

因为 L 与 $\ln L$ 在同一 $\theta_1,\theta_2,\cdots,\theta_k$ 处取得极值,所以 $\hat{\theta}_1,\hat{\theta}_2,\cdots,\hat{\theta}_k$ 也可由下列方程组

$$\frac{\partial \ln L}{\partial \theta_i} = 0 \quad (i = 1, 2, \cdots, k) \tag{7-3}$$

求得.

方程组(7-2)与方程组(7-3)都称为**似然方程组**,一般情况下用方程组(7-3)求极大似然估计要比用方程组(7-2)方便.

例 7.5 设总体 $X \sim B(1, p)$, X_1, X_2, $\cdots$, X_n 是总体 X 的一个样本,求参数 p 的极大似然估计.

解 设 x_1, x_2, $\cdots$, x_n 是相应于样本 X_1, X_2, $\cdots$, X_n 的样本值. 总体 X 的分布律为

$$P\{X = x\} = p^x(1-p)^{1-x} \quad (x = 0,1),$$

故样本的似然函数为

$$L(p) = \prod_{i=1}^{n} p^{x_i}(1-p)^{1-x_i} = p^{\sum\limits_{i=1}^{n} x_i} \cdot (1-p)^{n-\sum\limits_{i=1}^{n} x_i},$$

取对数得

$$\ln L(p) = \left(\sum_{i=1}^{n} x_i\right)\ln p + \left(n - \sum_{i=1}^{n} x_i\right)\ln(1-p).$$

令 $\dfrac{\mathrm{d}}{\mathrm{d}p}\ln L(p) = \dfrac{\sum\limits_{i=1}^{n} x_i}{p} - \dfrac{n - \sum\limits_{i=1}^{n} x_i}{1-p} = 0$,得唯一驻点 $p = \dfrac{\sum\limits_{i=1}^{n} x_i}{n} = \bar{x}$,

故 p 的极大似然估计值为 $\hat{p} = \dfrac{\sum\limits_{i=1}^{n} x_i}{n} = \bar{x}$,

p 的极大似然估计量为 $\hat{p} = \dfrac{\sum\limits_{i=1}^{n} X_i}{n} = \overline{X}$.

由例 7.5 的结果可知,若从一批含有优等品的产品中随机抽取 80 件,发现有 12 件优等品,即 $n = 80$, $\sum\limits_{i=1}^{n} x_i = 12$,则这批产品的优等品率的最大似然估计为 $\hat{p} = \dfrac{12}{80} = 0.15$. 这个结果与直观看法相吻合,它是以出现优等品的频率来估计优等品率.

例 7.6 设总体 $X \sim N(\mu, \sigma^2)$, μ, σ^2 未知, x_1, x_2, $\cdots$, x_n 是相应于样本 X_1,

$X_2, \cdots, X_n$ 的样本值,求 μ, σ^2 的极大似然估计.

解 总体 X 的概率密度为

$$f(x;\mu,\sigma^2)=\frac{1}{\sqrt{2\pi\sigma^2}}\mathrm{e}^{-\frac{(x-\mu)^2}{2\sigma^2}} \quad (-\infty<x<+\infty),$$

样本的似然函数为

$$L(\mu,\sigma^2)=\prod_{i=1}^{n}\frac{1}{\sqrt{2\pi\sigma^2}}\mathrm{e}^{-\frac{(x_i-\mu)^2}{2\sigma^2}}=(2\pi\sigma^2)^{-\frac{n}{2}}\mathrm{e}^{-\frac{1}{2\sigma^2}\sum\limits_{i=1}^{n}(x_i-\mu)^2},$$

于是,$\ln L=-\dfrac{n}{2}(\ln 2\pi+\ln\sigma^2)-\dfrac{1}{2\sigma^2}\sum\limits_{i=1}^{n}(x_i-\mu)^2$. 令

$$\begin{cases}\dfrac{\partial \ln L}{\partial \mu}=\dfrac{1}{\sigma^2}\sum\limits_{i=1}^{n}(x_i-\mu)=\dfrac{1}{\sigma^2}\left(\sum\limits_{i=1}^{n}x_i-n\mu\right)=0,\\ \dfrac{\partial \ln L}{\partial \sigma^2}=-\dfrac{n}{2\sigma^2}+\dfrac{1}{2(\sigma^2)^2}\sum\limits_{i=1}^{n}(x_i-\mu)^2=0.\end{cases}$$

解之得唯一解

$$\begin{cases}\mu=\dfrac{1}{n}\sum\limits_{i=1}^{n}x_i=\bar{x},\\ \sigma^2=\dfrac{1}{n}\sum\limits_{i=1}^{n}(x_i-\bar{x})^2.\end{cases}$$

因此,未知参数 μ, σ^2 的极大似然估计值分别为

$$\hat{\mu}=\frac{1}{n}\sum_{i=1}^{n}x_i=\bar{x}, \quad \widehat{\sigma^2}=\frac{1}{n}\sum_{i=1}^{n}(x_i-\bar{x})^2.$$

极大似然估计量为

$$\hat{\mu}=\frac{1}{n}\sum_{i=1}^{n}X_i=\overline{X}, \quad \widehat{\sigma^2}=\frac{1}{n}\sum_{i=1}^{n}(X_i-\overline{X})^2.$$

此结果与例 7.4 的矩估计量相同.

我们指出,极大似然估计具有下述性质.

设函数 $u=u(\theta)$ 具有单值反函数,$\hat{\theta}$ 是 θ 的极大似然估计,则参数 u 的极大似然估计为 $\hat{u}=u(\hat{\theta})$. 例如,在例 7.6 中已经得到 σ^2 的极大似然估计量为

$$\widehat{\sigma^2}=\frac{1}{n}\sum_{i=1}^{n}(X_i-\overline{X})^2.$$

由于函数 $u=u(\sigma^2)=\sqrt{\sigma^2}$ 具有单值反函数 $\sigma^2=u^2(u\geqslant 0)$，因此标准差 σ 的极大似然估计量为

$$\hat{\sigma}=\sqrt{\widehat{\sigma^2}}=\sqrt{\frac{1}{n}\sum_{i=1}^{n}(X_i-\overline{X})^2}.$$

例 7.7 设总体 $X\sim U(0,\theta]$，其中 θ 是未知参数，$x_1, x_2, \cdots, x_n$ 是相应于样本 $X_1, X_2, \cdots, X_n$ 的样本值，求 θ 的极大似然估计.

解 X 的概率密度为

$$f(x;\theta)=\begin{cases}\dfrac{1}{\theta}, & 0<x\leqslant\theta,\\ 0, & \text{其他}.\end{cases}$$

记 $x_{(n)}=\max\{x_1, x_2, \cdots, x_n\}$，因为 $0<x_1, x_2, \cdots, x_n\leqslant\theta$ 等价于 $0<x_{(n)}\leqslant\theta$，故样本的似然函数为

$$L(\theta)=\begin{cases}\dfrac{1}{\theta^n}, & 0<x_1, x_2, \cdots, x_n\leqslant\theta,\\ 0, & \text{其他}\end{cases}$$
$$=\begin{cases}\dfrac{1}{\theta^n}, & 0<x_{(n)}\leqslant\theta,\\ 0, & \text{其他}.\end{cases}$$

当 $0<x_{(n)}\leqslant\theta$ 时，$L(\theta)=\dfrac{1}{\theta^n}$ 对 $\theta\geqslant x_{(n)}$ 的 θ 是单调递减函数，θ 越小 $L(\theta)$ 越大. 所以当 $\theta=x_{(n)}$ 时，$L(\theta)$ 最大.

故 θ 的极大似然估计值为 $\hat{\theta}=x_{(n)}=\max\{x_1, x_2, \cdots, x_n\}$，$\theta$ 的极大似然估计量为 $\hat{\theta}=X_{(n)}=\max\{X_1, X_2, \cdots, X_n\}$.

此例中 θ 的极大似然估计与例 7.2 中 θ 的矩估计是不同的. 由此可见，对同一个参数利用矩估计法或极大似然估计法所得到的结果不一定一致.

求极大似然估计的一般步骤为，先由总体的分布律或概率密度求出似然函数，然后求解似然方程(组)，得到似然函数的最大值点. 需要注意的是，这个步骤并不总是有效(如例 7.7)，当似然方程无法求解时，似然函数的最大值需要通过其他方式求得.

本节介绍的两种点估计方法——矩估计法与极大似然估计法，都是参数估计最常用的方法，它们各有优缺点. 矩估计法比较直观易用，但要求总体的 k 阶矩必须存在；极大似然估计法具有理论上的优点，操作性强，但要求似然函数可微.

习题 7.1

1. 用一个仪器测量某零件的长度(单位:mm),已知零件测得长度服从正态分布 $X \sim N(\mu, \sigma^2)$,现进行五次测量,其结果为 92, 94, 103, 105, 106. 求总体中参数 μ, σ^2 的矩估计值.

2. 设总体 X 的分布律为

X	1	2	3
p_k	θ^2	$2\theta(1-\theta)$	$(1-\theta)^2$

其中,$\theta(0<\theta<1)$ 为未知参数. 现抽得一个样本,其样本值为 $x_1=1$, $x_2=2$, $x_3=1$,求 θ 的矩估计值.

3. 设总体 $X \sim P(\lambda)$, $X_1, X_2, \cdots, X_n$ 是 X 的一个样本,求未知参数 λ 的极大似然估计值.

4. 设总体 $X \sim E(\lambda)$, λ 未知, $X_1, X_2, \cdots, X_n$ 是 X 的一个样本,求 λ 的矩估计量和极大似然估计量.

5. 已知总体 X 的概率密度为

$$f(x;\theta)=\begin{cases}\sqrt{\theta}x^{\sqrt{\theta}-1}, & 0<x<1,\\ 0, & \text{其他}.\end{cases}$$

$X_1, X_2, \cdots, X_n$ 是 X 的一个样本,求参数 θ 的矩估计量和极大似然估计量.

6. 设总体 X 的概率密度为

$$f(x;\alpha)=\begin{cases}(\alpha+1)x^{\alpha}, & 0<x<1,\\ 0, & \text{其他}.\end{cases}$$

其中 $\alpha(\alpha>-1)$ 是未知数, $X_1, X_2, \cdots, X_n$ 是 X 的样本,求参数 α 的矩估计量和极大似然估计量.

7. 设总体 $X \sim B(m, p)$,其中 m 已知,p 为未知参数,且 $0<p<1$. $X_1, X_2, \cdots, X_n$ 是 X 的一个样本,求 p 的矩估计量和极大似然估计量.

8. 设总体 $X \sim U(a, b)$, a, b 未知. $X_1, X_2, \cdots, X_n$ 是 X 的样本,试求 a, b 的矩估计量和极大似然估计量.

9. 设总体 $X \sim N(\mu, \sigma^2)$,试用容量为 n 的样本,分别就(1) σ^2 已知;(2) μ, σ^2 均未知两种情况,求出使得 $P\{X>A\}=0.05$ 的点 A 的极大似然估计量.

7.2 估计量的评选标准

对于总体分布的未知参数可以应用不同的估计方法,所得到的估计也可能不同，例如$[0, \theta]$上的均匀分布中，θ的矩估计与极大似然估计是不同的. 因此我们自然希望所得到的估计是最优的，这就需要建立估计量的评选标准.

因为估计量是样本的函数，所以对于不同的样本值，就会得出不同的参数估计值. 因而要从整体上来评选估计量的优良，不应只看其中个别样本的表现. 下面介绍三种常用的估计量的评选标准，即无偏性、有效性和一致性.

7.2.1 无偏性

由于不同的样本值会产生不同的参数估计值，因此一个好的估计量应该是其估计值不要偏大也不要偏小，这就是无偏性的要求.

定义 7.4 设 $X_1, X_2, \cdots, X_n$ 是来自总体 X 的样本，若估计量 $\hat{\theta}(X_1, X_2, \cdots, X_n)$ 的数学期望 $E(\hat{\theta})$ 存在，且 $E(\hat{\theta})=\theta$，则称 $\hat{\theta}$ 是 θ 的**无偏估计量**.

$\hat{\theta}$ 具有无偏性的意义是指估计量没有系统偏差，只有随机偏差. 此时 $\hat{\theta}$ 的取值由于样本值的随机性而可能偏离 θ 的真值，但取其均值即为 θ 的真值.

例 7.8 设总体 $X\sim U[0, \theta]$，其中 θ 是未知参数. $X_1, X_2, \cdots, X_n$ 是 X 的一个样本，问 θ 的估计量 $\hat{\theta}=2\overline{X}$ 是否为 θ 的无偏估计量?

解 因为 $X\sim U[0, \theta]$，所以 $E(X)=\dfrac{\theta}{2}$.

又样本 $X_1, X_2, \cdots, X_n$ 与总体 X 同分布，故由定理 6.1 知

$$E(2\overline{X})=2E(\overline{X})=2E(X)=\theta,$$

因此，估计量 $\hat{\theta}=2\overline{X}$ 是 θ 的无偏估计量.

例 7.9 设总体 X 的数学期望 $E(X)=\mu$ 和方差 $D(X)=\sigma^2$ 都存在，且 $\sigma^2>0$. 若 μ, σ^2 均为未知，则样本均值 $\overline{X}$ 是总体均值 μ 的无偏估计量，样本方差 S^2 是总体方差 σ^2 的无偏估计量.

证明 因为 $X_1, X_2, \cdots, X_n$ 与总体 X 同分布，所以由定理 6.1 知

$$E(\overline{X})=E(X)=\mu,$$

因此，样本均值 $\overline{X}$ 是总体均值 μ 的无偏估计量.

又 $E(S^2)=D(X)=\sigma^2$，因此，样本方差 S^2 是总体方差 σ^2 的无偏估计量.

需要说明的是，在例 7.9 中，$\widehat{\sigma^2}=\dfrac{1}{n}\sum\limits_{i=1}^{n}(X_i-\overline{X})^2$ 作为 σ^2 的估计时，不是 σ^2 的无偏估计，这是因为

$$E(\widehat{\sigma^2})=E\left[\frac{1}{n}\sum_{i=1}^{n}(X_i-\overline{X})^2\right]=\frac{n-1}{n}E(S^2)=\frac{n-1}{n}\sigma^2.$$

另外,与例 7.9 类似,我们可得(由读者自己完成),不论总体 X 服从什么分布,样本 k 阶矩 $A_k = \frac{1}{n}\sum_{i=1}^{n} X_i^k$ 是总体 k 阶矩 $\mu_k = E(X^k)$ 的无偏估计量.

例 7.10 设从均值 μ,方差 $\sigma^2 > 0$ 的总体中,分别抽取容量为 n_1 和 n_2 的两个独立样本,$\overline{X}_1$ 和 $\overline{X}_2$ 分别为两个样本均值. 试证明,对于任意的常数 a, b(其中 $a+b=1$), $Y = a\overline{X}_1 + b\overline{X}_2$ 都是 μ 的无偏估计量,并确定常数 a, b, 使 $D(Y)$ 达到最小.

证明 因为 $E(Y) = E(a\overline{X}_1 + b\overline{X}_2) = aE(\overline{X}_1) + bE(\overline{X}_2) = (a+b)\mu = \mu$, 所以对于任意常数 a, b $(a+b=1)$, $Y = a\overline{X}_1 + b\overline{X}_2$ 都是 μ 的无偏估计量.

由于两个样本独立, 因此 $\overline{X}_1$ 与 $\overline{X}_2$ 相互独立,从而可知

$$
\begin{aligned}
D(Y) &= D(a\overline{X}_1 + b\overline{X}_2) = a^2 D(\overline{X}_1) + b^2 D(\overline{X}_2) \\
&= \frac{a^2\sigma^2}{n_1} + \frac{b^2\sigma^2}{n_2} = \frac{a^2\sigma^2}{n_1} + \frac{(1-a)^2\sigma^2}{n_2}.
\end{aligned}
$$

令 $\frac{\mathrm{d}D(Y)}{\mathrm{d}a} = 2a\frac{\sigma^2}{n_1} - 2(1-a)\frac{\sigma^2}{n_2} = 0$, 得唯一驻点 $a = \frac{n_1}{n_1+n_2}$, 此时 $b = \frac{n_2}{n_1+n_2}$. 而 $\frac{\mathrm{d}D(Y)}{\mathrm{d}a}\Big|_{a=\frac{n_1}{n_1+n_2}} > 0$, 所以当 $a = \frac{n_1}{n_1+n_2}$, $b = \frac{n_2}{n_1+n_2}$ 时, $D(Y)$ 达到最小. 证毕.

7.2.2 有效性

在总体 X 的同一样本 X_1, X_2, $\cdots$, X_n 中,一个参数可有若干个无偏估计量,这就产生了哪一个无偏估计量更优的问题. 假如 $\hat{\theta}_1$, $\hat{\theta}_2$ 都是 θ 的无偏估计量,则 $\hat{\theta}_1$, $\hat{\theta}_2$ 的取值都围绕 θ 波动,我们自然会认为波动幅度小的更优,即一个较好的无偏估计量的方差应该较小,这就引出了有效性这个概念.

定义 7.5 设 $\hat{\theta}_1(X_1, X_2, \cdots, X_n)$ 与 $\hat{\theta}_2(X_1, X_2, \cdots, X_n)$ 都是未知参数 θ 的无偏估计量,若

$$D(\hat{\theta}_1) < D(\hat{\theta}_2),$$

则称 $\hat{\theta}_1$ 较 $\hat{\theta}_2$ 有效.

例 7.11 设总体 X 的数学期望 $E(X) = \mu$ 和方差 $D(X) = \sigma^2$ 都存在, X_1, X_2, $\cdots$, X_n 是 X 的样本,则当 $n > 1$ 时, μ 的无偏估计量 $\overline{X}$ 比 X_1 更有效.

证明 因为 $D(X_1) = D(X) = \sigma^2$, $D(\overline{X}) = \frac{1}{n}\sigma^2$, 所以当 $n > 1$ 时, $D(\overline{X}) <$

$D(X_1)$. 故 $\overline{X}$ 比 X_1 更有效. 证毕.

7.2.3 一致性

在样本容量 n 固定的情况下,无偏性和有效性作为评价标准较好地反映了估计量的优良.在实际应用中,有些估计量 $\hat{\theta}$ 对参数 θ 的估计虽然是有偏的,但随着样本容量 n 的增加,偏差 $|\hat{\theta}-\theta|$ 小于任意小的正数 ε 的概率会增大.特别地,当 $n\to\infty$ 时,$\hat{\theta}$ 依概率收敛于 θ,这就是一致性.

定义 7.6 设 $\hat{\theta}(X_1, X_2, \cdots, X_n)$ 是参数 θ 的估计量,若当 $n\to\infty$ 时,$\hat{\theta}(X_1, X_2, \cdots, X_n)$ 依概率收敛于 θ, 则称 $\hat{\theta}$ 是 θ 的**一致估计量**或**相合估计量**.

由大数定律可知,样本矩是总体矩的一致估计量.特别地,样本均值 $\overline{X}$ 是总体均值 $E(X)$ 的一致估计量,样本方差 S^2 是总体方差 $D(X)$ 的一致估计量. 另外,可以证明:极大似然估计在一定条件下也是一致估计.

本节介绍了估计量的三个评选标准:无偏性、有效性和一致性.无偏性比较直观易用,但并非每一个参数都存在无偏估计;有效性直观上和理论上都较为合理,作为一个评选标准运用较多,但有效性要求估计量的方差越小越好,事实上并非可以任意小;一致性是对一个估计量的基本要求,但要求样本容量适当大,这在实际中难以做到.由此可见,三个评选标准各有优缺点.在实际应用中,对于一个估计量的评选,要视具体情况而定,不一定都要满足三个标准.

习题 7.2

1. 设总体 X 的数学期望为 μ, $X_1, X_2, \cdots, X_n$ 是来自总体 X 的样本, $a_1, a_2, \cdots, a_n$ 是任意常数,验证 $\dfrac{\sum_{i=1}^{n} a_i X_i}{\sum_{i=1}^{n} a_i}$ (其中 $\sum_{i=1}^{n} a_i \neq 0$) 是 μ 的无偏估计量.

2. 设 $\hat{\theta}$ 是参数 θ 的无偏估计量,且 $D(\hat{\theta})>0$, 证明 $\widehat{\theta^2}$ 不是 θ^2 的无偏估计量.

3. 设 $X_1, X_2, \cdots, X_n$ 是来自总体 X 的一个样本, $E(X)=\mu$, $D(X)=\sigma^2$.

(1) 确定常数 c, 使 $c\sum_{i=1}^{n-1}(X_{i+1}-X_i)^2$ 为 σ^2 的无偏估计量;

(2) 确定常数 k, 使 $\overline{X}^2-kS^2$ 为 μ^2 的无偏估计量.

4. 设总体 $X\sim N(\mu, 1)$, 其中 μ 未知, X_1, X_2, X_3 为 X 的一个样本,下面三个关于 μ 的无偏估计量中,哪一个更有效?

$$\hat{\mu}_1=\frac{1}{3}X_1+\frac{2}{3}X_2,\quad \hat{\mu}_2=\frac{1}{3}X_1+\frac{1}{3}X_2+\frac{1}{3}X_3,\quad \hat{\mu}_3=\frac{1}{6}X_1+\frac{1}{2}X_2+\frac{1}{3}X_3.$$

5. 设 X_1, X_2, …, X_n 是来自总体 X 的一个样本, $E(X)=\mu$, 方差也存在,试证

(1) $\sum\limits_{i=1}^{n}a_iX_i\left(a_i\geqslant 0,\sum\limits_{i=1}^{n}a_i=1\right)$ 是 μ 的无偏估计量;

(2) 在 μ 的所有形式为 $\sum\limits_{i=1}^{n}a_iX_i\left(a_i\geqslant 0,\ \sum\limits_{i=1}^{n}a_i=1\right)$ 的无偏估计量中, $\overline{X}$ 是最有效的.

6. 设 $\hat{\theta}_1$, $\hat{\theta}_2$ 是参数 θ 的两个相互独立的无偏估计量, 且设 $D(\hat{\theta}_1)=2D(\hat{\theta}_2)$, 试求常数 k_1, k_2, 使 $k_1\hat{\theta}_1+k_2\hat{\theta}_2$ 也是 θ 的无偏估计量, 并且使它在所有这些形状的估计量中方差最小.

7. 设总体 X 服从区间 $[0,\theta]$ 上的均匀分布, θ 是未知参数, X_1, X_2, …, X_n 是总体 X 的一个样本. 试比较参数 θ 的两个无偏估计量 $\hat{\theta}_1=2\overline{X}$ 与 $\hat{\theta}_2=\dfrac{n+1}{n}\max\{X_1,X_2,\cdots,X_n\}$ 的有效性.

7.3 参数的区间估计

前面介绍的参数的点估计是用一个统计量去估计未知参数,一旦给定了样本值就能算出未知参数的估计值. 由于估计量是一个随机变量,因此点估计值仅仅是参数的近似值,而点估计本身既没有反映这种近似值的精确度,又不知道误差的范围.

实际中对参数进行估计时,往往要考虑估计时所产生的误差,并将误差以显著的方式标识出来,以提高估计的可信度. 例如,估计某城市居民的年均收入是否达到中等收入水平,要求给出的结论的可信程度为 95%. 根据这个问题的含义,我们不必计算该城市居民年均收入的一个准确值,而只需估计一个范围,看是否处在中等收入水平内,并使估计的可信程度达到 95%. 由此引导出一种新的参数估计方法,这就是参数的区间估计.

7.3.1 置信区间的概念

定义 7.7 设总体 X 的分布函数中含有未知参数 θ, 若对给定的常数 $\alpha(0<\alpha<1)$, 由样本 X_1, X_2, …, X_n 确定两个统计量 $\underline{\theta}=\underline{\theta}(X_1,X_2,\cdots,X_n)$ 与 $\overline{\theta}=\overline{\theta}(X_1,X_2,\cdots,X_n)$, 使得

$$P\{\underline{\theta}<\theta<\overline{\theta}\}=1-\alpha,$$

则称随机区间 $(\underline{\theta},\overline{\theta})$ 为参数 θ 的置信水平为 $1-\alpha$ 的**置信区间**, $\underline{\theta}$ 与 $\overline{\theta}$ 分别称为**置信下限**与**置信上限**, $1-\alpha$ 称为**置信水平**.

对定义 7.7,我们作如下说明.

(1) 由于 $\underline{\theta}$ 与 $\overline{\theta}$ 是统计量,置信区间 $(\underline{\theta},\overline{\theta})$ 是随机区间,而 θ 是客观存在的未知参数,$(\underline{\theta},\overline{\theta})$ 可能包含 θ 也可能不包含 θ,所以随机区间 $(\underline{\theta},\overline{\theta})$ 包含 θ 的概率为 $1-\alpha$,而并非 θ 落在 $(\underline{\theta},\overline{\theta})$ 的概率为 $1-\alpha$. 例如,如果取 $\alpha=0.05$,根据伯努利大数定律,用频率来解释就是,在 100 次区间估计中,大约有 95 次这样算出的区间 $(\underline{\theta},\overline{\theta})$ 将包含参数 θ 的真值,而对于具体的一个区间估计,要么包含 θ,要么不包含 θ.

(2) 置信水平 $1-\alpha$ 越大,则置信区间 $(\underline{\theta},\overline{\theta})$ 包含 θ 的概率就越大,从而区间 $(\underline{\theta},\overline{\theta})$ 的长度也越大,这将导致对未知参数 θ 的估计精度变得越低,因此在具体应用中,正确的做法是:在保证置信水平的条件下尽可能提高估计精度. 常用的置信水平有 $1-\alpha=0.90, 0.95, 0.99$ 等,即 $\alpha=0.10, 0.05, 0.01$ 等.

下面,我们先通过一个例题来总结求未知参数 θ 的置信区间的方法或步骤.

例 7.12 设总体 $X\sim N(\mu, 1)$,其中 μ 未知,已知 X 的一组容量 $n=16$ 的样本均值为 $\bar{x}=5.20$,求 μ 的置信水平为 $1-\alpha=0.95$ 的置信区间.

解 由于 $\overline{X}$ 是 μ 的无偏估计,因此可用 $\overline{X}$ 来构造 μ 的置信区间. 而由定理 6.2 知

$$\frac{\overline{X}-\mu}{\sigma/\sqrt{n}}\sim N(0, 1),$$

所以由标准正态分布的上 α 分位点的定义,有

$$P\left\{\left|\frac{\overline{X}-\mu}{\sigma/\sqrt{n}}\right|<z_{\frac{\alpha}{2}}\right\}=1-\alpha,$$

即

$$P\left\{\overline{X}-\frac{\sigma}{\sqrt{n}}z_{\frac{\alpha}{2}}<\mu<\overline{X}+\frac{\sigma}{\sqrt{n}}z_{\frac{\alpha}{2}}\right\}=1-\alpha.$$

因此,μ 的置信水平为 $1-\alpha$ 置信区间为

$$\left(\overline{X}-\frac{\sigma}{\sqrt{n}}z_{\frac{\alpha}{2}},\ \overline{X}+\frac{\sigma}{\sqrt{n}}z_{\frac{\alpha}{2}}\right). \tag{7-4}$$

由 $1-\alpha=0.95$,查表得 $z_{\frac{\alpha}{2}}=z_{0.025}=1.96$. 又 $n=16$,$\bar{x}=5.20$,故所求的置信区间为 $(4.71, 5.69)$,这说明区间 $(4.71, 5.69)$ 包含 μ 的可信程度为 95%. 虽然该区间已经不是随机区间,但仍称其为置信水平为 0.95 的置信区间.

然而,置信水平为 $1-\alpha$ 的置信区间并不是唯一的. 例如,对例 7.12,由于 $\alpha=0.05$,因此我们又有

$$P\left\{-z_{0.04} < \frac{\overline{X}-\mu}{\sigma/\sqrt{n}} < z_{0.01}\right\} = 0.95,$$

这样,又得到了 μ 的另一个置信水平为 $1-\alpha$ 的置信区间

$$\left(\overline{X}-\frac{\sigma}{\sqrt{n}}z_{0.01},\ \overline{X}+\frac{\sigma}{\sqrt{n}}z_{0.04}\right). \tag{7-5}$$

通过比较,由式(7-4)给出的置信区间的长度为 $2\frac{\sigma}{\sqrt{n}}z_{0.025}=3.92\frac{\sigma}{\sqrt{n}}$;而由式(7-5)给出的置信区间的长度为 $\frac{\sigma}{\sqrt{n}}(z_{0.04}+z_{0.01})=4.08\frac{\sigma}{\sqrt{n}}$.

显然,$3.92\frac{\sigma}{\sqrt{n}}<4.08\frac{\sigma}{\sqrt{n}}$,即由式(7-4)给出的置信区间的比由式(7-5)给出的置信区间短.因此,对于同一个置信水平,我们通常选择区间长度短的置信区间.

通过例 7.12 易知,参数 θ 的区间估计的基本思想就是:利用点估计,构造包含待估参数 θ 的样本函数,由设定的置信水平导出置信区间.具体求法步骤如下.

步骤 1 选取待估参数 θ 的较优的点估计 $\hat{\theta}$.

步骤 2 利用 $\hat{\theta}$,构造样本函数 $U=U(X_1, X_2, \cdots, X_n;\theta)$,$U$ 包含 θ 而不包含其他未知参数的,且 U 的分布已知而与任何未知参数无关.

步骤 3 对给定的置信水平 $1-\alpha$,确定常数 u_1, u_2,使

$$P\{u_1<U=U(X_1, X_2, \cdots, X_n;\ \theta)<u_2\}=1-\alpha,$$

通常可选取满足 $P\{U\leqslant u_1\}=\{U\geqslant u_2\}=\frac{\alpha}{2}$ 的 u_1 和 u_2.

步骤 4 利用不等式 $u_1<U=U(X_1, X_2, \cdots, X_n;\ \theta)<u_2$,恒等变形后化为

$$P\{\underline{\theta}<\theta<\bar{\theta}\}=1-\alpha,$$

则 $(\underline{\theta},\bar{\theta})$ 就是 θ 的置信水平为 $1-\alpha$ 置信区间.

常见的总体参数的置信区间可以用上述步骤推得.

7.3.2 单个正态总体均值与方差的置信区间

由于服从正态分布的总体广泛存在,而且很多统计量的极限分布是正态分布,因此,我们专门介绍正态总体 $X\sim N(\mu, \sigma^2)$ 中的参数 μ 和 σ^2 的置信区间.

1. σ^2 已知时,μ 的置信区间

在例 7.12 中,我们已经得到方差 σ^2 已知时,均值 μ 的置信水平为 $1-\alpha$ 的置信

区间为

$$\left(\overline{X}-\frac{\sigma}{\sqrt{n}}z_{\frac{\alpha}{2}},\ \overline{X}+\frac{\sigma}{\sqrt{n}}z_{\frac{\alpha}{2}}\right).$$

例 7.13 假设某地区放射性 γ 射线的辐射量服从正态分布 $X\sim N(\mu, 7.3^2)$，现抽取一容量为 49 的样本，样本均值为 $\bar{x}=28.8$，求 μ 的置信水平为 0.95 的置信区间.

解 这里 $n=49$，$\sigma=7.3$，$1-\alpha=0.95(\alpha=0.05)$，而 $\bar{x}=28.8$，查标准正态分布表得 $z_{\frac{\alpha}{2}}=z_{0.025}=1.96$.

将上述数值代入式(7-4)，得 μ 的置信水平为 0.95 的置信区间为

$$\left(\bar{x}-\frac{\sigma}{\sqrt{n}}z_{\frac{\alpha}{2}},\ \bar{x}+\frac{\sigma}{\sqrt{n}}z_{\frac{\alpha}{2}}\right)=\left(28.8-\frac{7.3}{\sqrt{49}}\times 1.96,\ 28.8+\frac{7.3}{\sqrt{49}}\times 1.96\right)$$

$$\approx(26.8,\ 30.8).$$

2. σ^2 未知时，μ 的置信区间

由于 σ^2 未知，因此不能像例 7.12 那样再用 $U=\dfrac{\overline{X}-\mu}{\sigma/\sqrt{n}}$ 作为样本函数. 考虑到 S^2 是 σ^2 的无偏估计，故构造样本函数 $T=\dfrac{\overline{X}-\mu}{S/\sqrt{n}}$. 而由定理 6.4 知

$$\frac{\overline{X}-\mu}{S/\sqrt{n}}\sim t(n-1),$$

所以由 t 分布的上 α 分位点的定义，有

$$P\left\{\left|\frac{\overline{X}-\mu}{S/\sqrt{n}}\right|<t_{\frac{\alpha}{2}}(n-1)\right\}=1-\alpha,$$

$$P\left\{\overline{X}-\frac{S}{\sqrt{n}}t_{\frac{\alpha}{2}}(n-1)<\mu<\overline{X}+\frac{S}{\sqrt{n}}t_{\frac{\alpha}{2}}(n-1)\right\}=1-\alpha.$$

因此，μ 的置信水平为 $1-\alpha$ 置信区间为

$$\left(\overline{X}-\frac{S}{\sqrt{n}}t_{\frac{\alpha}{2}}(n-1),\ \overline{X}+\frac{S}{\sqrt{n}}t_{\frac{\alpha}{2}}(n-1)\right). \tag{7-6}$$

例 7.14 设总体 $X\sim N(\mu, \sigma^2)$，其中 σ^2 与 μ 均未知，已知 X 的一组容量 $n=25$ 的样本均值 $\bar{x}=7.50$，样本标准差 $s=2$，求 μ 的置信水平为 0.95 的置信区间.

解 这里 $n=25$，$1-\alpha=0.95(\alpha=0.05)$，而 $\bar{x}=7.50$，$s=2$. 查附表4得 $t_{\frac{\alpha}{2}}(n-1)=t_{0.025}(24)=2.064$.

将上述数值代入式(7-6)，得 μ 的置信水平为95%的置信区间为

$$\left(\bar{x}-\frac{s}{\sqrt{n}}t_{\frac{\alpha}{2}}(n-1),\ \bar{x}+\frac{s}{\sqrt{n}}t_{\frac{\alpha}{2}}(n-1)\right)=\left(7.50-\frac{2}{\sqrt{25}}\times 2.064,\ 7.50+\frac{2}{\sqrt{25}}\times 2.064\right)$$
$$\approx(6.67,\ 8.33).$$

3. μ 已知时，σ^2 的置信区间

构造样本函数 $\chi^2=\frac{1}{\sigma^2}\sum\limits_{i=1}^{n}(X_i-\mu)^2$，由于 $\chi^2=\frac{1}{\sigma^2}\sum\limits_{i=1}^{n}(X_i-\mu)^2\sim\chi^2(n)$，因此由 χ^2 分布的上 α 分位点的定义，有

$$P\left\{\chi^2_{1-\frac{\alpha}{2}}(n)<\frac{1}{\sigma^2}\sum_{i=1}^{n}(X_i-\mu)^2<\chi^2_{\frac{\alpha}{2}}(n)\right\}=1-\alpha,$$

即

$$P\left\{\frac{\sum\limits_{i=1}^{n}(X_i-\mu)^2}{\chi^2_{\frac{\alpha}{2}}(n)}<\sigma^2<\frac{\sum\limits_{i=1}^{n}(X_i-\mu)^2}{\chi^2_{1-\frac{\alpha}{2}}(n)}\right\}=1-\alpha,$$

所以，σ^2 的置信水平为 $1-\alpha$ 的置信区间为

$$\left(\frac{\sum\limits_{i=1}^{n}(X_i-\mu)^2}{\chi^2_{\frac{\alpha}{2}}(n)},\ \frac{\sum\limits_{i=1}^{n}(X_i-\mu)^2}{\chi^2_{1-\frac{\alpha}{2}}(n)}\right).\tag{7-7}$$

例 7.15 已知某体育用品公司生产的乒乓球的直径(单位:mm) $X\sim N(40,\sigma^2)$，从一批乒乓球中随机抽到10个，得样本观测值为

40　40.1　40.2　40　39.9　40.1　39.8　39.9　40.1　40.

求 σ^2 的置信水平为95%的置信区间.

解 这里 $n=10$，$\mu=40$，$1-\alpha=0.95(\alpha=0.05)$，而由样本观测值计算可得 $\sum\limits_{i=1}^{10}(x_i-\mu)^2=0.13$. 查 χ^2 分布表得 $\chi^2_{\frac{\alpha}{2}}(n)=\chi^2_{0.025}(10)=20.5$，$\chi^2_{1-\frac{\alpha}{2}}(n)=\chi^2_{0.975}(10)=3.25$.

将上述数值代入置信区间(7-7)，得 σ^2 的置信水平为95%的置信区间为

$$\left(\frac{\sum_{i=1}^{n}(x_i-\mu)^2}{\chi^2_{\frac{\alpha}{2}}(n)},\ \frac{\sum_{i=1}^{n}(x_i-\mu)^2}{\chi^2_{1-\frac{\alpha}{2}}(n)}\right)=\left(\frac{0.13}{20.5},\ \frac{0.13}{3.25}\right)\approx(0.0063,\ 0.0400).$$

4. μ 未知时，σ^2 的置信区间

由于 μ 未知，所以不能用 $\chi^2=\frac{1}{\sigma^2}\sum_{i=1}^{n}(X_i-\mu)^2$ 作为样本函数. 考虑到 $\overline{X}$ 是 μ 的无偏估计，故构造样本函数 $\chi^2=\frac{(n-1)S^2}{\sigma^2}$，而由定理 6.3 知

$$\chi^2=\frac{(n-1)S^2}{\sigma^2}\sim\chi^2(n-1),$$

所以由 χ^2 分布的上 α 分位点的定义，有

$$P\left\{\chi^2_{1-\frac{\alpha}{2}}(n-1)<\frac{(n-1)S^2}{\sigma^2}<\chi^2_{\frac{\alpha}{2}}(n-1)\right\}=1-\alpha,$$

得

$$P\left\{\frac{(n-1)S^2}{\chi^2_{\frac{\alpha}{2}}(n-1)}<\sigma^2<\frac{(n-1)S^2}{\chi^2_{1-\frac{\alpha}{2}}(n-1)}\right\}=1-\alpha.$$

因此，σ^2 的置信水平为 $1-\alpha$ 的置信区间为

$$\left(\frac{(n-1)S^2}{\chi^2_{\frac{\alpha}{2}}(n-1)},\ \frac{(n-1)S^2}{\chi^2_{1-\frac{\alpha}{2}}(n-1)}\right),\tag{7-8}$$

而 σ 的置信水平为 $1-\alpha$ 的置信区间为

$$\left(\frac{\sqrt{n-1}S}{\sqrt{\chi^2_{\frac{\alpha}{2}}(n-1)}},\ \frac{\sqrt{n-1}S}{\sqrt{\chi^2_{1-\frac{\alpha}{2}}(n-1)}}\right).\tag{7-9}$$

例 7.16 从某厂生产的滚珠中随机抽取 10 个，测得滚珠的直径(单位:mm)如下：

14.6　15.0　14.7　15.1　14.9　14.8　15.0　15.1　15.2　14.8

若滚珠直径服从正态分布 $X\sim N(\mu,\sigma^2)$，其中 μ 未知，求滚珠直径方差 σ^2 的置信水平为 95%的置信区间.

解 这里 $n=10$，$1-\alpha=0.95(\alpha=0.05)$，而由样本观测值计算可得 $s^2\approx 0.0373$. 查 χ^2 分布表得 $\chi^2_{\frac{\alpha}{2}}(n-1)=\chi^2_{0.025}(9)=19.02$，$\chi^2_{1-\frac{\alpha}{2}}(n-1)=$

$\chi^2_{0.975}(9)=2.7$.

将上述数值代入式(7-8),得 σ^2 的置信水平为95%的置信区间为

$$\left(\frac{(n-1)s^2}{\chi^2_{\frac{\alpha}{2}}(n-1)}, \frac{(n-1)s^2}{\chi^2_{1-\frac{\alpha}{2}}(n-1)}\right)=\left(\frac{9\times 0.0373}{19.02}, \frac{9\times 0.0373}{2.7}\right)\approx(0.0176, 0.124).$$

7.3.3 两个正态总体均值之差与方差之比的置信区间

在实际问题中,往往会遇到类似服从正态分布的产品指标,由于生产条件的不同,会造成两个正态分布总体的均值或方差的不同,故需要比较其总体均值或总体方差的差异,要知道差异的大小,从而必须研究两个正态总体均值差或方差比的估计问题.

设 $X_1, X_2, \cdots, X_{n_1}$ 是来自正态总体 $N(\mu_1, \sigma_1^2)$ 的样本,$Y_1, Y_2, \cdots, Y_{n_2}$ 是来自正态总体 $N(\mu_2, \sigma_2^2)$ 的样本,且两个样本相互独立,$\overline{X}$ 和 $\overline{Y}$ 分别是这两个样本的均值,S_1^2 和 S_2^2 分别是这两个样本的方差.

1. σ_1^2 和 σ_2^2 均已知时,$\mu_1-\mu_2$ 的置信区间

因为 $\overline{X}$ 与 $\overline{Y}$ 分别是 μ_1 与 μ_2 的无偏估计,从而选取样本函数

$$U=\frac{(\overline{X}-\overline{Y})-(\mu_1-\mu_2)}{\sqrt{\frac{\sigma_1^2}{n_1}+\frac{\sigma_2^2}{n_2}}},$$

根据定理6.2可得

$$U=\frac{(\overline{X}-\overline{Y})-(\mu_1-\mu_2)}{\sqrt{\frac{\sigma_1^2}{n_1}+\frac{\sigma_2^2}{n_2}}}\sim N(0, 1).$$

与单个正态总体均值的置信区间类似,可得 $\mu_1-\mu_2$ 的置信水平为 $1-\alpha$ 的置信区间为

$$\left(\overline{X}-\overline{Y}-z_{\frac{\alpha}{2}}\sqrt{\frac{\sigma_1^2}{n_1}+\frac{\sigma_2^2}{n_2}}, \overline{X}-\overline{Y}+z_{\frac{\alpha}{2}}\sqrt{\frac{\sigma_1^2}{n_1}+\frac{\sigma_2^2}{n_2}}\right). \tag{7-10}$$

例7.17 已知某高校男生的身高(单位:cm) $X\sim N(\mu_1, 20)$,女生的身高 $Y\sim N(\mu_2, 16)$,从总体 X 与 Y 中分别抽查50位学生,测得男生的平均身高为170 cm,女生的平均身高为160 cm,求男生的平均身高与女生的平均身高之差的置信水平为99%的置信区间.

解 这里 $n_1=n_2=50$,$1-\alpha=0.99(\alpha=0.01)$,$\sigma_1^2=20$,$\sigma_2^2=16$,$\bar{x}=170$,

$\bar{y}=160$. 查标准正态分布表得 $z_{\frac{\alpha}{2}}=z_{0.005}=2.575$.

将上述数值代入式(7-10),得到 $\mu_1-\mu_2$ 的置信水平为 99%的置信区间为

$$\left(\bar{x}-\bar{y}-z_{\frac{\alpha}{2}}\sqrt{\frac{\sigma_1^2}{n_1}+\frac{\sigma_2^2}{n_2}},\ \bar{x}-\bar{y}+z_{\frac{\alpha}{2}}\sqrt{\frac{\sigma_1^2}{n_1}+\frac{\sigma_2^2}{n_2}}\right)$$

$$=\left(\frac{9\times 0.0373}{19.02},\frac{9\times 0.0373}{2.7}\right)\approx(7.81,\ 12.2).$$

该结果说明,男生的平均身高比女生的平均身高高于 7.8~12.2 cm 的可信度为 99%.

2. $\sigma_1^2=\sigma_2^2=\sigma^2$,但 σ^2 未知时,$\mu_1-\mu_2$ 的置信区间

取样本函数 $T=\dfrac{(\overline{X}-\overline{Y})-(\mu_1-\mu_2)}{S_w\sqrt{\dfrac{1}{n_1}+\dfrac{1}{n_2}}}$,由定理 6.5 知

$$T=\frac{(\overline{X}-\overline{Y})-(\mu_1-\mu_2)}{S_w\sqrt{\dfrac{1}{n_1}+\dfrac{1}{n_2}}}\sim t(n_1+n_2-2).$$

类似可推得 $\mu_1-\mu_2$ 置信水平为 $1-\alpha$ 的置信区间为

$$\left(\overline{X}-\overline{Y}-t_{\frac{\alpha}{2}}(n_1+n_2-2)S_w\sqrt{\frac{1}{n_1}+\frac{1}{n_2}},\overline{X}-\overline{Y}+t_{\frac{\alpha}{2}}(n_1+n_2-2)S_w\sqrt{\frac{1}{n_1}+\frac{1}{n_2}}\right).\tag{7-11}$$

式中,$S_w^2=\dfrac{(n_1-1)S_1^2+(n_2-1)S_2^2}{n_1+n_2-2}$.

例 7.18 已知某体育用品公司在更新设备之前生产的乒乓球的直径(单位:mm) $X\sim N(\mu_1,\sigma^2)$,更新设备之后生产的乒乓球的直径 $Y\sim N(\mu_2,\sigma^2)$,从前后两批乒乓球中各随机抽到 10 个,分别得样本观测值为

前批:40.2, 40, 39.9, 40.1, 40, 40.1, 39.8, 39.9, 40.1, 40;

后批:40, 40, 40.1, 40, 39.9, 40.1, 39.9, 39.9, 40.1, 40.

求两批乒乓球的直径之差 $\mu_1-\mu_2$ 的置信水平为 90%的置信区间.

解 由已知样本观测值计算得到

$$\bar{x}=40.01,\quad s_1^2=\frac{0.129}{9},\quad \bar{y}=40,\quad s_2^2=\frac{0.06}{9},$$

$$s_w=\sqrt{\frac{(n_1-1)s_1^2+(n_2-1)s_2^2}{n_1+n_2-2}}=\sqrt{\frac{0.189}{18}}\approx 0.102.$$

又 $1-\alpha=0.90$, $\alpha=0.10$, 查 t 分布表得 $t_{\frac{\alpha}{2}}(n_1+n_2-2)=t_{0.05}(18)=1.7341$, 将有关数据代入式(7-11), 得 $\mu_1-\mu_2$ 的置信水平为 90%置信区间为

$$\left(\bar{x}-\bar{y}-t_{\frac{\alpha}{2}}(n_1+n_2-2)s_w\sqrt{\frac{1}{n_1}+\frac{1}{n_2}},\ \bar{x}-\bar{y}+t_{\frac{\alpha}{2}}(n_1+n_2-2)s_w\sqrt{\frac{1}{n_1}+\frac{1}{n_2}}\right)$$

$\approx(-0.066,\ 0.086)$.

例 7.18 中,由于置信区间包含零,我们就认为根据上面的样本得出这两批乒乓球的直径没有显著差别.

3. $\boldsymbol{\mu_1}$ 与 $\boldsymbol{\mu_2}$ 未知时, $\boldsymbol{\frac{\sigma_1^2}{\sigma_2^2}}$ 的置信区间

选取样本函数 $\dfrac{S_1^2/\sigma_1^2}{S_2^2/\sigma_2^2}$, 由定理 6.5 知

$$\frac{S_1^2/\sigma_1^2}{S_2^2/\sigma_2^2}\sim F(n_1-1,\ n_2-1).$$

类似可推出 $\dfrac{\sigma_1^2}{\sigma_2^2}$ 的置信水平为 $1-\alpha$ 的置信区间为

$$\left(\frac{1}{F_{\frac{\alpha}{2}}(n_1-1,\ n_2-1)}\frac{S_1^2}{S_2^2},\ \frac{1}{F_{1-\frac{\alpha}{2}}(n_1-1,\ n_2-1)}\frac{S_1^2}{S_2^2}\right). \tag{7-12}$$

需要指出的是,若 μ_1 与 μ_2 已知,则可得 $\dfrac{\sigma_1^2}{\sigma_2^2}$ 的置信水平为 $1-\alpha$ 的置信区间为

$$\left(\frac{1}{F_{\frac{\alpha}{2}}(n_1,\ n_2)}\frac{n_2\sum\limits_{i=1}^{n_1}(X_i-\mu_1)^2}{n_1\sum\limits_{i=1}^{n_2}(Y_i-\mu_2)^2},\ \frac{1}{F_{1-\frac{\alpha}{2}}(n_1,\ n_2)}\frac{n_2\sum\limits_{i=1}^{n_1}(X_i-\mu_1)^2}{n_1\sum\limits_{i=1}^{n_2}(Y_i-\mu_2)^2}\right). \tag{7-13}$$

例 7.19 研究由机器 A 和机器 B 生产的钢管的内径,随机抽取机器 A 生产的管子 16 只,测得样本方差 $s_1^2=0.34\ \text{mm}^2$; 抽取机器 B 生产的管子 13 只,测得样本方差 $s_2^2=0.29\ \text{mm}^2$. 设两样本相互独立,且两机器生产的钢管内径分别服从正态分布 $X\sim N(\mu_1,\ \sigma_1^2)$, $Y\sim N(\mu_2,\ \sigma_2^2)$, 其中 μ_1, μ_2, σ_1^2, σ_2^2 均未知. 试求 $\dfrac{\sigma_1^2}{\sigma_2^2}$ 的置信水平为 90%的置信区间.

解 这里 $n_1=16$, $n_2=13$, $s_1^2=0.34$, $s_2^2=0.29$, $1-\alpha=0.90(\alpha=0.10)$.

查 F 分布表，知

$$F_{\frac{\alpha}{2}}(n_1-1, n_2-1)=F_{0.05}(15, 12)=2.62, F_{1-\frac{\alpha}{2}}(n_1-1, n_2-1)$$
$$=F_{0.95}(15, 12)=\frac{1}{F_{0.05}(12, 15)}=\frac{1}{2.48}.$$

将相关数据代入式(7-12)得 $\frac{\sigma_1^2}{\sigma_2^2}$ 的置信水平为 90%的置信区间为

$$\left(\frac{0.34}{0.29\times 2.62}, \frac{0.34\times 2.48}{0.29}\right)\approx(0.45, 2.91).$$

由于例 7.19 中 $\frac{\sigma_1^2}{\sigma_2^2}$ 的置信区间包含 1，我们认为根据抽取的样本得出 σ_1^2 和 σ_2^2 没有显著差别.

7.3.4 单侧置信区间

前面的讨论中，对于待估参数 θ，给出了由两个统计量 $\underline{\theta}$ 与 $\bar{\theta}$ 确定的置信区间 $(\underline{\theta}, \bar{\theta})$，这种置信区间也称为双侧置信区间. 但有些实际问题并不需要同时考虑上限与下限，只需要考虑上限或下限. 比如，在考察产品的寿命时，希望平均寿命尽量的大，故主要是考察产品平均寿命的置信下限；而在考察产品的次品率时，则主要考察其置信上限. 这就需要引入单侧置信区间.

定义 7.8 设 θ 是总体 X 的未知参数，$X_1, X_2, \cdots, X_n$ 是 X 的一个样本，若对给定的常数 $\alpha(0<\alpha<1)$，存在统计量 $\underline{\theta}=\underline{\theta}(X_1, X_2, \cdots, X_n)$，使得

$$P\{\underline{\theta}<\theta\}=1-\alpha,$$

则称 $(\underline{\theta}, +\infty)$ 为 θ 的置信水平 $1-\alpha$ 的**单侧置信区间**，称 $\underline{\theta}$ 为**单侧置信下限**.

又若存在统计量 $\bar{\theta}=\bar{\theta}(X_1, X_2, \cdots, X_n)$，使得

$$P\{\theta<\bar{\theta}\}=1-\alpha,$$

则称 $(-\infty, \bar{\theta})$ 为 θ 的置信水平为 $1-\alpha$ 的**单侧置信区间**，称 $\bar{\theta}$ 为**单侧置信上限**.

例 7.20 设某品牌的手机电池寿命 $X\sim N(\mu, \sigma^2)$，现随机抽取 5 只电池做试验，测得其寿命(单位:h) 为 10 950, 10 850, 10 750, 10 700, 10 750，试求电池平均寿命 μ 的置信水平为 95%的单侧置信下限.

解 因 μ 与 σ^2 均未知，故构造样本函数为

$$T=\frac{\overline{X}-\mu}{S/\sqrt{n}}\sim t(n-1),$$

给定置信水平 $1-\alpha$,有

$$P\left\{\frac{\overline{X}-\mu}{S/\sqrt{n}}<t_{\alpha}(n-1)\right\}=1-\alpha,$$

即

$$P\left\{\mu>\overline{X}-\frac{S}{\sqrt{n}}t_{\alpha}(n-1)\right\}=1-\alpha.$$

因此,μ 的置信度为 $1-\alpha$ 的单侧置信下限为

$$\overline{X}-\frac{S}{\sqrt{n}}t_{\alpha}(n-1).$$

由题设数据计算得到

$$\bar{x}=10\ 800,\quad s=100,\quad n=5,\quad \alpha=0.05.$$

查附表 4 知 $t_{0.05}(4)=2.131\ 8$,故电池平均寿命 μ 的置信水平为 95%的单侧置信下限为

$$\bar{x}-\frac{s}{\sqrt{n}}t_{\alpha}(n-1)\approx 10\ 705.$$

这说明,该品牌手机电池的平均寿命至少在 10 705 h 以上的可靠程度为 95%.

为了使用的方便,我们将正态总体下的参数的置信区间汇总为表 7-1 和表7-2.

表 7-1　　单个正态总体参数的置信区间

待估参数	条件	统计量及其分布	置信区间
均值 μ	σ^2 已知	$U=\frac{\overline{X}-\mu}{\sigma/\sqrt{n}}\sim N(0,1)$	$\left(\overline{X}-\frac{\sigma}{\sqrt{n}}z_{\frac{\alpha}{2}},\ \overline{X}+\frac{\sigma}{\sqrt{n}}z_{\frac{\alpha}{2}}\right)$
	σ^2 未知	$T=\frac{\overline{X}-\mu}{S/\sqrt{n}}\sim t(n-1)$	$\left(\overline{X}-\frac{S}{\sqrt{n}}t_{\frac{\alpha}{2}}(n-1),\ \overline{X}+\frac{S}{\sqrt{n}}t_{\frac{\alpha}{2}}(n-1)\right)$
方差 σ^2	μ 已知	$\chi^2=\frac{1}{\sigma^2}\sum_{i=1}^{n}(X_i-\mu)^2\sim\chi^2(n)$	$\left[\frac{\sum_{i=1}^{n}(X_i-\mu)^2}{\chi^2_{\frac{\alpha}{2}}(n)},\ \frac{\sum_{i=1}^{n}(X_i-\mu)^2}{\chi^2_{1-\frac{\alpha}{2}}(n)}\right]$
	μ 未知	$\chi^2=\frac{(n-1)S^2}{\sigma^2}\sim\chi^2(n-1)$	$\left(\frac{(n-1)S^2}{\chi^2_{\frac{\alpha}{2}}(n-1)},\ \frac{(n-1)S^2}{\chi^2_{1-\frac{\alpha}{2}}(n-1)}\right)$

表 7-2 **两个正态总体参数的置信区间**

待估参数	统计量及其分布	置信区间
均值差 $\mu_1-\mu_2$ (σ_1^2, σ_2^2 已知)	$U=\dfrac{(\overline{X}-\overline{Y})-(\mu_1-\mu_2)}{\sqrt{\dfrac{\sigma_1^2}{n_1}+\dfrac{\sigma_2^2}{n_2}}}\sim N(0,1)$	$\left(\overline{X}-\overline{Y}-z_{\frac{\alpha}{2}}\sqrt{\dfrac{\sigma_1^2}{n_1}+\dfrac{\sigma_2^2}{n_2}},\ \overline{X}-\overline{Y}+z_{\frac{\alpha}{2}}\sqrt{\dfrac{\sigma_1^2}{n_1}+\dfrac{\sigma_2^2}{n_2}}\right)$
均值差 $\mu_1-\mu_2$ ($\sigma_1^2=\sigma_2^2=\sigma^2$, σ^2 未知)	$T=\dfrac{(\overline{X}-\overline{Y})-(\mu_1-\mu_2)}{S_w\sqrt{\dfrac{1}{n_1}+\dfrac{1}{n_2}}}\sim t(n_1+n_2-2)$, 记 $S_w=\sqrt{\dfrac{(n_1-1)S_1^2+(n_2-1)S_2^2}{n_1+n_2-2}}$	$\left(\overline{X}-\overline{Y}-t_{\frac{\alpha}{2}}(n_1+n_2-2)S_w\sqrt{\dfrac{1}{n_1}+\dfrac{1}{n_2}},\ \overline{X}-\overline{Y}+t_{\frac{\alpha}{2}}(n_1+n_2-2)S_w\sqrt{\dfrac{1}{n_1}+\dfrac{1}{n_2}}\right)$
方差比 $\dfrac{\sigma_1^2}{\sigma_2^2}$ (μ_1, μ_2 未知)	$F=\dfrac{S_1^2/\sigma_1^2}{S_2^2/\sigma_2^2}\sim F(n_1-1,n_2-1)$	$\left(\dfrac{S_1^2}{S_2^2}\dfrac{1}{F_{\frac{\alpha}{2}}(n_1-1,n_2-1)},\ \dfrac{S_1^2}{S_2^2}\dfrac{1}{F_{1-\frac{\alpha}{2}}(n_1-1,n_2-1)}\right)$

习题 7.3

1. 设总体 $X\sim N(\mu, 0.9^2)$，当样本容量 $n=9$ 时，测得样本均值 $\bar{x}=5$，求未知参数 μ 的置信水平为 0.95 的置信区间.

2. 某工厂生产一种零件，其长度 X（单位：cm）服从正态分布 $N(\mu,\sigma^2)$，现从一批零件中随机抽出 9 个，分别测得其长度为 14.8，15.2，15.1，14.9，14.8，15.0，15.3，15.2，14.7.

(1) 已知零件长度 X 的标准差 $\sigma=0.15$，求 μ 的置信水平为 0.95 的置信区间；

(2) 若 σ 未知，求 μ 的置信水平为 0.95 的置信区间.

3. 设总体 X 服从正态分布 $N(\mu, 100)$，抽取样本 $x_1, x_2, \cdots, x_n$，且 $\bar{x}$ 为样本均值. 问：要使 μ 的置信水平为 0.90 的置信区间长度不超过 5，样本容量 n 至少应取多大？

4. 某灯泡的寿命 $X\sim N(\mu,\sigma^2)$，其中 μ，σ^2 未知，现从中任取 5 个灯泡进行寿命测试（单位：1 000 h），得 10.5，11.0，11.2，12.5，12.8. 求方差 σ^2 及均方差 σ 的置信水平为 0.9 的置信区间.

5. 设从正态总体 X 中采用了 $n=31$ 个相互独立的观测值，算得样本均值 $\bar{x}=58.61$ 和样本方差 $s^2=5.8^2$，分别估计出总体 X 的均值 μ 和方差 σ^2 的置信水平为 90% 的置信区间.

6. 已知总体 $Y=\ln X$ 服从正态分布 $N(\mu, 25)$，抽取一组样本值为 0.4，1.25，0.8，2.5，求 μ 的置信水平为 0.95 的置信区间.

7. 设超大牵伸纺机所纺纱的断裂强度 $X\sim N(\mu_1, 2.18^2)$，普通纺机所纺纱的断裂强度

$Y \sim N(\mu_2, 1.76^2)$. 现对 X 抽得容量为 200 的样本观测值，并算得 $\bar{x} = 5.32$ 两，对 Y 抽得容量为 100 的样本观测值，算得 $\bar{y} = 5.76$ 两，试求 $\mu_1 - \mu_2$ 的置信水平为 0.95 的置信区间.

8. 设 A, B 两种品牌手机电池的寿命(单位:d)分别服从正态分布 $N(\mu_1, \sigma_1^2)$ 与 $N(\mu_2, \sigma_2^2)$，现抽查 A 品牌手机电池 4 个，抽查 B 品牌手机电池 5 个，样本观测值分别为

A 品牌：510, 540, 550, 600；

B 品牌：580, 595, 635, 640, 660.

求总体方差比 $\dfrac{\sigma_1^2}{\sigma_2^2}$ 的置信水平为 95%的置信区间.

9. 两台机床生产同一个型号的滚珠，从甲机床生产的滚珠中抽取 8 个，从乙机床生产的滚珠中抽取 9 个，测得这些滚珠得直径(单位:mm)如下：

甲机床：15.0, 14.8, 15.2, 15.4, 14.9, 15.1, 15.2, 14.8；

乙机床：15.2, 15.0, 14.8, 15.1, 14.6, 14.8, 15.1, 14.5, 15.0.

设两机床生产的滚珠直径分别为 X, Y, 且 $X \sim N(\mu_1, \sigma_1^2)$, $Y \sim N(\mu_2, \sigma_2^2)$.

(1) 若 $\sigma_1 = 0.18$, $\sigma_2 = 0.24$, 求 $\mu_1 - \mu_2$ 的置信度为 0.90 的置信区间；

(2) 若 $\sigma_1 = \sigma_2 = \sigma$ 未知，求 $\mu_1 - \mu_2$ 的置信度为 0.90 的置信区间；

(3) 若 μ_1, μ_2 未知，求 $\dfrac{\sigma_1^2}{\sigma_2^2}$ 的置信度为 0.90 的置信区间.

10. 从某品牌 U 盘随机抽取 5 只做读写试验，测得其可用次数(单位：千次)为 105, 110, 112, 125, 128. 已知该品牌 U 盘的可读写次数 $X \sim N(\mu, \sigma^2)$，试求平均可读写次数 μ 的置信水平为 95%的单侧置信下限.

总习题 7

一、选择题

1. 设总体 X 的概率密度为

$$f(x; \theta) = \begin{cases} e^{-(x-\theta)}, & x \geqslant \theta, \\ 0, & x < \theta. \end{cases}$$

而 $X_1, X_2, \cdots, X_n$ 是来自总体 X 的样本，则未知参数 θ 的矩估计量为(　　).

A. $\overline{X} - 1$　　B. $\overline{X} + 1$

C. $-\overline{X} - 1$　　D. $-\overline{X} + 1$

2. 设 $X_1, X_2, \cdots, X_n$ 是总体 X 的样本，$E(X) = \mu$, $D(X) = \sigma^2$，并且 μ 和 σ^2 都是未知参数，下面结论中(　　)是错误的.

A. $\hat{\mu}_1 = \overline{X}$ 是 μ 的无偏估计　　B. $\hat{\mu}_2 = X_1$ 是 μ 的无偏估计

C. $\hat{\mu}_1$ 比 $\hat{\mu}_2$ 有效　　D. $\dfrac{1}{n}\sum\limits_{i=1}^{n}(X_i - \mu)^2$ 是 σ^2 的极大似然估计量

3. 设 n 个随机变量 $X_1, X_2, \cdots, X_n$ 独立同分布，$D(X_1)=\sigma^2$，则(　　).

A. S 是 σ 的无偏估计量　　B. S 是 σ 的极大似然估计量

C. S 与 $\overline{X}$ 相互独立　　D. S 是 σ 的一致估计量

4. 设总体 X 的分布函数含有未知参数 θ，$X_1, X_2, \cdots, X_n$ 是总体 X 的样本，$x_1, \cdots, x_n$ 是样本观测值. 如果存在统计量 $\underline{\theta}=\underline{\theta}(X_1, X_2, \cdots, X_n)$，$\overline{\theta}=\overline{\theta}(X_1, X_2, \cdots, X_n)$，使得 $(\underline{\theta}, \overline{\theta})$ 是 θ 的置信水平为 $1-\alpha$ 的置信区间，则必有(　　).

A. 区间 $(\underline{\theta}(x_1, x_2, \cdots, x_n), \overline{\theta}(x_1, x_2, \cdots, x_n))$ 一定包含 θ

B. 区间 $(\underline{\theta}(x_1, x_2, \cdots, x_n), \overline{\theta}(x_1, x_2, \cdots, x_n))$ 一定不包含 θ

C. 区间 $(\underline{\theta}(x_1, x_2, \cdots, x_n), \overline{\theta}(x_1, x_2, \cdots, x_n))$ 可能包含 θ，也可能不包含 θ

D. $P\{\underline{\theta}(X_1, X_2, \cdots, X_n)\geqslant\theta\}>\alpha$

5. 设一批零件的长度服从正态分布 $N(\mu, \sigma^2)$，其中参数 μ 和 σ 均未知. 现从中随机抽取16个零件，测得样本均值 $\bar{x}=20$ cm，样本标准差 $s=1$ cm，则 μ 的置信水平为0.90的置信区间是(　　).

A. $\left(20-\frac{1}{4}t_{0.05}(16), 20+\frac{1}{4}t_{0.05}(16)\right)$　　B. $\left(20-\frac{1}{4}t_{0.1}(15), 20+\frac{1}{4}t_{0.1}(15)\right)$

C. $\left(20-\frac{1}{4}t_{0.05}(15), 20+\frac{1}{4}t_{0.05}(15)\right)$　　D. $\left(20-\frac{1}{4}t_{0.1}(16), 20+\frac{1}{4}t_{0.1}(16)\right)$

二、填空题

1. 设 $X_1, X_2, \cdots, X_m$ 是来自二项分布 $B(n, p)$ 的样本，若 $\overline{X}+kS^2$ 为 np^2 的无偏估计，则 $k=$________.

2. 设总体 X 的方差为 0.3^2，从 X 中随机抽取容量为5的样本，测得样本均值为21,8，则 X 的数学期望的置信水平为0.95的置信区间是________.

3. 已知一批零件的长度 $X\sim N(\mu, 1)$，从中随机地抽取16个零件，得到长度的平均值为40 cm，则 μ 的置信水平为0.95的置信区间是________.

4. 设 $x_1, x_2, \cdots, x_n$ 是来自总体 $N(\mu, \sigma^2)$ 的样本，样本均值 $\bar{x}=9.5$，参数 μ 的置信水平为0.95的置信区间的置信上限为10.8，则 μ 的置信水平为0.95的置信区间是________.

5. 设由来自总体 $X\sim N(\mu, \sigma^2)$ 容量16的样本得样本均值为 $\bar{x}=2.705$，样本标准差 $s=0.029$，则总体标准差 σ^2 的置信水平为0.95的置信区间为________.

三、解答题

1. 设总体 X 的概率分布为

X	1	2	3
p_k	$1-\theta$	$\theta-\theta^2$	θ^2

其中 $\theta\in(0, 1)$ 未知. 以 N_i 表示来自总体 X 的样本(样本容量为 n)中等于 i 的个数 $(i=1, 2, 3)$. 试求常数 a_1, a_2, a_3，使 $T=\sum_{i=1}^{3}a_iN_i$ 为 θ 的无偏估计量，并求 $D(T)$.

2. 设总体 X 的概率密度为

$$f(x)=\begin{cases}\dfrac{6x}{\theta^3}(\theta-x), & 0<x<\theta,\\ 0, & \text{其他},\end{cases}$$

$X_1, X_2, \cdots, X_n$ 为总体 X 的样本.

求(1) θ 的矩估计量 $\hat{\theta}$；(2) $D(\hat{\theta})$.

3. 设某种元件的使用寿命 X 的概率密度为

$$f(x;\theta)=\begin{cases}2\mathrm{e}^{-2(x-\theta)}, & x>\theta,\\ 0, & x\leqslant\theta,\end{cases}$$

其中，$\theta>0$ 为未知参数. 又设 $x_1, x_2, \cdots, x_n$ 为 X 的一组样本观测值，求 θ 的极大似然估计值.

4. 设 0.50，1.25，0.80，2.00 是来自总体 X 的样本观测值，已知 $Y=\ln X$ 服从 $N(\mu, 1)$.

(1) 求 $E(X)$ (记 $E(X)$ 为 b)；

(2) 求 μ 的置信水平为 0.95 的置信区间；

(3) 利用上述结果求 b 的置信水平为 0.95 的置信区间.

5. 设随机变量 X 与 Y 相互独立，且分别服从 $N(\mu, \sigma^2)$ 与 $N(\mu, 2\sigma^2)$，其中 $\sigma>0$ 是未知参数. 设 $Z=X-Y$，$Z_1, Z_2, \cdots, Z_n$ 是来自总体 Z 的样本，求 σ^2 的极大似然估计量 $\hat{\sigma}$.

6. 设随机变量 X 的分布函数为

$$F(x;\alpha,\beta)=\begin{cases}1-\left(\dfrac{\alpha}{x}\right)^{\beta}, & x>\alpha,\\ 0, & x\leqslant\alpha,\end{cases}$$

其中参数 $\alpha>0$，$\beta>1$. 设 $X_1, X_2, \cdots, X_n$ 是总体 X 的样本，

(1) 当 $\alpha=1$ 时，求未知参数 β 的矩估计量；

(2) 当 $\alpha=1$ 时，求未知参数 β 的极大似然估计量.

四、证明题

1. 设总体 $X\sim B(1, p)$，证明 $\hat{p^2}=\overline{X}^2-\dfrac{1}{n}S^2$ 是 p^2 的无偏估计量.

2. 设 $X_1, X_2, \cdots, X_n$ 是总体 $X\sim N(\mu, \sigma^2)$ 的样本，证明 $S^2=\dfrac{1}{n-1}\sum\limits_{i-1}^{n}(X_i-\overline{X})^2$ 是 σ^2 的一致估计量.

第 8 章　假 设 检 验

第 7 章的参数估计是对总体参数的取值(区间)做出推断,是统计推断中的一类重要问题.统计推断的另一类重要问题是假设检验,是对总体的分布函数或分布中的某些参数提出某些可能的假设,然后根据样本所提供的信息,对假设的正确性做出判断.

假设检验包括参数假设检验和非参数假设检验.参数假设检验是对总体分布函数中的未知参数提出假设,作出检验;非参数假设检验是对总体分布的形式或类型所作的假设进行检验.本章介绍参数的假设检验.

8.1　假设检验的基本思想与步骤

8.1.1　假设检验的基本思想

先结合一个实例,来说明假设检验的基本思想.

例 8.1　李同学号称是学校篮球队的神投手,他与张同学说其三分球的命中率可达 80%,张同学让李同学在三分线处投球 2 次,结果都没投中,因此张同学坚决地说李同学三分球的命中率不可能达到 80%.问张同学的结论是否正确?

先提出假设 H_0:李同学三分球的命中率达到 80%.

如果 H_0 正确,则李同学在三分线处投球 2 次都没投中的概率为 0.04,这是一个小概率事件.由于小概率事件在一次随机试验中竟然发生了,因此有理由拒绝假设 H_0,即张同学的结论是正确的.

由此可见,假设检验的基本思想是带有某种概率性质的反证法,它包括以下两方面.

一是运用反证法的思想.为了检验一个假设 H_0 是否正确,首先假定该假设 H_0 正确,然后看由此产生什么结果.如果导致了不合理的现象的发生,就应拒绝假设 H_0,否则应接受假设 H_0.

二是运用小概率原理的思想.小概率原理是假设检验的基本原理,它的意义是:小概率事件在一次随机试验中几乎不发生. 假设检验中所谓“不合理”,就是小概率事件在一次随机试验中竟然发生,并非逻辑中的绝对矛盾.

下面给出一个例子,说明假设检验的做法.

例 8.2 根据以往经验知道,某自动包装机在正常情况下包装的袋装某食品的重量 X (单位:kg)服从正态分布,其均值为 0.5 kg, 标准差为 0.015 kg. 某日开工后为检验包装机是否正常, 随机地抽取它所包装的 9 袋食品,称得其净重量为

0.497　0.506　0.518　0.524　0.498　0.511　0.520　0.515　0.512

问是否可以认为此包装机正常?

解 用 μ 和 σ 分别表示总体 X 的均值和标准差,由长期实践可知,标准差较稳定,我们不妨设 $X \sim N(\mu, 0.015^2)$, 其中 μ 未知.

问题是根据样本观测值判断 $\mu = 0.5$ 还是 $\mu \neq 0.5$. 为此,我们先提出两个对立的假设

$$H_0: \mu = \mu_0 = 0.5, \quad H_1: \mu \neq \mu_0.$$

再利用已知样本作出判断:是接受假设 H_0 (即拒绝假设 H_1), 还是拒绝假设 H_0 (即接受假设 H_1). 如果作出的判断是接受 H_0, 则 $\mu = \mu_0$, 即认为包装机工作是正常的;否则, 认为包装机工作是不正常的.

由于要检验的假设涉及总体均值 μ, 故可借助于样本均值 $\overline{X}$ 来判断. 因为 $\overline{X}$ 是 μ 的无偏估计量, $\overline{X}$ 的观测值 $\bar{x}$ 在一定程度上反映了 μ 的大小. 所以,若 H_0 为真,则 $|\bar{x} - \mu_0|$ 不应太大. 而当 H_0 为真时, $\dfrac{\overline{X} - \mu_0}{\sigma/\sqrt{n}} \sim N(0, 1)$, 衡量 $|\bar{x} - \mu_0|$ 的大小可归结为衡量 $\dfrac{|\bar{x} - \mu_0|}{\sigma/\sqrt{n}}$ 的大小.

于是可以选定一个适当的正数 k, 当观测值 $\bar{x}$ 满足 $\dfrac{|\bar{x} - \mu_0|}{\sigma/\sqrt{n}} \geqslant k$ 时,拒绝假设 H_0;反之,当观测值 $\bar{x}$ 满足 $\dfrac{|\bar{x} - \mu_0|}{\sigma/\sqrt{n}} < k$ 时,接受假设 H_0.

然而,由于做出判断的依据是样本,当 H_0 实际上为真时,仍然可以做出拒绝 H_0 的判断(这种可能性是无法消除的),这是一种错误,犯这种错误的概率记为 $P\{$当 H_0 为真时拒绝 $H_0\}$. 我们要给出一个较小的数 $\alpha(0 < \alpha < 1)$, 使

$$P\{\text{当 } H_0 \text{ 为真时拒绝 } H_0\} \leqslant \alpha.$$

为了确定正数 k, 只考虑犯错误的概率的最大值 α, 为此令

$$P\{当 H_0 为真时拒绝 H_0\} = P\left\{\frac{|\overline{X}-\mu_0|}{\sigma/\sqrt{n}} \geqslant k\right\} = \alpha.$$

因为当 H_0 为真时，$Z=\frac{\overline{X}-\mu_0}{\sigma/\sqrt{n}} \sim N(0, 1)$，由标准正态分布分位点的定义得 $k=z_{\frac{\alpha}{2}}$，所以，当 $\frac{|\bar{x}-\mu_0|}{\sigma/\sqrt{n}} \geqslant z_{\frac{\alpha}{2}}$ 时，拒绝 H_0；当 $\frac{|\bar{x}-\mu_0|}{\sigma/\sqrt{n}} < z_{\frac{\alpha}{2}}$ 时，接受 H_0.

例 8.2 中，取 $\alpha=0.05$，有 $k=z_{\frac{\alpha}{2}}=z_{0.025}=1.96$，又已知 $n=9$，$\sigma=0.015$，由样本值算得 $\bar{x}\approx 0.511$，则有 $\frac{|\bar{x}-\mu_0|}{\sigma/\sqrt{n}}=2.2>1.96$，于是拒绝假设 H_0，所以可以认为包装机工作不正常.

通常取 $\alpha=0.01$，0.05 等，因此，当 H_0 为真时（即 $\mu=\mu_0$ 时），$\left\{\frac{|\overline{X}-\mu_0|}{\sigma/\sqrt{n}} \geqslant z_{\frac{\alpha}{2}}\right\}$ 是小概率事件，根据小概率原理就可以认为，如果 H_0 为真，则由一次试验得到的观测值 $\bar{x}$，满足不等式 $\frac{|\bar{x}-\mu_0|}{\sigma/\sqrt{n}} \geqslant z_{\frac{\alpha}{2}}$ 几乎是不可能的. 现在在一次试验中竟然出现了满足 $\frac{|\bar{x}-\mu_0|}{\sigma/\sqrt{n}} \geqslant z_{\frac{\alpha}{2}}$ 的 $\bar{x}$，所以有理由来怀疑原来的假设 H_0 的正确性，因此拒绝 H_0.

但是，如果出现 $\frac{|\bar{x}-\mu_0|}{\sigma/\sqrt{n}} < z_{\frac{\alpha}{2}}$，此时没有理由拒绝 H_0，因此只能“接受”H_0. 这里的“接受”H_0 并非真正意义下的接受 H_0，而是在没有理由拒绝 H_0 时，只能说“拒绝 H_0”的证据不足，或者说冒一定的风险接受 H_0.

在例 8.2 的做法中，称 α 为**显著性水平**，统计量 $Z=\frac{\overline{X}-\mu_0}{\sigma/\sqrt{n}}$ 称为**检验统计量**.

前面的假设检验问题通常可以叙述为：在显著性水平下 α，检验假设

$$H_0: \mu=\mu_0, \quad H_1: \mu \neq \mu_0. \tag{8-1}$$

H_0 称为**原假设**或**零假设**，H_1 称为**备择假设**或**对立假设**，H_1 是原假设 H_0 的对立面.

形如式(8-1)的备择假设 H_1，表示 μ 可能大于 μ_0，也可能小于 μ_0，称为双边备择假设. 形如式(8-1)的假设检验称为**双边假设检验**.

在实际问题中，有时需要检验下列形式的假设：

$$H_0: \mu \leqslant \mu_0, \quad H_1: \mu > \mu_0. \tag{8-2}$$

$$H_0: \mu \geqslant \mu_0, \quad H_1: \mu < \mu_0. \tag{8-3}$$

形如式(8-2)的假设检验称为**右边检验**,而形如式(8-3)的假设检验称为**左边检验**. 右边检验和左边检验统称为单边检验.

为了规范,规定原假设中,只能出现"$=$"或"$\leqslant$"或"$\geqslant$"号,不能出现符号"$\neq, <, >$",备择假设与原假设的规定刚好相反.

为检验 H_0,需构造检验统计量,抽取总体的一个样本,根据样本的信息判断假设是否成立. 当检验统计量取某个区域中的值时,拒绝原假设 H_0,则称此区域为**拒绝域**,拒绝域的边界点称为**临界点**.

例如,在例 8.2 中,拒绝域为 $|z| \geqslant z_{\frac{\alpha}{2}}$,而 $z=-z_{\frac{\alpha}{2}}$ 和 $z=z_{\frac{\alpha}{2}}$ 为临界点.

8.1.2 两类错误与假设检验的步骤

由于假设检验研究的对象是随机变量,对总体作出判断的依据是一个样本,因此假设检验不可能完全正确,可能出现错误,将错误分为以下两类:

在假设 H_0 实际为真时,可能犯拒绝 H_0 的错误,称这类"弃真错误"为**第一类错误**. 犯第一类错误的原因是小概率事件也有可能发生,因此犯第一类错误的概率记为

$$P\{\text{当 } H_0 \text{ 为真时拒绝 } H_0\}.$$

当假设 H_0 实际上不真时,可能接受 H_0,称这类"存伪错误"为**第二类错误**. 第二类错误产生的原因是在一次抽样检验中,未发生不合理结果,犯第二类错误的概率记为

$$P\{\text{当 } H_0 \text{ 不真时接受 } H_0\}.$$

不论是犯哪类错误,当然希望犯两类错误的概率都较小,但这是矛盾的. 当样本容量固定时,若减少犯一类错误的概率,则往往会增大犯另一类错误的概率. 若要使犯两类错误的概率都减小,除非增加样本容量. 在给定样本容量的情况下,通常的做法是控制犯第一类错误的概率,使它不大于 α.

根据假设检验的基本思想,可归纳出假设检验的基本步骤如下:

步骤 1 根据实际问题的要求,提出原假设 H_0 和备择假设 H_1.

步骤 2 确定显著性水平 α 和样本容量 n.

步骤 3 确定检验统计量,并由原假设 H_0 导出检验统计量的概率分布.

步骤 4 由显著性水平 α,确定拒绝域的形式,并按照 $P\{\text{当 } H_0 \text{ 为真时拒绝 } H_0\} \leqslant \alpha$ 求出拒绝域.

步骤5 取样,根据样本值做出决策,是拒绝原假设 H_0 还是接受 H_0.

下面我们来讨论单边检验的拒绝域.

设总体 $X \sim N(\mu, \sigma^2)$,其中 σ 已知,$X_1, X_2, \cdots, X_n$ 是来自 X 的样本.给定显著性水平 α,先求式(8-2)右边检验问题 $H_0: \mu \leqslant \mu_0$, $H_1: \mu > \mu_0$ 的拒绝域.

由于 H_0 中的全部 μ 都比 H_1 中的 μ 要小,当 H_1 为真时,样本观测值 $\bar{x}$ 往往偏大,因此拒绝域的等价形式为 $\dfrac{\bar{x}-\mu}{\sigma/\sqrt{n}} \geqslant k$($k$ 是待定正数).

下面来确定正数 k,其做法与例 8.2 类似.

当 H_0 为真时,$\mu \leqslant \mu_0$,则有 $\dfrac{\overline{X}-\mu_0}{\sigma/\sqrt{n}} \leqslant \dfrac{\overline{X}-\mu}{\sigma/\sqrt{n}}$. 因此

$$P\{\text{当 } H_0 \text{ 为真时拒绝 } H_0\} = P\left\{\frac{\overline{X}-\mu_0}{\sigma/\sqrt{n}} \geqslant k\right\} \leqslant P\left\{\frac{\overline{X}-\mu}{\sigma/\sqrt{n}} \geqslant k\right\}.$$

要控制 $P\{\text{当 } H_0 \text{ 为真时拒绝 } H_0\} \leqslant \alpha$,只需令 $P\left\{\dfrac{\overline{X}-\mu}{\sigma/\sqrt{n}} \geqslant k\right\} = \alpha$.

因为当 H_0 为真时,$Z = \dfrac{\overline{X}-\mu}{\sigma/\sqrt{n}} \sim N(0, 1)$,由标准正态分布分位点的定义得 $k = z_\alpha$,所以式(8-2)的拒绝域为 $z \geqslant z_\alpha$,这里,$z = \dfrac{\bar{x}-\mu_0}{\sigma/\sqrt{n}}$.

类似地,可得式(8-3)左边检验问题 $H_0: \mu \geqslant \mu_0$, $H_1: \mu < \mu_0$ 的拒绝域为

$$z = \frac{\bar{x}-\mu_0}{\sigma/\sqrt{n}} \leqslant -z_\alpha.$$

例 8.3 微波炉在炉门关闭时的辐射量是一个重要的质量指标.某厂该指标服从正态分布 $N(\mu, 0.1^2)$,要求 μ 不超过 0.12 为检验产品的质量,随机抽查 25 台产品,其辐射量的均值为 0.120 3. 试问在显著性水平 $\alpha = 0.05$ 时,这批产品的辐射量是否符合技术要求?

解 按题意需检验假设

$$H_0: \mu \leqslant 0.12, \quad H_1: \mu > 0.12.$$

这是右边检验问题,其拒绝域为 $\dfrac{\bar{x}-0.12}{\sigma/\sqrt{n}} \geqslant z_{0.05} = 1.645$.

而现在 $z = \dfrac{0.120\,3-0.12}{0.10/\sqrt{25}} = 0.015 < z_{0.05} = 1.645$,因此,$z$ 没有落在拒绝域

中,所以在显著性水平 $\alpha = 0.05$ 下,不能拒绝假设 H_0,即可以认为这批产品的辐射量符合技术要求.

习题 8.1

1. 选择题

(1) 在假设检验中的显著性水平 α 表示(　　).

A. H_0 不成立,拒绝 H_0 的概率　　B. H_0 成立,但拒绝 H_0 的概率

C. 置信水平为 $1-\alpha$　　D. 小于或等于 0.05 的一个数,无具体意义

(2) 设显著性水平为 α,对显著性检验来说犯第一类错误的概率为(　　).

A. $1-\alpha$　　B. 大于 α　　C. 小于或等于 α　　D. 无法判断

(3) 在假设检验中,H_0 表示原假设,H_1 为备择假设,则称为犯第二类错误是(　　).

A. H_1 不真,接受 H_1　　B. H_1 不真,接受 H_0

C. H_0 不真,接受 H_1　　D. H_0 不真,接受 H_0

(4) 假设检验中分别用 α,β 表示犯第一类错误和第二类错误的概率,则当样本容量 n 一定时,下列说法中正确的是(　　).

A. α 减小时 β 也减小

B. α 增大时 β 也增大

C. (A)和(B)同时成立

D. α,β 不能同时减小,减小其中一个时,另一个就会增大

2. 设总体 $X \sim N(\mu, 9)$,μ 为未知参数,$X_1, X_2, \cdots, X_{25}$ 为其一个样本,对下述假设检验问题 $H_0: \mu = \mu_0$,$H_1: \mu \neq \mu_0$. 取拒绝域为 $W = \{(X_1, X_2, \cdots, X_{25}) \mid |\overline{X} - \mu_0| \geqslant c\}$. 试求常数 c,使得该检验的显著性水平为 0.05.

3. 设 $X_1, X_2, \cdots, X_{36}$ 是来自正态总体 $N(\mu, 0.04)$ 的一个简单随机样本,其中 μ 为未知参数,记 $\overline{X} = \dfrac{1}{36}\sum_{i=1}^{36} X_i$,现对检验问题 $H_0: \mu = 0.5$,$H_1: \mu = \mu_1 > 0.5$,并取拒绝域 $W = \{(X_1, X_2, \cdots, X_{36}) \mid \overline{X} > c\}$,显著性水平 $\alpha = 0.05$.

(1)求常数 c;(2)若 $\alpha = 0.05$,$\mu_1 = 0.65$ 时,犯第二类错误的概率是多少?

4. 某轮胎制造厂生产一种轮胎,其使用寿命服从正态分布,均值为 30 000 km,标准差为 4 000 km,现采用一种新的工艺生产这种轮胎,从试制产品中随机抽取 100 只轮胎进行试验以测定新的工艺是否优于原有方法,根据经验标准差没有变化.

(1) 写出原假设和备择假设;

(2) 问此检验为双边检验还是单边检验;

(3) 计算拒绝域并写出检验法则(显著性水平 $\alpha = 0.02$).

5. 某工厂生产的铁丝的折断力(单位:kg)服从正态分布,且已知平均折断力为 570 kg,标准差为 8 kg. 现在改变了原材料,据检验,标准差不会改变,今从新生成的铁丝中随机抽取 10

根，测得折断力如下：

575 560 565 580 585 586 575 582 570 570

问新产品的平均折断力是否有显著改变？（显著性水平 $\alpha = 0.05$.）

6. 某照明公司生产的节能灯寿命(单位：h)服从正态分布 $X \sim N(\mu, 200^2)$，产品改进前的平均寿命为 1 725 h. 为提高产品质量，公司采用了新工艺，现从新工艺生产的节能灯中抽取 25 只，测得平均寿命为 1 800 h，问可否由此断定：新工艺确实使得产品质量得到显著提高？（显著性水平 $\alpha = 0.05$.）

8.2 单个正态总体均值与方差的假设检验

由于正态分布是随机现象中最常见的分布之一，因此，本节和下节讨论有关正态总体的均值与方差的假设检验问题. 解决问题的关键就是构造合适的检验统计量.

8.2.1 单个正态总体均值的假设检验

设总体服从正态分布 $X \sim N(\mu, \sigma^2)$，$X_1, X_2, \cdots, X_n$ 是取自总体 X 的一个样本，$\overline{X}$ 为样本均值.

1. $\boldsymbol{\sigma}^2$ 已知，关于 $\boldsymbol{\mu}$ 的检验(Z 检验)

在 8.1 节中，已经讨论过正态总体 $N(\mu, \sigma^2)$ 当 σ^2 已知时关于 μ 的检验问题式(8-1)—式(8-3). 由于在这些检验问题中，我们都是利用统计量 $Z = \dfrac{\overline{X} - \mu_0}{\sigma/\sqrt{n}}$ 来确定拒绝域的，因此这种检验法常称为 **Z 检验法**.

2. $\boldsymbol{\sigma}^2$ 未知，关于 $\boldsymbol{\mu}$ 的检验(T 检验)

设总体 $X \sim N(\mu, \sigma^2)$，其中 μ, σ^2 未知，$X_1, X_2, \cdots, X_n$ 为来自总体 X 的样本. 给定显著性水平 α，我们来求双边检验问题

$$H_0: \mu = \mu_0, \quad H_1: \mu \neq \mu_0$$

的拒绝域.

由于 σ^2 未知，因此不能利用 $\dfrac{\overline{X} - \mu_0}{\sigma/\sqrt{n}}$ 作为检验统计量了. 注意到 S^2 是 σ^2 的无偏估计，于是，我们可以取 $T = \dfrac{\overline{X} - \mu}{S/\sqrt{n}}$ 作为检验统计量.

当观测值 $|t| = \left|\dfrac{\overline{x} - \mu}{s/\sqrt{n}}\right|$ 过分大时，就拒绝 H_0，拒绝域的形式为 $|t| =$

$\left|\dfrac{\bar{x}-\mu}{s/\sqrt{n}}\right| \geqslant k.$

当 H_0 为真时，$T=\dfrac{\overline{X}-\mu_0}{S/\sqrt{n}} \sim t(n-1)$. 由

$$P\{\text{当 } H_0 \text{ 为真时拒绝 } H_0\}=P\left\{\left|\frac{\overline{X}-\mu_0}{S/\sqrt{n}}\right| \geqslant k\right\}=\alpha,$$

得 $k=t_{\frac{\alpha}{2}}(n-1)$，即拒绝域为

$$|t|=\left|\frac{\bar{x}-\mu_0}{s/\sqrt{n}}\right| \geqslant t_{\frac{\alpha}{2}}(n-1).$$

上述检验法称为 **T 检验法**.

对于正态总体 $N(\mu, \sigma^2)$，关于均值 μ 的检验的拒绝域，见表 8-1.

表 8-1　单个正态总体均值的检验(显著性水平为 α)

原假设 H_0	备择假设 H_1	检验统计量	拒绝域
$\mu \leqslant \mu_0$ $\mu \geqslant \mu_0$ $\mu=\mu_0$ (σ^2 已知)	$\mu>\mu_0$ $\mu<\mu_0$ $\mu \neq \mu_0$	$Z=\dfrac{\overline{X}-\mu_0}{\sigma/\sqrt{n}}$	$z \geqslant z_\alpha$ $z \leqslant -z_\alpha$ $\|z\| \geqslant z_{\frac{\alpha}{2}}$
$\mu \leqslant \mu_0$ $\mu \geqslant \mu_0$ $\mu=\mu_0$ (σ^2 未知)	$\mu>\mu_0$ $\mu<\mu_0$ $\mu \neq \mu_0$	$T=\dfrac{\overline{X}-\mu_0}{S/\sqrt{n}}$	$t \geqslant t_\alpha(n-1)$ $t \leqslant t_\alpha(n-1)$ $\|t\| \geqslant t_{\frac{\alpha}{2}}(n-1)$

例 8.4　现从某进口著名品牌的矿泉水中抽取 13 个批次，得到每毫升样品中含有的细菌群落总数(单位:cfu/ml)的检测值为

49　51　52　49　52　53　55　48　60　50　54　50　53

设矿泉水细菌含量服从正态分布，标准要求是其总体均值不超过 50 cfu/ml. 根据检测的数据在显著性水平 $\alpha=0.05$ 下考察该品牌的矿泉水是否符合标准?

解　按题意需检验假设

$$H_0: \mu \leqslant 50, \quad H_1: \mu>50.$$

此检验问题的拒绝域为 $t=\dfrac{\bar{x}-\mu_0}{s/\sqrt{n}} \geqslant t_\alpha(n-1)$.

而现在 $n=13$，$\alpha=0.05$，$t_\alpha(n-1)=t_{0.05}(12)=1.78$，又由已知数据计算

得到 $\bar{x}=52$，$s\approx 3.19$，则

$$t=\frac{52-50}{3.19/\sqrt{13}}\approx 2.26>1.78.$$

因此，t 落在拒绝域中，即在显著性水平 $\alpha=0.05$ 下，拒绝原假设 H_0，所以可以认为该品牌的矿泉水不符合标准.

8.2.2 单个正态总体方差的假设检验

设总体 $X\sim N(\mu,\sigma^2)$，μ，σ^2 均未知，X_1，X_2，…，X_n 为来自总体 X 的样本. 给定显著性水平为 α，要检验假设

$$H_0:\sigma^2=\sigma_0^2,\quad H_1:\sigma^2\neq\sigma_0^2.$$

其中，σ_0^2 为已知常数.

由于 S^2 是 σ^2 的无偏估计，当 H_0 为真时，观测值 s^2 与 σ_0^2 的比值 $\dfrac{s^2}{\sigma_0^2}$ 一般来说应在 1 附近摆动，而不应过分大于 1 或过分小于 1. 构造检验统计量 $\chi^2=\dfrac{(n-1)S^2}{\sigma_0^2}$，由定理 6.3 知，当 H_0 为真时，有 $\dfrac{(n-1)S^2}{\sigma_0^2}\sim\chi^2(n-1)$.

因此，该检验问题的拒绝域应具有以下的形式

$$\frac{(n-1)s^2}{\sigma_0^2}\leqslant k_1 \text{ 或 } \frac{(n-1)s^2}{\sigma_0^2}\geqslant k_2 \quad (k_1,k_2 \text{ 是待定正数}).$$

下面确定常数 k_1，k_2.

由 $P\{\text{当 } H_0 \text{ 为真时拒绝 } H_0\}=P\left\{\left(\dfrac{(n-1)S^2}{\sigma_0^2}\leqslant k_1\right)\cup\left(\dfrac{(n-1)S^2}{\sigma_0^2}\geqslant k_2\right)\right\}=\alpha$，为计算方便起见，习惯上取

$$P\left\{\frac{(n-1)S^2}{\sigma_0^2}\leqslant k_1\right\}=P\left\{\frac{(n-1)S^2}{\sigma_0^2}\geqslant k_2\right\}=\frac{\alpha}{2}.$$

于是，$k_1=\chi^2_{1-\frac{\alpha}{2}}(n-1)$，$k_2=\chi^2_{\frac{\alpha}{2}}(n-1)$. 因此，拒绝域为

$$\frac{(n-1)s^2}{\sigma_0^2}\leqslant\chi^2_{1-\frac{\alpha}{2}}(n-1) \quad \text{或} \quad \frac{(n-1)s^2}{\sigma_0^2}\geqslant\chi^2_{\frac{\alpha}{2}}(n-1).$$

对右边检验问题（显著性水平为 α）

$$H_0: \sigma^2 \leqslant \sigma_0^2, \quad H_1: \sigma^2 > \sigma_0^2,$$

可得其拒绝域

$$\chi^2 = \frac{(n-1)s^2}{\sigma_0^2} \geqslant \chi_\alpha^2(n-1).$$

类似地,左边检验问题

$$H_0: \sigma^2 \geqslant \sigma_0^2, \quad H_1: \sigma^2 < \sigma_0^2$$

的拒绝域为 $\chi^2 = \dfrac{(n-1)s^2}{\sigma_0^2} \leqslant \chi_{1-\alpha}^2(n-1)$.

上述检验法称为 **χ^2 检验法**.

需要说明的是,若在总体 $X \sim N(\mu, \sigma^2)$ 中 μ 已知,则双边检验问题

$$H_0: \sigma^2 = \sigma_0^2, \quad H_1: \sigma^2 \neq \sigma_0^2$$

的拒绝域为 $\chi^2 \geqslant \chi_{\frac{\alpha}{2}}^2(n)$ 或 $\chi^2 \leqslant \chi_{1-\frac{\alpha}{2}}^2(n)$.

类似有相应的单边检验问题的拒绝域.

对于正态总体 $N(\mu, \sigma^2)$,关于方差 σ^2 的检验的拒绝域,见表 8-2.

表 8-2　　单个正态总体方差的检验(显著性水平为 α)

原假设 H_0	备择假设 H_1	检验统计量	拒绝域
$\sigma^2 \leqslant \sigma_0^2$ $\sigma^2 \geqslant \sigma_0^2$ $\sigma^2 = \sigma_0^2$ (μ 已知)	$\sigma^2 > \sigma_0^2$ $\sigma^2 < \sigma_0^2$ $\sigma^2 \neq \sigma_0^2$	$\chi^2 = \dfrac{1}{\sigma_0^2}\sum\limits_{i=1}^{n}(X_i-\mu)^2$	$\chi^2 \geqslant \chi_\alpha^2(n)$ $\chi^2 \leqslant \chi_{1-\alpha}^2(n)$ $\chi^2 \geqslant \chi_{\frac{\alpha}{2}}^2(n)$ 或 $\chi^2 \leqslant \chi_{1-\frac{\alpha}{2}}^2(n)$
$\sigma^2 \leqslant \sigma_0^2$ $\sigma^2 \geqslant \sigma_0^2$ $\sigma^2 = \sigma_0^2$ (μ 未知)	$\sigma^2 > \sigma_0^2$ $\sigma^2 < \sigma_0^2$ $\sigma^2 \neq \sigma_0^2$	$\chi^2 = \dfrac{(n-1)S^2}{\sigma_0^2}$	$\chi^2 \geqslant \chi_\alpha^2(n-1)$ $\chi^2 \leqslant \chi_{1-\alpha}^2(n-1)$ $\chi^2 \geqslant \chi_{\frac{\alpha}{2}}^2(n-1)$ 或 $\chi^2 \leqslant \chi_{1-\frac{\alpha}{2}}^2(n-1)$

例 8.5　某厂生产的某种型号的电池，其寿命长期以来服从方差为 5 000 h^2 的正态分布，现有一批这种电池，从它的生产情况来看，寿命的波动性有所变化. 现随机取 26 只电池，测出其寿命的样本方差为 7 200 h^2. 问根据这一数据能否推断这批电池的寿命的波动性较以往的有显著的变化?（$\alpha = 0.02$.）

解　按题意,需要检验假设

$$H_0: \sigma^2 = 5\ 000, \quad H_1: \sigma^2 \neq 5\ 000.$$

此检验问题的拒绝域为 $\chi^2 = \dfrac{(n-1)s^2}{\sigma_0^2} \leqslant \chi_{1-\frac{\alpha}{2}}^2(n-1)$ 或 $\chi^2 = \dfrac{(n-1)s^2}{\sigma_0^2} \geqslant$

$\chi^2_{\frac{\alpha}{2}}(n-1)$.

现在，$n=26$，$\alpha=0.02$，$\sigma_0^2=5\ 000$，$s^2=7\ 200$，$\chi^2_{\frac{\alpha}{2}}(n-1)=\chi^2_{0.01}(25)=44.314$，$\chi^2_{1-\frac{\alpha}{2}}(n-1)=\chi^2_{0.99}(25)=11.524$，则

$$11.524<\chi^2=\frac{(n-1)s^2}{\sigma_0^2}=\frac{25\times 7\ 200}{5\ 000}=36<44.313.$$

因此，χ^2 的值没有落入拒绝域中，所以接受原假设 H_0，即可以认为这批电池的寿命的波动性较以往的没有显著的变化.

习题 8.2

1. 某批矿砂的 5 个样品中的镍含量，经测定为(%)

3.25　3.27　3.24　3.26　3.24

设测定值总体服从正态分布，但参数均未知，问在显著性水平 $\alpha=0.01$ 下能否接受假设：这批矿砂的含镍量的均值为 3.25？

2. 某种零件的长度服从正态分布，但参数均未知. 现随机抽取 6 件测得长度(单位：cm)为

36.4　38.2　36.6　36.9　37.8　37.6

在显著性水平 $\alpha=0.01$ 下，能否认为该种零件的平均长度为 37 cm?

3. 设管理系学生第一学期的数学考试成绩服从正态分布，随机抽取 36 名学生的成绩，得到平均成绩为 71.5 分，标准差为 15 分. 在显著性水平 $\alpha=0.05$ 下，是否可以认为管理系全体学生数学平均成绩达到 75 分?

4. 某网站声称每天平均访问量大于 50 000 次. 现随机抽查 120 天的记录，算出每天平均访问量为 51 000 次，样本标准差是 5 000 次. 已知每天访问量服从正态分布，试根据抽查的记录在显著性水平 $\alpha=0.05$ 下判断实际每天访问量与该网站所说的是否相符?

5. 一工厂的经理主张每名新来的雇员在参加某项工作之前至少需要培训 200 h 才能成为独立工作者，为了检验这一主张的合理性，随机选取 10 名雇员询问他们独立工作之前所经历的培训时间(单位：h)记录为

208　180　232　168　212　208　254　229　230　181

设样本来自正态总体 $N(\mu,\sigma^2)$，μ,σ^2 均未知. 试在显著性水平 $\alpha=0.05$ 下检验假设

$$H_0:\mu\leqslant 200,\quad H_1:\mu>200.$$

6. 设某集成块的长度服从标准差为 2.4 cm 的正态分布. 现从一批新生产的该集成块中随机选取 25 根，测得样本标准差为 2.7 cm. 试在显著性水平 $\alpha=0.01$ 下，判断这批集成块长度的变异性与标准差 2.4 比较是否有明显变化?

7. 某种导线，要求其电阻的标准差不得超过 0.005 Ω. 今在生产的一批导线中取样品 9 根，测得 $s=0.007\,\Omega$，设总体为正态分布. 问在显著性水平 $\alpha=0.05$ 下能否认为这批导线的标准差显著地偏大?

8. 测定某种溶液中的水分,它的10个测定值给出 $s=0.037\%$,设测定值总体服从正态分布 $N(\mu,\sigma^2)$,μ,σ^2 均未知.试在显著性水平 $\alpha=0.05$ 下检验假设

$$H_0:\sigma\geqslant 0.04\%,\quad H_1:\sigma<0.04\%.$$

8.3 两个正态总体均值与方差的假设检验

与上节单个正态总体的参数假设检验的基本思想相同,本节将考虑两个正态总体的假设检验问题.与单正态总体的参数假设检验不同的是,并不是需要对每个参数进行假设检验,而是着重考虑两个总体之间的差异.

8.3.1 两个正态总体均值之差的假设检验

设 $X_1,X_2,\cdots,X_{n_1}$ 为来自正态总体 $N(\mu_1,\sigma^2)$ 的样本,$Y_1,Y_2,\cdots,Y_{n_2}$ 为来自正态总体 $N(\mu_2,\sigma^2)$ 的样本,μ_1,μ_2,σ^2 均为未知,且两样本相互独立,又分别记它们的样本均值为 $\overline{X}$,$\overline{Y}$,样本方差为 S_1^2,S_2^2.

给出显著性水平为 α,要求检验问题

$$H_0:\mu_1-\mu_2=\delta,\quad H_1:\mu_1-\mu_2\neq\delta$$

的拒绝域(δ 为已知常数).

注意到 μ_1,μ_2 的无偏估计分别为 $\overline{X}$,$\overline{Y}$,为此构造检验统计量 $T=\dfrac{(\overline{X}-\overline{Y})-(\mu_1-\mu_2)}{S_w\sqrt{\dfrac{1}{n_1}+\dfrac{1}{n_2}}}$.其中,$S_w^2=\dfrac{(n_1-1)S_1^2+(n_2-1)S_2^2}{n_1+n_2-2}$.

当 H_0 为真时,由定理6.5知 $T=\dfrac{(\overline{X}-\overline{Y})-\delta}{S_w\sqrt{\dfrac{1}{n_1}+\dfrac{1}{n_2}}}\sim t(n_1+n_2-2)$.与单个正态总体的检验法类似,其拒绝域的形式为 $\left|\dfrac{(\bar{x}-\bar{y})-\delta}{s_w\sqrt{\dfrac{1}{n_1}+\dfrac{1}{n_2}}}\right|\geqslant k$.

由 $P\{$当 H_0 为真时拒绝 $H_0\}=P\left\{\left|\dfrac{(\bar{x}-\bar{y})-\delta}{s_{\bar{w}}\sqrt{\dfrac{1}{n_1}+\dfrac{1}{n_2}}}\right|\geqslant k\right\}=\alpha$,可得 $k=t_{\frac{\alpha}{2}}(n_1+n_2-2)$.于是得拒绝域为

$$|t|=\frac{|(\bar{x}-\bar{y})-\delta|}{s_w\sqrt{\dfrac{1}{n_1}+\dfrac{1}{n_2}}}\geqslant t_{\frac{\alpha}{2}}(n_1+n_2-2).$$

需要说明的是，若总体 $X\sim N(\mu_1,\sigma_1^2)$，$Y\sim N(\mu_2,\sigma_2^2)$，其中 σ_1^2，σ_2^2 已知，则双边检验问题

$$H_0: \mu_1-\mu_2=\delta,\quad H_1: \mu_1-\mu_2\neq\delta$$

的拒绝域为

$$|z|=\frac{|\bar{x}-\bar{y}-\delta|}{\sqrt{\dfrac{\sigma_1^2}{n_1}+\dfrac{\sigma_2^2}{n_2}}}\geqslant z_{\frac{\alpha}{2}}.$$

类似有相应的单边检验问题的拒绝域.

对于两个正态总体，关于均值之差的检验的拒绝域，见表 8-3.

表 8-3　两个正态总体均值之差的检验(显著性水平为 α)

原假设 H_0	检验统计量	备择假设 H_1	拒绝域
$\mu_1-\mu_2\leqslant\delta$ $\mu_1-\mu_2\geqslant\delta$ $\mu_1-\mu_2=\delta$ (σ_1^2，σ_2^2 已知)	$Z=\dfrac{\overline{X}-\overline{Y}-\delta}{\sqrt{\dfrac{\sigma_1^2}{n_1}+\dfrac{\sigma_2^2}{n_2}}}$	$\mu_1-\mu_2>\delta$ $\mu_1-\mu_2<\delta$ $\mu_1-\mu_2\neq\delta$	$z\geqslant z_\alpha$ $z\leqslant -z_\alpha$ $\lvert z\rvert\geqslant z_{\frac{\alpha}{2}}$
$\mu_1-\mu_2\leqslant\delta$ $\mu_1-\mu_2\geqslant\delta$ $\mu_1-\mu_2=\delta$ ($\sigma_1^2=\sigma_2^2=\sigma^2$ 未知)	$T=\dfrac{\overline{X}-\overline{Y}-\delta}{S_W\sqrt{\dfrac{1}{n_1}+\dfrac{1}{n_2}}}$ $S_w^2=\dfrac{(n_1-1)S_1^2+(n_2-1)S_2^2}{n_1+n_2-2}$	$\mu_1-\mu_2>\delta$ $\mu_1-\mu_2<\delta$ $\mu_1-\mu_2\neq\delta$	$t\geqslant t_\alpha(n_1+n_2-2)$ $t\leqslant t_\alpha(n_1+n_2-2)$ $\lvert t\rvert\geqslant t_{\frac{\alpha}{2}}(n_1+n_2-2)$

例 8.6　在平炉上进行一项试验，以确定改变操作方法的建议是否会增加钢的得率，试验是在同一只平炉上进行的，每炼一炉钢时除操作方法外，其他条件都尽可能做到相同. 先采用标准方法炼一炉，然后用建议的新方法炼一炉，以后交替进行，各炼了 10 炉，其得率分别为

标准方法:78.1，72.4，76.2，74.3，77.4，78.4，76.0，75.5，76.7，77.3；

新方法：79.1，81.0，77.3，79.1，80.0，78.1，79.1，77.3，80.2，82.1.

设这两个样本相互独立，且分别来自正态总体 $N(\mu_1, \sigma^2)$ 和 $N(\mu_2, \sigma^2)$，μ_1，μ_2，σ^2 均为未知. 问建议的新操作方法能否提高得率?（取显著性水平 $\alpha=0.05$.）

解 需要检验假设 $H_0: \mu_1-\mu_2\geqslant 0$，$H_1: \mu_1-\mu_2<0$.

分别求出标准方法和新方法下的样本均值和样本方差如下：

$$n_1=10,\quad \bar{x}=76.23,\quad s_1^2=3.325,\quad n_2=10,\quad \bar{y}=79.33,\quad s_2^2=2.398,$$

且 $s_w^2=\dfrac{(10-1)s_1^2+(10-1)s_2^2}{10+10-2}=2.8165$，查表可知 $t_{0.05}(18)=1.7341$，

此检验问题的拒绝域为 $t=\dfrac{\bar{x}-\bar{y}}{s_w\sqrt{\dfrac{1}{n_1}+\dfrac{1}{n_2}}}\leqslant -t_\alpha(n_1+n_2-2)$.

因为 $t=\dfrac{\bar{x}-\bar{y}}{s_w\sqrt{\dfrac{1}{10}+\dfrac{1}{10}}}\approx -4.098\leqslant -t_{0.05}(18)=-1.7341$，所以拒绝 H_0，即可以认为建议的新操作方法较原来的标准方法提高得率.

8.3.2 两个正态总体方差之比的假设检验

设 $X_1, X_2, \cdots, X_{n_1}$ 为取自总体 $N(\mu_1, \sigma_1^2)$ 的样本，$Y_1, Y_2, \cdots, Y_{n_2}$ 为取自总体 $N(\mu_2, \sigma_2^2)$ 的样本，其中 $\mu_1, \mu_2, \sigma_1^2, \sigma_2^2$ 均为未知，且两样本相互独立，其样本方差分别为 S_1^2, S_2^2. 给定显著性水平 α，需要检验假设

$$H_0: \sigma_1^2\leqslant\sigma_2^2,\quad H_1: \sigma_1^2>\sigma_2^2.$$

注意到，当 H_0 为真时，$E(S_1^2)=\sigma_1^2\leqslant\sigma_2^2=E(S_2^2)$；当 H_1 为真时，$E(S_1^2)=\sigma_1^2>\sigma_2^2=E(S_2^2)$.

当 H_1 为真时，观测值 $\dfrac{s_1^2}{s_2^2}$ 有偏大的趋势，因此拒绝域的形式为 $\dfrac{s_1^2}{s_2^2}\geqslant k$，其中 k 为待定正数. 下面确定常数 k.

由 $P\{当 H_0 为真时拒绝 H_0\}=P_{\sigma_1^2\leqslant\sigma_2^2}\left\{\dfrac{S_1^2}{S_2^2}\geqslant k\right\}\leqslant P_{\sigma_1^2\leqslant\sigma_2^2}\left\{\dfrac{S_1^2/S_2^2}{\sigma_1^2/\sigma_2^2}\geqslant k\right\}=\alpha$，根据定理 6.5 知 $\dfrac{S_1^2/\sigma_1^2}{S_2^2/\sigma_2^2}\sim F(n_1-1, n_2-1)$，得到 $k=F_\alpha(n_1-1, n_2-1)$. 于是此检验问题的拒绝域为

$$F=\frac{S_1^2}{S_2^2}\geqslant F_\alpha(n_1-1, n_2-1).$$

上述检验法称为 **F 检验法**.

关于两个正态总体方差之比的检验问题的拒绝域,见表 8-4.

表 8-4　　两个正态总体方差之比的检验(显著性水平为 α)

原假设 H_0	检验统计量	备择假设 H_1	拒绝域
$\sigma_1^2 \leqslant \sigma_2^2$ $\sigma_1^2 \geqslant \sigma_2^2$ $\sigma_1^2 = \sigma_2^2$ (μ_1, μ_2 未知)	$F = \dfrac{S_1^2}{S_2^2}$	$\sigma_1^2 > \sigma_2^2$ $\sigma_1^2 < \sigma_2^2$ $\sigma_1^2 \neq \sigma_2^2$	$f \geqslant F_\alpha(n_1 - 1, n_2 - 1)$ $f \leqslant F_{1-\alpha}(n_1 - 1, n_2 - 1)$ $f \geqslant F_{\frac{\alpha}{2}}(n_1 - 1, n_2 - 1)$ 或 $f \leqslant F_{1-\frac{\alpha}{2}}(n_1 - 1, n_2 - 1)$

例 8.7　根据例 8.6 的数据检验假设(取显著性水平 $\alpha = 0.01$)

$$H_0: \sigma_1^2 = \sigma_2^2, \quad H_1: \sigma_1^2 \neq \sigma_2^2.$$

解　对 $\alpha = 0.01$, 由 $n_1 = n_2 = 10$, 根据表 8-4 知此检验问题的拒绝域为

$$f = \frac{s_1^2}{s_2^2} \geqslant F_{0.005}(n_1 - 1, n_2 - 1) \quad 或 \quad f = \frac{s_1^2}{s_2^2} \leqslant F_{1-0.005}(n_1 - 1, n_2 - 1).$$

查附表 5,得临界值

$$F_{0.005}(10 - 1, 10 - 1) = 6.54,$$

$$F_{1-0.005}(10 - 1, 10 - 1) = \frac{1}{F_{0.005}(10 - 1, 10 - 1)} = \frac{1}{6.54} \approx 0.153.$$

又 $s_1^2 = 3.325$, $s_2^2 = 2.398$, $f = \dfrac{s_1^2}{s_2^2} \approx 1.39$, $0.153 < 1.39 < 6.54$. 因此,应接受 H_0,即可以认为两个总体的方差相等.

由例 8.7 可见例 8.6 以 $\sigma_1^2 = \sigma_2^2$ 作为前提条件是合理的. 需要说明的是,在两个正态总体的方差未知,若要以 $\sigma_1^2 = \sigma_2^2$ 作为前提条件,对总体均值是否相等进行假设检验,应先用 F 检验法对方差进行检验,若 $\sigma_1^2 = \sigma_2^2$ 成立,再用 T 检验法对两总体均值进行检验.

8.3.3　假设检验与区间估计的关系

参数的假设检验与区间估计关系密切,由参数的假设检验可以导出参数的区间估计,同样,由参数的区间估计可以导出参数的假设检验. 现以参数的双边检验为例加以说明.

设 $X_1, X_2, \cdots, X_n$ 是来自总体 X 的样本, $x_1, x_2, \cdots, x_n$ 是相应的样本观

测值.

设 $(\underline{\theta}, \overline{\theta})$ 是参数 θ 的一个置信水平为 $1-\alpha$ 的置信区间，则有

$$P\{\underline{\theta}<\theta<\overline{\theta}\}=1-\alpha. \tag{8-4}$$

考虑显著性水平为 α 的双边检验

$$H_0: \theta=\theta_0, \quad H_1: \theta \neq \theta_0. \tag{8-5}$$

由式(8-4)，在假设 H_0 成立的前提下有

$$P\{(\theta_0 \leqslant \underline{\theta}(X_1, X_2, \cdots, X_n)) \cup (\theta_0 \geqslant \overline{\theta}(X_1, X_2, \cdots, X_n))\}=\alpha. \tag{8-6}$$

按照显著性水平为 α 的假设检验的拒绝域的定义,式(8-6)的拒绝域为

$$\theta_0 \leqslant \underline{\theta}(x_1, x_2, \cdots, x_n) \quad 或 \quad \theta_0 \geqslant \overline{\theta}(x_1, x_2, \cdots, x_n).$$

于是，当我们要检验假设(8-5)时，先求出参数 θ 的置信水平为 $1-\alpha$ 的置信区间 $(\underline{\theta}, \overline{\theta})$，然后考察 θ_0 是否落在区间 $(\underline{\theta}, \overline{\theta})$ 中.若 $\theta_0 \notin (\underline{\theta}, \overline{\theta})$，则拒绝原假设 H_0;若 $\theta_0 \in (\underline{\theta}, \overline{\theta})$，则接受 H_0.

反之,考虑显著性水平为 α 的双边检验

$$H_0: \theta=\theta_0, \quad H_1: \theta \neq \theta_0.$$

假设它的接受域为 $\underline{\theta}(x_1, x_2, \cdots, x_n)<\theta_0<\overline{\theta}(x_1, x_2, \cdots, x_n)$，则有

$$P\{\underline{\theta}(X_1, X_2, \cdots, X_n)<\theta<\overline{\theta}(X_1, X_2, \cdots, X_n)\}=1-\alpha.$$

于是,$(\underline{\theta}(X_1, X_2, \cdots, X_n), \overline{\theta}(X_1, X_2, \cdots, X_n))$ 是参数 θ 的置信水平为 $1-\alpha$ 的置信区间.

例 8.8 设总体服从正态分布 $X \sim N(\mu, 1)$，μ 未知，$X_1, X_2, \cdots, X_{16}$ 是来自总体 X 的一个样本,设由样本算得样本均值 $\bar{x}=5.20$，于是得到 μ 的一个置信水平为 $1-\alpha=0.95$ 的置信区间

$$\left(\bar{x}-\frac{1}{\sqrt{16}} z_{0.025}, \bar{x}+\frac{1}{\sqrt{16}} z_{0.025}\right)=(4.71, 5.69).$$

现在考虑检验问题

$$H_0: \mu=5.5, \quad H_1: \mu \neq 5.5.$$

由于 $5.5 \in (4.71, 5.69)$，因此在显著性水平 $\alpha=0.05$ 时接受假设 H_0.

虽然参数的假设检验与区间估计关系密切,但二者的区别也是很明显的,主要体现以下两点.

(1) 出发点不同. 区间估计对未知参数的估计结果得出一个范围,并允许有误差 α;假设检验是对已知的假设进行检验,并可能出现错误(两类错误中的一类).

(2) 依据的原理不同. 区间估计是以大概率(置信水平为 $1-\alpha$)得到置信区间,假设检验是根据小概率原理得到一个拒绝域.

习题 8.3

1. 在羊皮加工工艺中有一道工序是去脂处理,现有甲、乙两种方法进行此道工序,为比较两种方法的优劣,各进行了 8 次和 7 次试验,测得去脂后的含脂率(%)为

甲:12, 16, 19, 14, 17, 22, 15, 16;

乙:15, 20, 13, 11, 16, 15, 14.

已知羊皮的含脂率服从正态分布,且两种方法处理后含脂率的方差相同,问两种方法处理后的羊皮含脂率有无显著差异?(取显著性水平 $\alpha=0.05$.)

2. 为比较两地居民的收入水平,分别在两地调查 21 户和 24 户,得到各户人均生活费收入数据后算得样本平均值为 58.37(元)和 56.12(元),样本标准差为 6.52(元)和 6.58(元),假定两地家庭人均生活费收入都服从正态分布且方差相同,问在显著性水平 $\alpha=0.05$ 下,两地居民人均生活费收入是否存在显著性差异?

3. 为比较吸烟与否对人的寿命的影响,专家从不吸烟的成人群和吸烟的成人群中,各抽取 400 名和 600 名跟踪调查,测得其平均寿命分别是 78.2 岁和 70.4 岁,已知两种情形下人的寿命都服从正态分布,且总体标准差分别是 8.5 岁和 8.8 岁,问不吸烟的成人群是否比吸烟的成人群的寿命要高些?(取显著性水平 $\alpha=0.05$.)

4. 已知有甲、乙两种工艺从矿石中提炼金属铜,两种工艺的提炼率分别服从正态分布 $N(\mu_1, 2^2)$ 和 $N(\mu_2, 3^2)$,为比较两种工艺的优劣,现用甲、乙两种工艺各进行了 10 次和 12 次试验,得金属铜的提炼率(%)为

甲:18.9, 17.6, 18.2, 19.0, 18.8, 17.5, 17.7, 18.4, 18.1, 18.5;

乙:16.6, 15.9, 17.1, 17.7, 17.2, 16.7, 16.4, 17.0, 15.8, 16.5, 16.4, 16.3.

问两种工艺对金属铜的提炼率有无显著差异?(取显著性水平 $\alpha=0.05$.)

5. 甲、乙两厂生产同一种元件,设元件的重量都服从正态分布,今从甲、乙两厂生产的元件中各抽测了 10 件和 9 件,得数据(单位:g)为

甲: $\bar{x}=45.67$, $s_1^2=2.36^2$;

乙: $\bar{y}=45.81$, $s_2^2=0.56^2$.

问乙厂生产的元件重量的方差是否比甲厂的小?(取显著性水平 $\alpha=0.05$.)

6. 甲、乙两台机床加工同一种零件,现分别从甲、乙机床加工的零件中随机抽测了 8 个和 7 个,其长度(单位:mm)分别为

甲:20.5, 19.8, 19.7, 20.4, 20.1, 19.0, 19.9, 20.0;

乙:19.7, 20.8, 20.5, 19.8, 19.4, 20.6, 19.2.

假设两机床加工零件的长度都服从正态分布,问是否可认为两台机床加工零件的平均长度无显著变化?(取显著性水平 $\alpha = 0.05$.)

7. 两台机床加工同一零件,分别取6件和9件,测得直径后计算得 $s_1^2 = 0.345$, $s_2^2 = 0.357$,假定零件直径都服从正态分布,能否断定 $\sigma_1^2 = \sigma_2^2$?(取显著性水平 $\alpha = 0.05$.)

8. 医生对于慢走是否能降低血压(单位:mmHg)这一问题的研究感兴趣.随机地选取8名病人慢走一个月,得到以下数据.

病人序号	1	2	3	4	5	6	7	8
慢走前 x_i	134	122	118	130	144	125	127	133
慢走后 y_i	130	120	123	127	138	121	132	135

设各对数据的差 $D_i = X_i - Y_i (i = 1, 2, \cdots, 8)$ 是来自正态总体 $N(\mu_D, \sigma_D^2)$ 的样本,μ_D, σ_D^2 均未知.问是否可以认为慢走后比慢走前血压有了降低,即检验假设 $H_0: \mu_D \leqslant 0$, $H_1: \mu_D > 0$(取显著性水平 $\alpha = 0.05$),并求 μ_D 的置信水平为0.95的置信区间.

总 习 题 8

一、选择题

1. 设总体 $X \sim N(\mu, \sigma^2)$, $x_1, \cdots, x_n$ 为一组观测值,检验 $H_0: \mu = 0.5$ 等价于(   ).

A. 判断总体 X 的均值一定等于0.5

B. 判断总体 X 的均值 μ 与0.5差别不大

C. 判断样本均值 $\bar{x} = 0.5$

D. 若区间 $\left(\bar{x} - \frac{\sigma}{\sqrt{n}} z_{\frac{\alpha}{2}}, \bar{x} + \frac{\sigma}{\sqrt{n}} z_{\frac{\alpha}{2}}\right)$ 包含0.5,则认为 $\mu = 0.5$,否则就认为 $\mu \neq 0.5$

2. 设总体 $X \sim N(\mu, \sigma^2)$,抽取容量为10的样本,计算得 $\bar{x} = 67.4$, $s^2 = 35.15$,检验假设 $H_0: \mu = 72$, $H_1: \mu \neq 72$,显著性水平 $\alpha = 0.05$,正确结论与方法是(   ).

A. 用Z检验法,临界值 $z_{0.025} = 1.96$,拒绝 H_0

B. 用T检验法,临界值 $t_{0.025}(9) = 2.262$,拒绝 H_0

C. 用T检验法,临界值 $t_{0.05}(9) = 1.83$,拒绝 H_0

D. 用Z检验法,临界值 $z_{0.05} = 1.64$,拒绝 H_0

3. 设 $X_1, X_2, \cdots, X_n$ 是来自正态总体 $N(\mu, \sigma^2)$ 的样本,据此样本检验 $H_0: \mu = \mu_0$, $H_1: \mu \neq \mu_0$,那么有(   ).

A. 若在显著性水平 $\alpha = 0.05$ 下拒绝 H_0,则在显著性水平 $\alpha = 0.01$ 下必拒绝 H_0

B. 若在显著性水平 $\alpha = 0.05$ 下接受 H_0,则在显著性水平 $\alpha = 0.01$ 下必接受 H_0

C. 若在显著性水平 $\alpha = 0.05$ 下拒绝 H_0,则在显著性水平 $\alpha = 0.01$ 下必接受 H_0

D. 若在显著性验水平 $\alpha = 0.05$ 下接受 H_0，则在显著性水平 $\alpha = 0.01$ 下必拒绝 H_0

二、填空题

1. 某产品以往废品率不高于5%，今抽取一样本，以检验这批产品废品率是否高于5%（显著性水平为 α），此问题的原假设为 H_0 ：________.

2. 设 $X_1, X_2, \cdots, X_n$ 是来自正态总体 $N(\mu, \sigma^2)$ 的样本，其中参数 μ 和 σ 未知，记 $\overline{X} = \frac{1}{n}\sum_{i=1}^{n} X_i$，$Q^2 = \sum_{i=1}^{n}(X_i - \overline{X})^2$，则假设 $H_0: \mu = 0$ 的 T 检验使用统计量为________.

3. 设 $X_1, X_2, \cdots X_n$ 是来自正态总体 $N(\mu, \sigma^2)$ 的样本，若 μ 已知，则检验假设 $H_0: \sigma^2 = \sigma_0^2$，$H_1: \sigma^2 \neq \sigma_0^2$ 的拒绝域为________.

三、解答题

1. 一袋中装有黑、白两种球，p 表示白球所占的比例，待检验假设为

$$H_0: p = \frac{1}{2},\ H_1: p = \frac{1}{5}.$$

从袋中任取4个球（放回抽样），当白球数小于2时，拒绝 H_0，否则接受 H_0，试求

(1) 总体及其分布；

(2) 样本容量 n；

(3) 拒绝域；

(4) 犯第一类错误概率 α 和第二类错误概率 β.

2. 设正态总体 X 的方差 σ^2 为已知，均值 μ 只可能取 μ_0 或 μ_1（设 $\mu_0 < \mu_1$）二值之一，$\overline{X}$ 为总体的容量为 n 的样本平均值. 在给定显著性水平 α 下，检验假设 $H_0: \mu = \mu_0$，$H_1: \mu = \mu_1 > \mu_0$ 时，犯第二类错误的概率为 β.

(1) 试验证：$\beta = \Phi\left(z_\alpha - \dfrac{\mu_1 - \mu_0}{\frac{\sigma}{\sqrt{n}}}\right)$，并由此导出关系式 $z_\alpha + z_\beta = \dfrac{\mu_1 - \mu_0}{\frac{\sigma}{\sqrt{n}}}$ 及 $n = (z_\alpha + z_\beta)^2 \dfrac{\sigma}{(\mu_1 - \mu_0)^2}$.

(2) 若 n 固定，当 α 减小时，β 的值怎样变化？

(3) 若 n 固定，当 β 减小时，α 的值怎样变化？并写出 $\sigma = 0.12$，$\mu_1 - \mu_0 = 0.02$，$\alpha = 0.05$，$\beta = 0.025$ 时，样本容量 n 至少等于多少？

3. 设某次考试的考生成绩服从正态分布，从中随机抽取36位考生的成绩，算得平均成绩为66.5分，标准差为15分. 问在显著性水平0.05下，是否可以认为这次考试全体考生的平均成绩为70分？并给出检验过程.

附表1　泊松分布数值表

$$P\{X=k\}=\frac{\lambda^k}{k!}e^{-\lambda}$$

k \ λ	0.1	0.2	0.3	0.4	0.5	0.6	0.7	0.8	0.9	1.0	1.5	2.0	2.5	3.0
0	0.904 8	0.818 7	0.740 8	0.670 3	0.606 5	0.548 8	0.496 6	0.449 3	0.406 6	0.367 9	0.223 1	0.135 3	0.082 1	0.049 8
1	0.090 5	0.163 7	0.222 3	0.268 1	0.303 3	0.329 3	0.347 6	0.359 5	0.365 9	0.367 9	0.334 7	0.270 7	0.205 2	0.149 4
2	0.004 5	0.016 4	0.033 3	0.053 6	0.075 8	0.098 8	0.121 6	0.143 8	0.164 7	0.183 9	0.251 0	0.270 7	0.256 5	0.224 0
3	0.000 2	0.001 1	0.003 3	0.007 2	0.012 6	0.019 8	0.028 4	0.038 3	0.049 4	0.061 3	0.125 5	0.180 5	0.213 8	0.224 0
4		0.000 1	0.000 3	0.000 7	0.001 6	0.003 0	0.005 0	0.007 7	0.011 1	0.015 3	0.047 1	0.090 2	0.133 6	0.168 1
5				0.000 1	0.000 2	0.000 3	0.000 7	0.001 2	0.002 0	0.003 1	0.014 1	0.036 1	0.066 8	0.100 8
6							0.000 1	0.000 2	0.000 3	0.000 5	0.003 5	0.012 0	0.027 8	0.050 4
7										0.000 1	0.000 8	0.003 4	0.009 9	0.021 6
8											0.000 2	0.000 9	0.003 1	0.008 1
9												0.000 2	0.000 9	0.002 7
10													0.000 2	0.000 8
11													0.000 1	0.000 2
12														0.000 1

k \ λ	3.5	4.0	4.5	5	6	7	8	9	10	11	12	13	14	15
0	0.030 2	0.018 3	0.011 1	0.006 7	0.002 5	0.000 9	0.000 3	0.000 1						
1	0.105 7	0.073 3	0.050 0	0.033 7	0.014 9	0.006 4	0.002 7	0.001 1	0.000 4	0.000 2	0.000 1			
2	0.185 0	0.146 5	0.112 5	0.084 2	0.044 6	0.022 3	0.010 7	0.005 0	0.002 3	0.001 0	0.000 4	0.000 2	0.000 1	
3	0.215 8	0.195 4	0.168 7	0.140 4	0.089 2	0.052 1	0.028 6	0.015 0	0.007 6	0.003 7	0.001 8	0.000 8	0.000 4	0.000 2
4	0.188 8	0.195 4	0.189 8	0.175 5	0.133 9	0.091 2	0.057 3	0.033 7	0.018 9	0.010 2	0.005 3	0.002 7	0.001 3	0.000 6
5	0.132 2	0.156 3	0.170 8	0.175 5	0.160 6	0.127 7	0.091 6	0.060 7	0.037 8	0.022 4	0.012 7	0.007 1	0.003 7	0.001 9
6	0.077 1	0.104 2	0.128 1	0.146 2	0.160 6	0.149 0	0.122 1	0.091 1	0.063 1	0.041 1	0.025 5	0.015 1	0.008 7	0.004 8
7	0.038 5	0.059 5	0.082 4	0.104 4	0.137 7	0.149 0	0.139 6	0.117 1	0.090 1	0.064 6	0.043 7	0.028 1	0.017 4	0.010 4

续 表

k \ λ	3.5	4.0	4.5	5	6	7	8	9	10	11	12	13	14	15
8	0.016 9	0.029 8	0.046 3	0.065 3	0.103 3	0.130 4	0.139 6	0.131 8	0.112 6	0.088 8	0.065 5	0.045 7	0.030 4	0.019 5
9	0.006 5	0.013 2	0.023 2	0.036 3	0.068 8	0.101 4	0.124 1	0.131 8	0.125 1	0.108 5	0.087 4	0.066 0	0.047 3	0.032 4
10	0.002 3	0.005 3	0.010 4	0.018 1	0.041 3	0.071 0	0.099 3	0.118 6	0.125 1	0.119 4	0.104 8	0.085 9	0.066 3	0.048 6
11	0.000 7	0.001 9	0.004 3	0.008 2	0.022 5	0.045 2	0.072 2	0.097 0	0.113 7	0.119 4	0.114 4	0.101 5	0.084 3	0.066 3
12	0.000 2	0.000 6	0.001 5	0.003 4	0.011 3	0.026 4	0.048 1	0.072 8	0.094 8	0.109 4	0.114 4	0.109 9	0.098 4	0.082 8
13	0.000 1	0.000 2	0.000 6	0.001 3	0.005 2	0.014 2	0.029 6	0.050 4	0.072 9	0.092 6	0.105 6	0.109 9	0.106 1	0.095 6
14		0.000 1	0.000 2	0.000 5	0.002 3	0.007 1	0.016 9	0.032 4	0.052 1	0.072 8	0.090 5	0.102 1	0.106 1	0.102 5
15			0.000 1	0.000 2	0.000 9	0.003 3	0.009 0	0.019 4	0.034 7	0.053 3	0.072 4	0.088 5	0.098 9	0.102 5
16				0.000 1	0.000 3	0.001 5	0.004 5	0.010 9	0.021 7	0.036 7	0.054 3	0.071 9	0.086 5	0.096 0
17					0.000 1	0.000 6	0.002 1	0.005 8	0.012 8	0.023 7	0.038 3	0.055 1	0.071 3	0.084 7
18						0.000 2	0.001 0	0.002 9	0.007 1	0.014 5	0.025 5	0.039 7	0.055 4	0.070 6
19						0.000 1	0.000 4	0.001 4	0.003 7	0.008 4	0.016 1	0.027 2	0.040 8	0.055 7
20							0.000 2	0.000 6	0.001 9	0.004 6	0.009 7	0.017 7	0.028 6	0.041 8
21							0.000 1	0.000 3	0.000 9	0.002 4	0.005 5	0.010 9	0.019 1	0.029 9
22								0.000 1	0.000 4	0.001 3	0.003 0	0.006 5	0.012 2	0.020 4
23									0.000 2	0.000 6	0.001 6	0.003 6	0.007 4	0.013 3
24									0.000 1	0.000 3	0.000 8	0.002 0	0.004 3	0.008 3
25										0.000 1	0.000 4	0.001 1	0.002 4	0.005 0
26											0.000 2	0.000 5	0.001 3	0.002 9
27											0.000 1	0.000 2	0.000 7	0.001 7
28												0.000 1	0.000 3	0.000 9
29													0.000 2	0.000 4
30													0.000 1	0.000 2
31														0.000 1

λ=20						λ=30					
k	p	k	p	k	p	k	p	k	p	k	p
5	0.000 1	20	0.088 9	35	0.000 7	10		25	0.051 1	40	0.013 9
6	0.000 2	21	0.084 6	36	0.000 4	11		26	0.059 0	41	0.010 2
7	0.000 6	22	0.076 9	37	0.000 2	12	0.000 1	27	0.065 5	42	0.007 3
8	0.001 3	23	0.066 9	38	0.000 1	13	0.000 2	28	0.070 2	43	0.005 1
9	0.002 9	24	0.055 7	39	0.000 1	14	0.000 5	29	0.072 7	44	0.003 5
10	0.005 8	25	0.044 6			15	0.001 0	30	0.072 7	45	0.002 3
11	0.010 6	26	0.034 3			16	0.001 9	31	0.070 3	46	0.001 5
12	0.017 6	27	0.025 4			17	0.003 4	32	0.065 9	47	0.001 0
13	0.027 1	28	0.018 3			18	0.005 7	33	0.059 9	48	0.000 6
14	0.038 2	29	0.012 5			19	0.008 9	34	0.052 9	49	0.000 4
15	0.051 7	30	0.008 3			20	0.013 4	35	0.045 3	50	0.000 2
16	0.064 6	31	0.005 4			21	0.019 2	36	0.037 8	51	0.000 1
17	0.076 0	32	0.003 4			22	0.026 1	37	0.030 6	52	0.000 1
18	0.084 4	33	0.002 1			23	0.034 1	38	0.024 2		
19	0.088 9	34	0.001 2			24	0.042 6	39	0.018 6		

λ=40						λ=50					
k	p	k	p	k	p	k	p	k	p	k	p
15		35	0.048 5	55	0.004 3	25		45	0.045 8	65	0.006 3
16		36	0.053 9	56	0.003 1	26	0.000 1	46	0.049 8	66	0.004 8
17		37	0.058 3	57	0.002 2	27	0.000 1	47	0.053 0	67	0.003 6
18	0.000 1	38	0.061 4	58	0.001 5	28	0.000 2	48	0.055 2	68	0.002 6
19	0.000 1	39	0.062 9	59	0.001 0	29	0.000 4	49	0.056 4	69	0.001 9
20	0.000 2	40	0.062 9	60	0.000 7	30	0.000 7	50	0.056 4	70	0.001 4
21	0.000 4	41	0.061 4	61	0.000 5	31	0.001 1	51	0.055 2	71	0.001 0
22	0.000 7	42	0.058 5	62	0.000 3	32	0.001 7	52	0.053 1	72	0.000 7
23	0.001 2	43	0.054 4	63	0.000 2	33	0.002 6	53	0.050 1	73	0.000 5
24	0.001 9	44	0.049 5	64	0.000 1	34	0.003 8	54	0.046 4	74	0.000 3
25	0.003 1	45	0.044 0	65	0.000 1	35	0.005 4	55	0.042 2	75	0.000 2
26	0.004 7	46	0.038 2			36	0.007 5	56	0.037 7	76	0.000 1
27	0.007 0	47	0.032 5			37	0.010 2	57	0.033 0	77	0.000 1
28	0.010 0	48	0.027 1			38	0.013 4	58	0.028 5	78	0.000 1
29	0.013 9	49	0.022 1			39	0.017 2	59	0.024 1		
30	0.018 5	50	0.017 7			40	0.021 5	60	0.020 1		
31	0.023 8	51	0.013 9			41	0.026 2	61	0.016 5		
32	0.029 8	52	0.010 7			42	0.031 2	62	0.013 3		
33	0.036 1	53	0.008 1			43	0.036 3	63	0.010 6		
34	0.042 5	54	0.006 0			44	0.041 2	64	0.008 2		

附表 2　标准正态分布表

$$\Phi(x)=\frac{1}{\sqrt{2\pi}}\int_{-\infty}^{x}\mathrm{e}^{-\frac{t^2}{2}}\mathrm{d}t$$

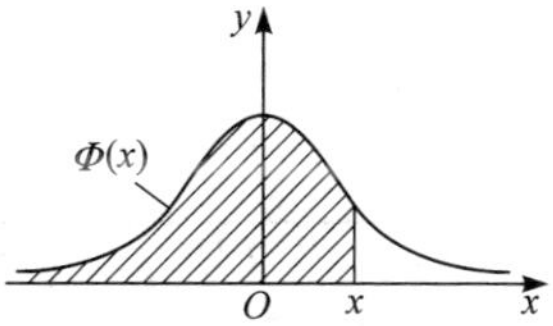

x	0.00	0.01	0.02	0.03	0.04	0.05	0.06	0.07	0.08	0.09
0.0	0.500 0	0.504 0	0.508 0	0.512 0	0.516 0	0.519 9	0.523 9	0.527 9	0.531 9	0.535 9
0.1	0.539 8	0.543 8	0.547 8	0.551 7	0.555 7	0.559 6	0.563 6	0.567 5	0.571 4	0.575 3
0.2	0.579 3	0.583 2	0.587 1	0.591 0	0.594 8	0.598 7	0.602 6	0.606 4	0.610 3	0.614 1
0.3	0.617 9	0.621 7	0.625 5	0.629 3	0.633 1	0.636 8	0.640 4	0.644 3	0.648 0	0.651 7
0.4	0.655 4	0.659 1	0.662 8	0.666 4	0.670 0	0.673 6	0.677 2	0.680 8	0.684 4	0.687 9
0.5	0.691 5	0.695 0	0.698 5	0.701 9	0.705 4	0.708 8	0.712 3	0.715 7	0.719 0	0.722 4
0.6	0.725 7	0.729 1	0.732 4	0.735 7	0.738 9	0.742 2	0.745 4	0.748 6	0.751 7	0.754 9
0.7	0.758 0	0.761 1	0.764 2	0.767 3	0.770 3	0.773 4	0.776 4	0.779 4	0.782 3	0.785 2
0.8	0.788 1	0.791 0	0.793 9	0.796 7	0.799 5	0.802 3	0.805 1	0.807 8	0.810 6	0.813 3
0.9	0.815 9	0.818 6	0.821 2	0.823 8	0.826 4	0.828 9	0.835 5	0.834 0	0.836 5	0.838 9
1.0	0.841 3	0.843 8	0.846 1	0.848 5	0.850 8	0.853 1	0.855 4	0.857 7	0.859 9	0.862 1
1.1	0.864 3	0.866 5	0.868 6	0.870 8	0.872 9	0.874 9	0.877 0	0.879 0	0.881 0	0.883 0
1.2	0.884 9	0.886 9	0.888 8	0.890 7	0.892 5	0.894 4	0.896 2	0.898 0	0.899 7	0.901 5
1.3	0.903 2	0.904 9	0.906 6	0.908 2	0.909 9	0.911 5	0.913 1	0.914 7	0.916 2	0.917 7
1.4	0.919 2	0.920 7	0.922 2	0.923 6	0.925 1	0.926 5	0.927 9	0.929 2	0.930 6	0.931 9
1.5	0.933 2	0.934 5	0.935 7	0.937 0	0.938 2	0.939 4	0.940 6	0.941 8	0.943 0	0.944 1
1.6	0.945 2	0.946 3	0.947 4	0.948 4	0.949 5	0.950 5	0.951 5	0.952 5	0.953 5	0.953 5
1.7	0.955 4	0.956 4	0.957 3	0.958 2	0.959 1	0.959 9	0.960 8	0.961 6	0.962 5	0.963 3
1.8	0.964 1	0.964 8	0.965 6	0.966 4	0.967 2	0.967 8	0.968 6	0.969 3	0.970 0	0.970 6
1.9	0.971 3	0.971 9	0.972 6	0.973 2	0.973 8	0.974 4	0.975 0	0.975 6	0.976 2	0.976 7
2.0	0.977 2	0.977 8	0.978 3	0.978 8	0.979 3	0.979 8	0.980 3	0.980 8	0.981 2	0.981 7
2.1	0.982 1	0.982 6	0.983 0	0.983 4	0.983 8	0.984 2	0.984 6	0.985 0	0.985 4	0.985 7
2.2	0.986 1	0.986 4	0.986 8	0.987 1	0.987 4	0.987 8	0.988 1	0.988 4	0.988 7	0.989 0
2.3	0.989 3	0.989 6	0.989 8	0.990 1	0.990 4	0.990 6	0.990 9	0.991 1	0.991 3	0.991 6
2.4	0.991 8	0.992 0	0.992 2	0.992 5	0.992 7	0.992 9	0.993 1	0.993 2	0.993 4	0.993 6
2.5	0.993 8	0.994 0	0.994 1	0.994 3	0.994 5	0.994 6	0.994 8	0.994 9	0.995 1	0.995 2
2.6	0.995 3	0.995 5	0.995 6	0.995 7	0.995 9	0.996 0	0.996 1	0.996 2	0.996 3	0.996 4
2.7	0.996 5	0.996 6	0.996 7	0.996 8	0.996 9	0.997 0	0.997 1	0.997 2	0.997 3	0.997 4
2.8	0.997 4	0.997 5	0.997 6	0.997 7	0.997 7	0.997 8	0.997 9	0.997 9	0.998 0	0.998 1
2.9	0.998 1	0.998 2	0.998 2	0.998 3	0.998 4	0.998 4	0.998 5	0.998 5	0.998 6	0.998 6

x	0.0	0.1	0.2	0.3	0.4	0.5	0.6	0.7	0.8	0.9
3	0.998 7	0.999 0	0.999 3	0.999 5	0.999 7	0.999 8	0.999 8	0.999 9	0.999 9	1.000 0

附表 3 χ^2 分布表

$$P\{\chi^2(n) > \chi_\alpha^2(n)\} = \alpha$$

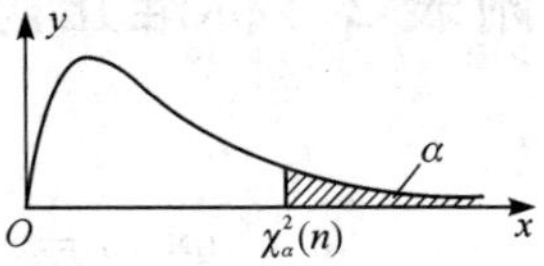

n	α=0.995	0.99	0.975	0.95	0.90	0.75
1	—	—	0.001	0.004	0.016	0.102
2	0.010	0.020	0.051	0.103	0.211	0.575
3	0.072	0.115	0.216	0.352	0.584	1.213
4	0.207	0.297	0.484	0.711	1.064	1.923
5	0.412	0.554	0.831	1.145	1.610	2.675
6	0.676	0.872	1.237	1.635	2.204	3.455
7	0.989	1.239	1.690	2.167	2.833	4.255
8	1.344	1.646	2.180	2.733	3.490	5.071
9	1.735	2.088	2.700	3.325	4.168	5.899
10	2.156	2.558	3.247	3.940	4.865	6.737
11	2.603	3.053	3.816	4.575	5.578	7.584
12	3.074	3.571	4.404	5.226	6.304	8.438
13	3.565	4.107	5.009	5.892	7.042	9.299
14	4.075	4.660	5.629	6.571	7.790	10.165
15	4.601	5.229	6.262	7.261	8.547	11.037
16	5.142	5.812	6.908	7.962	9.312	11.912
17	5.697	6.408	7.564	8.672	10.085	12.792
18	6.265	7.015	8.231	9.390	10.865	13.675
19	6.844	7.633	8.907	10.117	11.651	14.562
20	7.434	8.260	9.591	10.851	12.443	15.452
21	8.034	8.897	10.283	11.591	13.240	16.344
22	8.643	9.542	10.982	12.338	14.042	17.240
23	9.260	10.196	11.689	13.091	14.848	18.137
24	9.886	10.856	12.401	13.848	15.659	19.037
25	10.520	11.524	13.120	14.611	16.473	19.939
26	11.160	12.198	13.844	15.379	17.292	20.843
27	11.808	12.879	14.573	16.151	18.114	21.749
28	12.461	13.565	15.308	16.928	18.939	22.657
29	13.121	14.257	16.047	17.708	19.768	23.567
30	13.787	14.954	16.791	18.493	20.599	24.478
31	14.458	15.655	17.539	19.281	21.434	25.390
32	15.134	16.362	18.291	20.072	22.271	26.304
33	15.815	17.074	19.047	20.807	23.110	27.219
34	16.501	17.789	19.806	21.664	23.952	28.136
35	17.192	18.509	20.569	22.465	24.797	29.054

续 表

n	$\alpha=0.995$	0.99	0.975	0.95	0.90	0.75
36	17.887	19.233	21.336	23.269	25.613	29.973
37	18.586	19.960	22.106	24.075	26.492	30.893
38	19.289	20.691	22.878	24.884	27.343	31.815
39	19.996	21.426	23.654	25.695	28.196	32.737
40	20.707	22.164	24.433	26.509	29.051	33.660
41	21.421	22.906	25.215	27.326	29.907	34.585
42	22.138	23.650	25.999	28.144	30.765	35.510
43	22.859	24.398	26.785	28.965	31.625	36.430
44	23.584	25.143	27.575	29.787	32.487	37.363
45	24.311	25.902	28.366	30.612	33.350	38.291

n	$\alpha=0.25$	0.10	0.05	0.025	0.01	0.005
1	1.323	2.706	3.841	5.024	6.635	7.879
2	2.773	4.605	5.991	7.378	9.210	10.597
3	4.108	6.251	7.815	9.348	11.345	12.838
4	5.385	7.779	9.488	11.143	13.277	14.860
5	6.626	9.236	11.071	12.833	15.086	16.750
6	7.841	10.645	12.592	14.449	16.812	18.548
7	9.037	12.017	14.067	16.013	18.475	20.278
8	10.219	13.362	15.507	17.535	20.090	21.955
9	11.389	14.684	16.919	19.023	21.666	23.589
10	12.549	15.987	18.307	20.483	23.209	25.188
11	13.701	17.275	19.675	21.920	24.725	26.757
12	14.845	18.549	21.026	23.337	26.217	28.299
13	15.984	19.812	22.362	24.736	27.688	29.819
14	17.117	21.064	23.685	26.119	29.141	31.319
15	18.245	22.307	24.996	27.488	30.578	32.801
16	19.369	23.542	26.296	28.845	32.000	34.267
17	20.489	24.769	27.587	30.191	33.409	35.718
18	21.605	25.989	28.869	31.526	34.805	37.156
19	22.718	27.204	30.144	32.852	36.191	38.582
20	23.828	28.412	31.410	34.170	37.566	39.997
21	24.935	29.615	32.671	35.479	38.932	41.401
22	26.039	30.813	33.924	36.781	40.289	42.796
23	27.141	32.007	35.172	38.076	41.638	44.181
24	28.241	33.196	36.415	39.364	42.980	45.559
25	29.339	34.382	37.652	40.646	44.314	46.928

续 表

n	α=0.25	0.10	0.05	0.025	0.01	0.005
26	30.435	35.563	38.885	41.923	45.642	48.290
27	31.528	36.741	40.113	43.194	46.963	49.645
28	32.620	37.916	41.337	44.461	48.278	50.993
29	33.711	39.087	42.557	45.722	49.588	52.336
30	34.800	40.256	43.773	46.979	50.892	53.672
31	35.887	41.422	44.985	48.232	52.191	55.003
32	36.973	42.585	46.194	49.480	53.486	56.328
33	38.053	43.745	47.400	50.725	54.776	57.648
34	39.141	44.903	48.602	51.966	56.061	58.964
35	40.223	46.059	49.802	53.203	57.342	60.275
36	41.304	47.212	50.998	54.437	58.619	61.581
37	42.383	48.363	52.192	55.668	59.892	62.883
38	43.462	49.513	53.384	56.896	61.162	64.181
39	44.539	50.660	54.572	58.120	62.428	65.476
40	45.616	51.805	55.758	59.342	63.691	66.766
41	46.692	52.949	56.942	60.561	64.950	68.053
42	47.766	54.090	58.124	61.777	66.206	69.336
43	48.840	55.230	59.304	62.990	67.459	70.606
44	49.913	56.369	60.481	64.201	68.710	71.893
45	50.985	57.505	61.656	65.410	69.957	73.166

附表 4　t 分布表

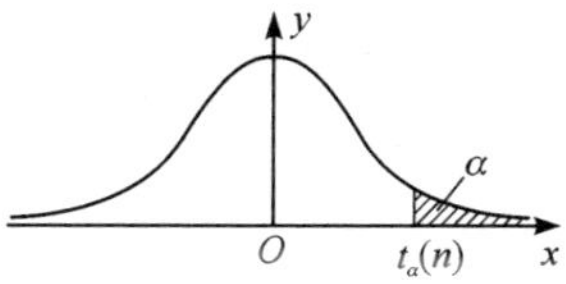

$$P\{t(n) > t_\alpha(n)\} = \alpha$$

n	α=0.25	0.10	0.05	0.025	0.01	0.005
1	1.000 0	3.077 7	6.313 8	12.706 2	31.820 7	63.657 4
2	0.816 5	1.885 6	2.920 0	4.302 7	6.964 6	9.924 8
3	0.764 9	1.637 7	2.353 4	3.182 4	4.540 7	5.840 9
4	0.740 7	1.533 2	2.131 8	2.776 4	3.746 9	4.604 1
5	0.726 7	1.475 9	2.015 0	2.570 6	3.364 9	4.032 2
6	0.717 6	1.439 8	1.943 2	0.446 9	3.142 7	3.707 4
7	0.711 1	1.414 9	1.894 6	2.364 6	2.998 0	3.499 5
8	0.706 4	1.396 8	1.859 5	2.306 0	2.896 5	3.355 4
9	0.702 7	1.383 0	1.833 1	2.262 2	2.821 4	3.249 8
10	0.699 8	1.372 2	1.812 5	2.228 1	2.763 8	3.169 3
11	0.697 4	1.363 4	1.795 9	2.210 1	2.718 1	3.105 8
12	0.695 5	1.356 2	1.782 3	2.178 8	2.681 0	3.054 5
13	0.693 8	1.350 2	1.770 9	2.160 4	2.650 3	3.012 3
14	0.692 4	1.345 0	1.761 3	2.144 8	2.622 5	2.976 8
15	0.691 2	1.340 6	1.753 1	2.131 5	2.602 5	2.946 7
16	0.690 1	1.336 8	1.745 9	2.119 9	2.583 5	2.920 8
17	0.689 2	1.333 4	1.739 6	2.109 8	2.566 9	2.898 2
18	0.688 4	1.330 4	1.734 1	2.100 9	2.552 4	2.878 4
19	0.687 6	1.327 7	1.729 1	2.093 0	2.539 5	2.860 9
20	0.687 0	1.325 3	1.724 7	2.086 0	2.528 0	2.845 3
21	0.686 4	1.323 2	1.720 7	2.079 6	2.517 7	2.831 4
22	0.685 8	1.321 2	1.717 1	2.073 9	2.508 3	2.818 8
23	0.685 3	1.319 5	1.713 9	2.068 7	2.499 9	2.807 3
24	0.684 8	1.317 8	1.710 9	2.063 9	2.492 2	2.796 9
25	0.684 4	1.316 3	1.708 1	2.059 5	2.485 1	2.787 4
26	0.684 0	1.315 0	1.705 8	2.055 5	2.478 6	2.778 7
27	0.683 7	1.313 7	1.703 3	2.051 8	2.472 7	2.770 7
28	0.683 4	1.312 5	1.701 1	2.048 4	2.467 1	2.763 3
29	0.683 0	1.311 4	1.699 1	2.045 2	2.462 0	2.756 4
30	0.682 8	1.310 4	1.697 3	2.042 3	2.457 3	2.750 0
31	0.682 5	1.309 5	1.695 5	2.039 5	2.452 8	2.744 0
32	0.682 2	1.308 6	1.693 9	2.036 9	2.448 7	2.738 5
33	0.682 0	1.307 7	1.692 4	2.034 5	2.444 8	2.733 3
34	0.681 8	1.307 0	1.690 9	2.032 2	2.441 1	2.728 4
35	0.681 6	0.306 2	1.689 6	2.030 1	2.437 7	2.723 8

续 表

n	$\alpha=0.25$	0.10	0.05	0.025	0.01	0.005
36	0.681 4	1.305 5	1.688 3	2.028 1	2.434 5	2.719 5
37	0.681 2	1.304 9	1.687 1	2.026 2	2.431 4	2.715 4
38	0.681 0	1.304 2	1.686 0	2.024 4	2.428 6	2.711 6
39	0.680 8	1.303 6	1.684 9	2.022 7	2.425 8	2.707 9
40	0.680 7	1.303 1	1.683 9	2.021 1	2.423 3	2.704 5
41	0.680 5	1.302 5	1.682 9	2.019 5	2.420 8	2.701 2
42	0.680 4	1.302 0	1.682 0	2.018 1	2.418 5	2.698 1
43	0.680 2	1.301 6	1.681 1	2.016 7	2.416 3	2.695 1
44	0.680 1	1.301 1	1.680 2	2.015 4	2.414 1	2.692 3
45	0.680 0	1.300 6	1.679 4	2.014 1	2.412 1	2.680 6

附表 5　F 分布表

$$P\{F(n_1, n_2) > F_\alpha(n_1, n_2)\} = \alpha$$

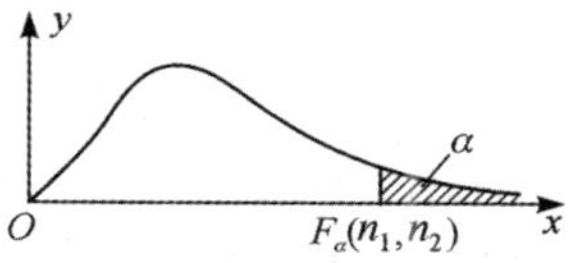

$\alpha=0.10$

n_2 \ n_1	1	2	3	4	5	6	7	8	9	10	12	15	20	24	30	40	60	120	∞
1	39.86	49.50	53.59	55.83	57.24	58.20	58.91	59.44	59.86	60.19	60.71	61.22	61.74	62.00	62.26	62.53	62.79	63.06	63.33
2	8.53	9.00	9.16	9.24	9.29	9.33	9.35	9.37	9.38	9.39	9.41	9.42	9.44	9.45	9.46	9.47	9.47	9.48	9.49
3	5.54	5.46	5.39	5.34	5.31	5.28	5.27	5.25	5.24	5.23	5.22	5.20	5.18	5.18	5.17	5.16	5.15	5.14	5.13
4	4.54	4.32	4.19	4.11	4.05	4.01	3.98	3.95	3.94	3.92	3.90	3.87	3.84	3.83	3.82	3.80	3.79	3.78	4.76
5	4.06	3.78	3.62	3.52	3.45	3.40	3.37	3.34	3.32	3.30	3.27	3.24	3.21	3.19	3.17	3.16	3.14	3.12	3.10
6	3.78	3.46	3.29	3.18	3.11	3.05	3.01	2.98	2.96	2.94	2.90	2.87	2.84	2.82	2.80	2.78	2.76	2.74	2.72
7	3.59	3.26	3.07	2.96	2.88	2.83	2.78	2.75	2.72	2.70	2.67	2.63	2.59	2.58	2.56	2.54	2.51	2.49	2.47
8	3.46	3.11	2.92	2.81	2.73	2.67	2.62	2.59	2.56	2.54	2.50	2.46	2.42	2.40	2.38	2.36	2.34	2.32	2.29
9	3.36	3.01	2.81	2.69	2.61	2.55	2.51	2.47	2.44	2.42	2.38	2.34	2.30	2.28	2.25	2.23	2.21	2.18	2.16
10	3.29	2.92	2.73	2.61	2.52	2.46	2.41	2.38	2.35	2.32	2.28	2.24	2.20	2.18	2.16	2.13	2.11	2.08	2.06
11	3.23	2.86	2.66	2.54	2.45	2.39	2.34	2.30	2.27	2.25	2.21	2.17	2.12	2.10	2.08	2.05	2.03	2.00	1.97
12	3.18	2.81	2.61	2.48	2.39	2.33	2.28	2.24	2.21	2.19	2.15	2.10	2.06	2.04	2.01	1.99	1.96	1.93	1.90
13	3.14	2.76	2.56	2.43	2.35	2.28	2.23	2.20	2.16	2.14	2.10	2.05	2.01	1.98	1.96	1.93	1.90	1.88	1.85
14	3.10	2.73	2.52	2.39	2.31	2.24	2.19	2.15	2.12	2.10	2.05	2.01	1.96	1.94	1.91	1.89	1.86	1.83	1.80
15	3.07	2.70	2.49	2.36	2.27	2.21	2.16	2.12	2.09	2.06	2.02	1.97	1.92	1.90	1.87	1.85	1.82	1.79	1.76
16	3.05	2.67	2.46	2.33	2.24	2.18	2.13	2.09	2.06	2.03	1.99	1.94	1.89	1.87	1.84	1.81	1.78	1.75	1.72
17	3.03	2.64	2.44	2.31	2.22	2.15	2.10	2.06	2.03	2.00	1.96	1.91	1.86	1.84	1.81	1.78	1.75	1.72	1.69
18	3.01	2.62	2.42	2.29	2.20	2.13	2.08	2.04	2.00	1.98	1.93	1.89	1.84	1.81	1.78	1.75	1.72	1.69	1.66
19	2.99	2.61	2.40	2.27	2.18	2.11	2.06	2.02	1.98	1.96	1.91	1.86	1.81	1.79	1.76	1.73	1.70	1.67	1.63
20	2.97	2.59	2.38	2.25	2.16	2.09	2.04	2.00	1.96	1.94	1.89	1.84	1.79	1.77	1.74	1.71	1.68	1.64	1.61

续 表

n_2 \ n_1	1	2	3	4	5	6	7	8	9	10	12	15	20	24	30	40	60	120	∞
21	2.96	2.57	2.36	2.23	2.14	2.08	2.02	1.98	1.95	1.92	1.87	1.83	1.78	1.75	1.72	1.69	1.66	1.62	1.59
22	2.95	2.56	2.35	2.22	2.13	2.06	2.01	1.97	1.93	1.90	1.86	1.81	1.76	1.73	1.70	1.67	1.64	1.60	1.57
23	2.94	2.55	2.34	2.21	2.11	2.05	1.99	1.95	1.92	1.89	1.84	1.80	1.74	1.72	1.69	1.66	1.62	1.59	1.55
24	2.93	2.54	2.33	2.19	2.10	2.04	1.98	1.94	1.91	1.88	1.83	1.78	1.73	1.70	1.67	1.64	1.61	1.57	1.53
25	2.92	2.53	2.32	2.18	2.09	2.02	1.97	1.93	1.89	1.87	1.82	1.77	1.72	1.69	1.66	1.63	1.59	1.56	1.52
26	2.91	2.52	2.31	2.17	2.08	2.01	1.96	1.92	1.88	1.86	1.81	1.76	1.71	1.68	1.65	1.61	1.58	1.54	1.50
27	2.90	2.51	2.30	2.17	2.07	2.00	1.95	1.91	1.87	1.85	1.80	1.75	1.70	1.67	1.64	1.60	1.57	1.53	1.49
28	2.89	2.50	2.29	2.16	2.06	2.00	1.94	1.90	1.87	1.84	1.79	1.74	1.69	1.66	1.63	1.59	1.56	1.52	1.48
29	2.89	2.50	2.28	2.15	2.06	1.99	1.93	1.89	1.86	1.83	1.78	1.73	1.68	1.65	1.62	1.58	1.55	1.51	1.47
30	2.88	2.49	2.28	2.14	2.05	1.98	1.93	1.88	1.85	1.82	1.77	1.72	1.67	1.64	1.61	1.57	1.54	1.50	1.46
40	2.84	2.44	2.23	2.09	2.00	1.93	1.87	1.83	1.79	1.76	1.71	1.66	1.61	1.57	1.54	1.51	1.47	1.42	1.38
60	2.79	2.39	2.18	2.04	1.95	1.87	1.82	1.77	1.74	1.71	1.66	1.60	1.54	1.51	1.48	1.44	1.40	1.35	1.29
120	2.75	2.35	2.13	1.99	1.90	1.82	1.77	1.72	1.68	1.65	1.60	1.55	1.48	1.45	1.41	1.37	1.32	1.26	1.19
∞	2.71	2.30	2.08	1.94	1.85	1.77	1.72	1.67	1.63	1.60	1.55	1.49	1.42	1.38	1.34	1.30	1.24	1.17	1.00

$\alpha = 0.05$

n_2 \ n_1	1	2	3	4	5	6	7	8	9	10	12	15	20	24	30	40	60	120	∞
1	161.4	199.5	215.7	224.6	230.2	234.0	236.8	238.9	240.5	241.9	243.9	245.9	248.0	249.1	250.1	251.1	252.2	253.3	254.3
2	18.51	19.00	19.16	19.25	19.30	19.33	19.35	19.37	19.38	19.40	19.41	19.43	19.45	19.45	19.46	19.47	19.48	19.49	19.50
3	10.13	9.55	9.28	9.12	9.01	8.94	8.89	8.85	8.81	8.79	8.74	8.70	8.66	8.64	8.62	8.59	8.57	8.55	8.53
4	7.71	6.94	6.59	6.39	6.26	6.16	6.09	6.04	6.00	5.96	5.91	5.86	5.80	5.77	5.75	5.72	5.69	5.66	5.63
5	6.61	5.79	5.41	5.19	5.05	4.95	4.88	4.82	4.77	4.74	4.68	4.62	4.56	4.53	4.50	4.46	4.43	4.40	4.36
6	5.99	5.14	4.76	4.53	4.39	4.28	4.21	4.15	4.10	4.06	4.00	3.94	3.87	3.74	3.81	3.77	3.74	3.70	3.67
7	5.59	4.74	4.35	4.12	3.97	3.87	3.79	3.73	3.68	3.64	3.57	3.51	3.44	3.41	3.38	3.34	3.30	3.27	3.23
8	5.32	4.46	4.07	3.84	3.69	3.58	3.50	3.44	3.39	3.35	3.28	3.22	3.15	3.12	3.08	3.04	3.01	2.97	2.93

续 表

n_2 \ n_1	1	2	3	4	5	6	7	8	9	10	12	15	20	24	30	40	60	120	∞
9	5.12	4.26	3.86	3.63	3.48	3.37	3.29	3.23	3.18	3.14	3.07	3.01	2.94	2.90	2.86	2.83	2.79	2.75	2.71
10	4.96	4.10	3.71	3.48	3.33	3.22	3.14	3.07	3.02	2.98	2.91	2.85	2.77	2.74	2.70	2.66	2.62	2.58	2.54
11	4.84	3.98	3.59	3.36	3.20	3.09	3.01	2.95	2.90	2.85	2.79	2.72	2.65	2.61	2.57	2.53	2.49	2.45	2.40
12	4.75	3.89	3.49	3.26	3.11	3.00	2.91	2.85	2.80	2.75	2.69	2.62	2.54	2.51	2.47	2.43	2.38	2.34	2.30
13	4.67	3.81	3.41	3.18	3.03	2.92	2.83	2.77	2.71	2.67	2.60	2.53	2.46	2.42	2.38	2.34	2.30	2.25	2.21
14	4.60	3.74	3.34	3.11	2.96	2.85	2.76	2.70	2.65	2.60	2.53	2.46	2.39	2.35	2.31	2.27	2.22	2.18	2.13
15	4.54	3.68	3.29	3.06	2.90	2.79	2.71	2.64	2.59	2.54	2.48	2.40	2.33	2.29	2.25	2.20	2.16	2.11	2.07
16	4.49	3.63	3.24	3.01	2.85	2.74	2.66	2.59	2.54	2.49	2.42	2.35	2.28	2.24	2.19	2.15	2.11	2.06	2.01
17	4.45	3.59	3.20	2.96	2.81	2.70	2.61	2.55	2.49	2.45	2.38	2.31	2.23	2.19	2.15	2.10	2.06	2.01	1.96
18	4.41	3.55	3.16	2.93	2.77	2.66	2.58	2.51	2.46	2.41	2.34	2.27	2.19	2.15	2.11	2.06	2.02	1.97	1.92
19	4.38	3.52	3.13	2.90	2.74	2.63	2.54	2.48	2.42	2.38	2.31	2.23	2.16	2.11	2.07	2.03	1.98	1.93	1.88
20	4.35	3.49	3.10	2.87	2.71	2.60	2.51	2.45	2.39	2.35	2.28	2.20	2.12	2.08	2.04	1.99	1.95	1.90	1.84
21	4.32	3.47	3.07	2.84	2.68	2.57	2.49	2.42	2.37	2.32	2.25	2.18	2.10	2.05	2.01	1.96	1.92	1.87	1.81
22	4.30	3.44	3.05	2.82	2.66	2.55	2.46	2.40	2.34	2.30	2.23	2.15	2.07	2.03	1.98	1.94	1.89	1.84	1.78
23	4.28	3.42	3.03	2.80	2.64	2.53	2.44	2.37	2.32	2.27	2.20	2.13	2.05	2.01	1.96	1.91	1.86	1.81	1.76
24	4.26	3.40	3.01	2.78	2.62	2.51	2.42	2.36	2.30	2.25	2.18	2.11	2.03	1.98	1.94	1.89	1.84	1.79	1.73
25	4.24	3.39	2.99	2.76	2.60	2.49	2.40	2.34	2.28	2.24	2.16	2.09	2.01	1.96	1.92	1.87	1.82	1.77	1.71
26	4.23	3.37	2.98	2.74	2.59	2.47	2.39	2.32	2.27	2.22	2.15	2.07	1.99	1.95	1.90	1.85	1.80	1.75	1.69
27	4.21	3.35	2.96	2.73	2.57	2.46	2.37	2.31	2.25	2.20	2.13	2.06	1.97	1.93	1.88	1.84	1.79	1.73	1.67
28	4.20	3.34	2.95	2.71	2.56	2.45	2.36	2.29	2.24	2.19	2.12	2.04	1.96	1.91	1.87	1.82	1.77	1.71	1.65
29	4.18	3.33	2.93	2.70	2.55	2.43	2.35	2.28	2.22	2.18	2.10	2.03	1.94	1.90	1.85	1.81	1.75	1.70	1.64
30	4.17	3.32	2.92	2.69	2.53	2.42	2.33	2.27	2.21	2.16	2.09	2.01	1.93	1.89	1.84	1.79	1.74	1.68	1.62
40	4.08	3.23	2.84	2.61	2.45	2.34	2.25	2.18	2.12	2.08	2.00	1.92	1.84	1.79	1.74	1.69	1.64	1.58	1.51
60	4.00	3.15	2.76	2.53	2.37	2.25	2.17	2.10	2.04	1.99	1.92	1.84	1.75	1.70	1.65	1.59	1.53	1.47	1.39

续 表

n_2 \ n_1	1	2	3	4	5	6	7	8	9	10	12	15	20	24	30	40	60	120	∞
120	3.92	3.07	2.68	2.45	2.29	2.17	2.09	2.02	1.96	1.91	1.83	1.75	1.66	1.61	1.55	1.50	1.43	1.35	1.25
∞	3.84	3.00	2.60	2.37	2.21	2.10	2.01	1.94	1.88	1.83	1.75	1.67	1.57	1.52	1.46	1.39	1.32	1.22	1.00

$\alpha = 0.025$

n_2 \ n_1	1	2	3	4	5	6	7	8	9	10	12	15	20	24	30	40	60	120	∞
1	647.8	799.5	864.2	899.6	921.8	937.1	948.2	956.7	963.3	368.6	976.7	984.9	993.1	997.2	1 001	1 006	1 010	1 014	1 018
2	38.51	39.00	39.17	39.25	39.30	39.33	39.36	39.37	39.39	39.40	39.41	39.43	39.45	39.46	39.46	39.47	39.48	39.49	39.50
3	17.44	16.04	15.44	15.10	14.88	14.73	14.62	14.54	14.47	14.42	14.34	14.25	14.17	14.12	14.08	14.04	13.99	13.95	13.90
4	12.22	10.65	9.98	9.60	9.36	9.20	9.07	8.98	8.90	8.84	8.75	8.66	8.56	8.51	8.46	8.41	8.36	8.31	8.26
5	10.01	8.43	7.76	7.39	7.15	6.98	6.85	6.76	6.68	6.62	6.52	6.43	6.33	6.28	6.23	6.18	6.12	6.07	6.02
6	8.81	7.26	6.60	6.23	5.99	5.82	5.70	5.60	5.52	5.46	5.37	5.27	5.17	5.12	5.07	5.01	4.96	4.90	4.85
7	8.07	6.54	5.89	5.52	5.29	5.12	4.99	4.90	4.82	4.76	4.67	4.57	4.47	4.42	4.36	4.31	4.25	4.20	4.14
8	7.57	6.06	5.42	5.05	4.82	4.65	4.53	4.43	4.36	4.30	4.20	4.10	4.00	3.95	3.89	3.84	3.78	3.73	3.67
9	7.21	5.71	5.08	4.72	4.48	4.23	4.20	4.10	4.03	3.96	3.87	3.77	3.67	3.61	3.56	3.51	3.45	3.39	3.33
10	6.94	5.46	4.83	4.47	4.24	4.07	3.95	3.85	3.78	3.72	3.62	3.52	3.42	3.37	3.31	3.26	3.20	3.14	3.08
11	6.72	5.26	4.63	4.28	4.04	3.88	3.76	3.66	3.59	3.53	3.43	3.33	3.23	3.17	3.12	3.06	3.00	2.94	2.88
12	6.55	5.10	4.47	4.12	3.89	3.73	3.61	3.51	3.44	3.37	3.28	3.18	3.07	3.02	2.96	2.91	2.85	2.79	2.72
13	6.41	4.97	4.35	4.00	3.77	3.60	3.48	3.39	3.31	3.25	3.15	3.05	2.95	2.89	2.84	2.78	2.72	2.66	2.60
14	6.30	4.86	4.24	3.89	3.66	3.50	3.38	3.29	3.21	3.15	3.05	2.95	2.84	2.79	2.73	2.67	2.61	2.55	2.49
15	6.20	4.77	4.15	3.80	3.58	3.41	3.29	3.20	3.12	3.06	2.96	2.86	2.76	2.70	2.64	2.59	2.52	2.46	2.40
16	6.12	4.69	4.08	3.73	3.50	3.34	3.22	3.12	3.05	2.99	2.89	2.79	2.68	2.63	2.57	2.51	2.45	2.38	2.32
17	6.04	4.62	4.01	3.66	3.44	3.28	3.16	3.06	2.98	2.92	2.82	2.72	2.62	2.56	2.50	2.44	2.38	2.32	2.25
18	5.98	4.56	3.95	3.61	3.38	3.22	3.10	3.01	2.93	2.87	2.77	2.67	2.56	2.50	2.44	2.38	2.32	2.26	2.19
19	5.92	4.51	3.90	3.56	3.33	3.17	3.05	2.96	2.88	2.82	2.72	2.62	2.51	2.45	2.39	2.33	2.27	2.20	2.13
20	5.87	4.46	3.86	3.51	3.29	3.13	3.01	2.91	2.84	2.77	2.68	2.57	2.46	2.41	2.35	2.29	2.22	2.16	2.09

续 表

n_2 \ n_1	1	2	3	4	5	6	7	8	9	10	12	15	20	24	30	40	60	120	∞
21	5.83	4.42	3.82	3.48	3.25	3.09	2.97	2.87	2.80	2.73	2.64	2.53	2.42	2.37	2.31	2.25	2.18	2.11	2.04
22	5.79	4.38	3.78	3.44	3.22	3.05	2.93	2.84	2.76	2.70	2.60	2.50	2.39	2.33	2.27	2.21	2.14	2.08	2.00
23	5.75	4.35	3.75	3.41	3.18	3.02	2.90	2.81	2.73	2.67	2.57	2.47	2.36	2.30	2.24	2.18	2.11	2.04	1.97
24	5.72	4.32	3.72	3.38	3.15	2.99	2.87	2.78	2.70	2.64	2.54	2.44	2.33	2.27	2.21	2.15	2.08	2.01	1.94
25	5.69	4.29	3.69	3.35	3.13	2.97	2.85	2.75	2.68	2.61	2.51	2.41	2.30	2.24	2.18	2.12	2.05	1.98	1.91
26	5.66	4.27	3.67	3.33	3.10	2.94	2.82	2.73	2.65	2.59	2.49	2.39	2.28	2.22	2.16	2.09	2.03	1.95	1.88
27	5.63	4.24	3.65	3.31	3.08	2.92	2.80	2.71	2.63	2.57	2.47	2.36	2.25	2.19	2.13	2.07	2.00	1.93	1.85
28	5.61	4.22	3.63	3.29	3.06	2.90	2.78	2.69	2.61	2.55	2.45	2.34	2.23	2.17	2.11	2.05	1.98	1.91	1.83
29	5.59	4.20	3.61	3.27	3.04	2.88	2.76	2.67	2.59	2.53	2.43	2.32	2.21	2.15	2.09	2.03	1.96	1.89	1.81
30	5.57	4.18	3.59	3.25	3.03	2.87	2.75	2.65	2.57	2.51	2.41	2.31	2.20	2.14	2.07	2.01	1.94	1.87	1.79
40	5.42	4.05	3.46	3.13	2.90	2.74	2.62	2.53	2.45	2.39	2.29	2.18	2.07	2.01	1.94	1.88	1.80	1.72	1.64
60	5.29	3.93	3.34	3.01	2.79	2.63	2.51	2.41	2.33	2.27	2.17	2.06	1.94	1.88	1.82	1.74	1.67	1.58	1.48
120	5.15	3.80	3.23	2.89	2.67	2.52	2.39	2.30	2.22	2.16	2.05	1.94	1.82	1.76	1.69	1.61	1.53	1.43	1.31
∞	5.02	3.69	3.12	2.79	2.57	2.41	2.29	2.19	2.11	2.05	1.94	1.83	1.71	1.64	1.57	1.48	1.39	1.27	1.00

$\alpha = 0.01$

n_2 \ n_1	1	2	3	4	5	6	7	8	9	10	12	15	20	24	30	40	60	120	∞
1	4 052	4 999.5	5 403	5 625	5 746	5 859	5 928	5 982	6 022	6 056	6 106	6 157	6 209	6 235	6 261	6 287	6 313	6 339	6 366
2	98.50	99.00	99.17	99.25	99.30	99.33	99.36	99.37	99.39	99.40	99.42	99.43	99.45	99.46	99.47	99.47	99.48	99.49	99.50
3	34.12	30.82	29.46	28.71	28.24	27.91	27.67	27.49	27.35	27.23	27.05	26.87	26.69	26.60	26.50	26.41	26.32	26.22	26.13
4	21.20	18.00	16.69	15.98	15.52	15.21	14.98	14.80	14.66	14.55	14.37	14.20	14.02	13.93	13.84	13.75	13.65	13.56	13.46
5	16.26	13.27	12.06	11.39	10.97	10.57	10.46	10.29	10.16	10.05	9.89	9.72	9.55	9.47	9.38	9.29	9.20	9.11	9.02
6	13.75	10.92	9.78	9.15	8.75	8.47	8.26	8.10	7.98	7.87	7.72	7.56	7.40	7.31	7.23	7.14	7.06	6.97	6.88
7	12.25	9.55	8.45	7.85	7.46	7.19	6.99	6.84	6.72	6.62	6.47	6.31	6.16	6.07	5.99	5.91	5.82	5.74	5.65

续 表

n_2 \ n_1	1	2	3	4	5	6	7	8	9	10	12	15	20	24	30	40	60	120	∞
8	11.26	8.65	7.59	7.01	6.63	6.37	6.18	6.03	5.91	5.81	5.67	5.52	5.36	5.28	5.20	5.12	5.03	4.95	4.86
9	10.56	8.02	6.99	6.42	6.06	5.80	5.61	5.47	5.35	5.26	5.11	4.96	4.81	4.73	4.65	4.57	4.48	4.40	4.31
10	10.04	7.56	6.55	5.99	5.64	5.39	5.20	5.06	4.94	4.85	4.71	4.56	4.41	4.33	4.25	4.17	4.08	4.00	3.91
11	9.65	7.21	6.22	5.67	5.32	5.07	4.89	4.74	4.63	4.54	4.40	4.25	4.10	4.02	3.94	3.86	3.78	3.69	3.60
12	9.33	6.93	5.95	5.41	5.06	4.82	4.64	4.50	4.39	4.30	4.16	4.01	3.86	3.78	3.70	3.62	3.54	3.45	3.36
13	9.07	6.70	5.74	5.21	4.86	4.62	4.44	4.30	4.19	4.10	3.96	3.82	3.66	3.59	3.51	3.43	3.34	3.25	3.17
14	8.86	6.51	5.56	5.04	4.69	4.46	4.28	4.14	4.03	3.94	3.80	3.66	3.51	3.43	3.35	3.27	3.18	3.09	3.00
15	8.68	6.36	5.42	4.89	4.56	4.32	4.14	4.00	3.89	3.80	3.67	3.62	3.37	3.29	3.21	3.13	3.05	2.96	2.87
16	8.53	6.23	5.29	4.77	4.44	4.20	4.03	3.89	3.78	3.69	3.55	3.41	3.26	3.18	3.10	3.02	2.93	2.84	2.75
17	8.40	6.11	5.18	4.67	4.34	4.10	3.93	3.79	3.68	3.59	3.46	3.31	3.16	3.08	3.00	2.92	2.83	2.75	2.65
18	8.29	6.01	5.09	4.58	4.25	4.01	3.84	3.71	3.60	3.51	3.37	3.23	3.08	3.00	2.92	2.84	2.75	2.66	2.57
19	8.18	5.93	5.01	4.50	4.17	3.94	3.77	3.63	3.52	3.43	3.30	3.15	3.00	2.92	2.84	2.76	2.67	2.58	2.49
20	8.10	5.85	4.94	4.43	4.10	3.87	3.70	3.56	3.46	3.37	3.23	3.09	2.94	2.86	2.78	2.69	2.61	2.52	2.42
21	8.02	5.78	4.87	4.37	4.04	3.81	3.64	3.51	3.40	3.31	3.17	3.03	2.88	2.80	2.72	2.64	2.55	2.46	2.36
22	7.95	5.72	4.82	4.31	3.99	3.76	3.59	3.45	3.35	3.26	3.12	2.98	2.83	2.75	2.67	2.58	2.50	2.40	2.31
23	7.88	5.66	4.76	4.26	3.94	3.71	3.54	3.41	3.30	3.21	3.07	2.93	2.78	2.70	2.62	2.54	2.45	2.35	2.26
24	7.82	5.61	4.72	4.22	3.90	3.67	3.50	3.36	3.26	3.17	3.03	2.89	2.74	2.66	2.58	2.49	2.40	2.31	2.21
25	7.77	5.57	4.68	4.18	3.85	3.63	3.46	3.32	3.22	3.13	2.99	2.85	2.70	2.62	2.54	2.45	2.36	2.27	2.17
26	7.72	5.53	4.64	4.14	3.82	3.59	3.42	3.29	3.18	3.09	2.96	2.81	2.66	2.58	2.50	2.42	2.33	2.23	2.13
27	7.68	5.49	4.60	4.11	3.78	3.56	3.39	3.26	3.15	3.06	2.93	2.78	2.63	2.55	2.47	2.38	2.29	2.20	2.10
28	7.64	5.45	4.57	4.07	3.75	3.53	3.36	3.23	3.12	3.03	2.90	2.75	2.60	2.52	2.44	2.35	2.26	2.17	2.06
29	7.60	5.42	4.54	4.04	3.73	3.50	3.33	3.20	3.09	3.00	2.87	2.73	2.57	2.49	2.41	2.33	2.23	2.14	2.03
30	7.56	5.39	4.51	4.02	3.70	3.47	3.30	3.17	3.07	2.98	2.84	2.70	2.55	2.47	2.39	2.30	2.21	2.11	2.01

续　表

$\alpha = 0.01$

n_2 \ n_1	1	2	3	4	5	6	7	8	9	10	12	15	20	24	30	40	60	120	∞
40	7.31	5.18	4.31	3.83	3.51	3.29	3.12	2.99	2.89	2.80	2.66	2.52	2.37	2.29	2.20	2.11	2.02	1.92	1.80
60	7.08	4.98	4.13	3.65	3.34	3.12	2.95	2.82	2.72	2.63	2.50	2.35	2.20	2.12	2.03	1.94	1.84	1.73	1.60
120	6.85	4.79	3.95	3.48	3.17	2.96	2.79	2.66	2.56	2.47	2.34	2.19	2.03	1.95	1.86	1.76	1.66	1.53	1.38
∞	6.63	4.61	3.78	3.32	3.02	2.80	2.64	2.51	2.41	2.32	2.18	2.04	1.88	1.79	1.70	1.59	1.47	1.32	1.00

$\alpha = 0.005$

n_2 \ n_1	1	2	3	4	5	6	7	8	9	10	12	15	20	24	30	40	60	120	∞
1	16 211	20 000	21 615	22 500	23 056	23 437	23 715	23 925	24 091	24 224	24 426	24 630	24 836	24 940	25 044	25 148	25 253	25 359	25 465
2	198.5	199.0	199.2	199.2	199.3	199.3	199.4	199.4	199.4	199.4	199.4	199.4	199.4	199.5	199.5	199.5	199.5	199.5	199.5
3	55.55	49.80	47.47	46.19	45.39	44.84	44.43	44.13	43.88	43.69	43.39	43.08	42.78	42.62	42.47	42.31	42.15	41.99	41.83
4	31.33	26.28	24.26	23.15	22.46	21.97	21.62	21.35	21.14	20.97	20.70	20.44	20.17	20.03	19.89	19.75	19.61	19.47	19.32
5	22.78	18.31	16.53	15.56	14.94	14.51	14.20	13.96	13.77	13.62	13.38	13.15	12.90	12.78	12.66	12.53	12.40	12.27	12.14
6	18.63	14.54	12.92	12.03	11.46	11.07	10.79	10.57	10.39	10.25	10.03	9.81	9.59	9.47	9.36	9.24	9.12	9.00	8.88
7	16.24	12.40	10.88	10.05	9.52	9.16	8.89	8.68	8.51	8.38	8.18	7.97	7.75	7.65	7.53	7.42	7.31	7.19	7.08
8	14.69	11.04	9.60	8.81	8.30	7.95	7.69	7.50	7.34	7.21	7.01	6.81	6.61	6.50	6.40	6.29	6.18	6.06	5.95
9	13.61	10.11	8.72	7.96	7.47	7.13	6.88	6.69	6.54	6.42	6.23	6.03	5.83	5.73	5.62	5.52	5.41	5.30	5.19
10	12.83	9.43	8.08	7.34	6.87	6.54	6.30	6.12	5.97	5.85	5.66	5.47	5.27	5.17	5.07	4.97	4.86	4.75	4.64
11	12.23	8.91	7.60	6.88	6.42	6.10	5.86	5.68	5.54	5.42	5.24	5.05	4.86	4.76	4.65	4.55	4.44	4.34	4.23
12	11.75	8.51	7.23	6.52	6.07	5.76	5.52	5.35	5.20	5.09	4.91	4.72	4.53	4.43	4.33	4.23	4.12	4.01	3.90
13	11.37	8.19	6.93	6.23	5.79	5.48	5.25	5.08	4.94	4.82	4.64	4.46	4.27	4.17	4.07	3.97	3.87	3.76	3.65
14	11.06	7.92	6.68	6.00	5.56	5.26	5.03	4.86	4.72	4.60	4.43	4.25	4.06	3.96	3.86	3.76	3.66	3.55	3.44
15	10.80	7.70	6.48	5.80	5.37	5.07	4.85	4.67	4.54	4.42	4.25	4.07	3.88	3.79	3.69	3.58	3.48	3.37	3.26
16	10.58	7.51	6.30	5.64	5.21	4.91	4.69	4.52	4.38	4.27	4.10	3.92	3.73	3.64	3.54	3.44	3.33	3.22	3.11
17	10.38	7.35	6.16	5.50	5.07	4.78	4.56	4.39	4.25	4.14	3.97	3.79	3.61	3.51	3.41	3.31	3.21	3.10	2.98
18	10.22	7.21	6.03	5.37	4.96	4.66	4.44	4.28	4.14	4.03	3.86	3.68	3.50	3.40	3.30	3.20	3.10	2.99	2.87
19	10.07	7.09	5.92	5.27	4.85	4.56	4.34	4.18	4.04	3.93	3.76	3.59	3.40	3.31	3.21	3.11	3.00	2.89	2.78

续 表

n_2 \ n_1	1	2	3	4	5	6	7	8	9	10	12	15	20	24	30	40	60	120	∞
20	9.94	6.99	5.82	5.17	4.76	4.47	4.26	4.09	3.96	3.85	3.68	3.50	3.32	3.22	3.12	3.02	2.92	2.81	2.69
21	9.83	6.89	5.73	5.09	4.68	4.39	4.18	4.01	3.88	3.77	3.60	3.43	3.24	3.15	3.05	2.95	2.84	2.73	2.61
22	9.73	6.81	5.65	5.02	4.61	4.32	4.11	3.94	3.81	3.70	3.54	3.36	3.18	3.08	2.98	2.88	2.77	2.66	2.55
23	9.63	6.73	5.58	4.95	4.54	4.26	4.05	3.88	3.75	3.64	3.47	3.30	3.12	3.02	2.92	2.82	2.71	2.60	2.48
24	9.55	6.66	5.52	4.89	4.49	4.20	3.99	3.83	3.69	3.59	3.42	3.25	3.06	2.97	2.87	2.77	2.66	2.55	2.43
25	9.48	6.60	5.46	4.84	4.43	4.15	3.94	3.78	3.64	3.54	3.37	3.20	3.01	2.92	2.82	2.72	2.61	2.50	2.38
26	9.41	6.54	5.41	4.79	4.38	4.10	3.89	3.73	3.60	3.49	3.33	3.15	2.97	2.87	2.77	2.67	2.56	2.45	2.33
27	9.34	6.49	5.36	4.74	4.34	4.06	3.85	3.69	3.56	3.45	3.28	3.11	2.93	2.83	2.73	2.63	2.52	2.41	2.29
28	9.28	6.44	5.32	4.70	4.30	4.02	3.81	3.65	3.52	3.41	3.25	3.07	2.89	2.79	2.69	2.59	2.48	2.37	2.25
29	9.23	6.40	5.28	4.66	4.26	3.98	3.77	3.61	3.48	3.38	3.21	3.04	2.86	2.76	2.66	2.56	2.45	2.33	2.21
30	9.18	6.35	5.24	4.62	4.23	3.95	3.74	3.58	3.45	3.34	3.18	3.01	2.82	2.73	2.63	2.52	2.42	2.30	2.18
40	8.83	6.07	4.98	4.37	3.99	3.71	3.51	3.35	3.22	3.12	2.95	2.78	2.60	2.50	2.40	2.30	2.18	2.06	1.93
60	8.49	5.79	4.73	4.14	3.76	3.49	3.29	3.13	3.01	2.90	2.74	2.57	2.39	2.29	2.19	2.08	1.96	1.83	1.69
120	8.18	5.54	4.50	3.92	3.55	3.28	3.09	2.93	2.81	2.71	2.54	2.37	2.19	2.09	1.98	1.87	1.75	1.61	1.43
∞	7.88	5.30	4.28	3.72	3.35	3.09	2.90	2.74	2.62	2.52	2.36	2.19	2.00	1.90	1.79	1.67	1.53	1.36	1.00

参考答案

习题 1.1

1. (1) $\Omega=\{HHH, HHT, HTH, THH, HTT, THT, TTH, TTT\}$； (2) $\Omega=\{$红色,白色$\}$； (3) $\Omega=\left\{\frac{i}{n} \mid i=0, 1, \cdots, 100n\right\}$,其中 n 为小班人数;(4) $\Omega=\{0, 1, 2, \cdots\}$; (5) $\Omega=\{10, 11, \cdots\}$.

2. (1) ABC； (2) $\bar{A}\bar{B}\bar{C}$； (3) $\overline{ABC}$； (4) $A\bar{B}\bar{C}$； (5) $A\cup B\cup C$;
(6) $A\bar{B}\bar{C}\cup\bar{A}B\bar{C}\cup\bar{A}\bar{B}C$； (7) $AB\cup AC\cup BC$;
(8) $\overline{AB\cup AC\cup BC}$ 或 $\bar{A}\bar{B}\cup\bar{A}\bar{C}\cup\bar{B}\bar{C}$.

3. (1) $A\cup B=\{(1, 1), (2, 2), (3, 3), (4, 4), (5, 5), (6, 6), (4, 6), (6, 4)\}$;
(2) $ABC=\varnothing$;(3) $A-C=\{(1, 1), (2, 2), (3, 3), (5, 5), (6, 6)\}$;
(4) $C-A=\{(4, 5), (4, 6), (5, 4), (6, 4)\}$;(5)$B\bar{C}=\{(5, 5)\}$.

4. (1) $\overline{A_1}\ \overline{A_2}\ \overline{A_3}\ \overline{A_4}$； (2) $A_1A_2A_3A_4$； (3) $A_1\cup A_2\cup A_3\cup A_4$;
(4) $A_1\overline{A_2}\ \overline{A_3}\ \overline{A_4}\cup\overline{A_1}\ A_2\overline{A_3}\ \overline{A_4}\cup\overline{A_1}\ \overline{A_2}\ A_3\overline{A_4}\cup\overline{A_1}\ \overline{A_2}\ \overline{A_3}\ A_4$.

5. (1) $\overline{A}=$“投掷两枚硬币,至少出现一个反面”;(2) $\bar{B}=$“射手射击三次,至少有一次没有命中目标”； (3) $\bar{C}=$“加工 4 个产品,都是次品”;(4) $\overline{D}=$“甲种产品滞销或乙种产品畅销”.

6. 略. **7.** (1) 不成立； (2) 成立； (3) 不成立； (4) 不成立.

习题 1.2

1. $P(A)=\frac{1}{3}$, $P(B)=\frac{1}{2}$. **2.** (1) $\frac{12}{35}$； (2) $\frac{22}{35}$. **3.** $\frac{3}{8}$, $\frac{9}{16}$, $\frac{1}{16}$.

4. $\frac{1}{1\,260}\approx 0.000\,794$. **5.** $0.149\,9$. **6.** (1) $P(A_1)=\frac{7}{15}$; (2) $P(A_2)=\frac{14}{15}$. **7.** $\frac{3}{5}$.

8. (1) $\frac{17}{25}$； (2) $\frac{1}{8}$. **9.** $0.879\,3$. **10.** $P(\overline{A}B)=0.3$, $P(\overline{A}\cup B)=0.6$. **11.** $\frac{14}{45}$.

12. 0.95. **13.** $\frac{7}{8}$.

习题 1.3

1. 0.75. **2.** $\frac{1}{3}$. **3.** 0.624. **4.** 0.045. **5.** 0.4. **6.** 0.5. **7.** $\frac{3}{200}$. **8.** $\frac{2}{3}$.

9. 0.026 25. **10.** (1) $\frac{1}{2}$; (2) $\frac{1}{3}$, $\frac{1}{2}$, $\frac{1}{6}$. **11.** (1) 0.031; (2) 0.193 5.

12. (1) $\frac{13}{24}$; (2) $\frac{4}{13}$. **13.** (1) 0.4; (2) 0.5. **14.** (1) 0.100 34; (2) 0.003 8.

习题 1.4

1. 0.52. **2.** $\begin{cases} P(A)=\frac{1}{3}, \\ P(B)=\frac{1}{4} \end{cases}$ 或 $\begin{cases} P(A)=\frac{3}{4}, \\ P(B)=\frac{2}{3}. \end{cases}$ **3.** 0.855. **4.** 0.6

5. 0.203 5; 0.998 8. **6.** 0.104. **7.** 0.97. **8.** $\frac{1}{3}$. **9.** 略. **10.** 略.

总习题 1

一、**1.** D. **2.** D. **3.** C. **4.** B. **5.** C.

二、**1.** $\frac{2}{9}$. **2.** $\frac{1}{5}$. **3.** $\frac{3}{4}$. **4.** $\frac{2}{3}$. **5.** $\frac{1}{2}+\frac{1}{\pi}$.

三、**1.** $\frac{109}{125}$. **2.** $\frac{9}{36}$, $\frac{1}{18}$. **3.** (1) ≈ 0.94; (2) ≈ 0.85.

4. (1) $\frac{29}{90}$; (2) $\frac{20}{61}$. **5.** $\frac{1}{3}$. **6.** $\frac{37}{64}$.

四、证明略.

习题 2.1

1. $P\{X\leqslant a\}=F(a)$, $P\{X>a\}=1-F(a)$, $P\{a<X\leqslant b\}=F(b)-F(a)$.

2. (1) $c=1$; (2) $P\{X\leqslant 1\}=0.632\,1$, $P\{1<X\leqslant 2\}=0.232\,6$.

3. (1) $P\{X\leqslant 3\}=\frac{1}{2}$; (2) $P\{Y=k\}=\frac{1}{6}\left(\frac{5}{6}\right)^{k-1}$ $(k=1, 2, 3, \cdots, n)$.

4. $F(x)=\begin{cases} 0, & x<0, \\ \frac{1}{3}, & 0\leqslant x<1, \\ \frac{1}{2}, & 1\leqslant x<2, \\ 1, & x\geqslant 2. \end{cases}$ **5.** $F(x)=\begin{cases} 0, & x<-3, \\ \frac{1}{3}, & -3\leqslant x<1, \\ \frac{5}{6}, & 1\leqslant x<2, \\ 1, & x\geqslant 2. \end{cases}$

6. $a+b=1$. **7.** (1) 是;(2) 是. **8.** $F(x)=\begin{cases} 0, & x<1, \\ \frac{1}{4}(x-1), & 1\leqslant x<5, \\ 1, & x\geqslant 5. \end{cases}$

习题 2.2

1.

X	0	1	2
p_k	0.01	0.18	0.81

2. $P\{X=k\}=\dfrac{C_{10}^{k}C_{90}^{25-k}}{C_{100}^{5}}\ (k=0, 1, \cdots, 5)$.

3.

X	0	1	2	3
p_k	0.504	0.398	0.092	0.006

4. $a=\dfrac{1}{6}$.

5.

X	-1	1	2
p_k	0.3	0.1	0.6

, $P\{-1<X\leqslant 2\}=0.1$, $P\{X<2\}=0.4$.

6. $F(x)=\begin{cases}0, & x<0,\\ 1-p, & 0\leqslant x<1,\\ 1, & x\geqslant 1.\end{cases}$

7. (1) $F(x)=\begin{cases}0, & x<0,\\ 0.5, & 0\leqslant x<1,\\ 0.8, & 1\leqslant x<3,\\ 1, & x\geqslant 3;\end{cases}$ (2) $F(1.5)=0.8$.

8. (1) $P\{X=k\}=C_6^k\left(\dfrac{1}{3}\right)^k\left(\dfrac{2}{3}\right)^{6-k}(k=0, 1, \cdots, 6)$; (2) $\dfrac{13}{729}$.

9. 0.004 678 8. **10.** e^{-8}. **11.** $P\{X=k\}=(1-p)^{k-1}p\ (k=1, 2, \cdots, n)$.

习题 2.3

1. (1) 2;(2) 0.4. **2.** $F(x)=\begin{cases}0, & x<-1,\\ \dfrac{x}{\pi}\sqrt{1-x^2}+\dfrac{1}{\pi}\arcsin x+\dfrac{1}{2}, & -1\leqslant x<1,\\ 1, & x\geqslant 1.\end{cases}$

3. $A=\dfrac{1}{2}$, $F(x)=\begin{cases}1-\dfrac{1}{2}e^{-x}, & x>0,\\ \dfrac{1}{2}e^{x}, & x\leqslant 0.\end{cases}$

4. (1) $1-e^{-2}$, e^{-3}; (2) $f(x)=\begin{cases}e^{-x}, & x>0,\\ 0, & x\leqslant 0.\end{cases}$

5. $1-\frac{\sqrt{3}}{3}$.　**6.** (1) $1-e^{-\frac{1}{2}}$; (2) $e^{-\frac{3}{2}}$.　**7.** (1) e^{-2}; (2) 0.861 7.　**8.** $\mu=1.8, \sigma=4$.

9. 0.2.　**10.** 0.240 3.　**11.** 0.383 0.　**12.** 31.2.　**13.** (1) 0.866 5; (2) 合格.

习题 2.4

1.

Y	$-\pi$	0	π
p_k	$\frac{1}{4}$	$\frac{1}{4}$	$\frac{1}{2}$

Z	0	1
p_k	$\frac{3}{4}$	$\frac{1}{4}$

2. (1) 0.1;

(2)

Y	0	1	4
p_k	0.3	0.6	0.1

Z	-3	-1	1	3
p_k	0.2	0.3	0.4	0.1

3. $f_Y(y)=\frac{2}{\pi(4+x^2)}, -\infty<x<+\infty$.

4. $f_Y(y)=\begin{cases}\frac{1}{2}e^{-\frac{y}{2}}, & y>0,\\ 0, & y\leqslant 0.\end{cases}$

5. (1) $f_Y(y)=\begin{cases}\frac{1}{\sqrt{2\pi}y}e^{-\frac{\ln^2 y}{2}}, & y>0,\\ 0, & y\leqslant 0;\end{cases}$

(2) $f_Y(y)=\frac{1}{3\sqrt{2\pi}}\frac{1}{\sqrt[3]{y^2}}e^{-\frac{1}{2}\sqrt[3]{y^2}}, -\infty<y<+\infty$;

(3) $f_Y(y)=\begin{cases}\frac{1}{2\sqrt{\pi(y-1)}}e^{-\frac{y-1}{4}}, & y>1,\\ 0, & y\leqslant 1;\end{cases}$　(4) $f_Y(y)=\begin{cases}\frac{2}{\sqrt{2\pi}}e^{-\frac{y^2}{2}}, & y>0,\\ 0, & y\leqslant 0.\end{cases}$

6. $f_Y(y)=\begin{cases}\frac{1}{\sqrt{\pi y}}, & \frac{25}{4}\pi<y<9\pi,\\ 0, & 其他.\end{cases}$　**7.** $f_Y(y)=\begin{cases}\frac{4\sqrt{2}}{\alpha^3\sqrt{\pi}m^{\frac{3}{2}}}y^{\frac{1}{2}}e^{-\frac{2y}{m\alpha^2}}, & y>0,\\ 0, & y\leqslant 0.\end{cases}$

8. 略.

总习题 2

一、**1.** A.　**2.** C.　**3.** B.　**4.** A.　**5.** A.

二、**1.** $\frac{11}{24}$.　**2.** [1, 3].　**3.** 4.　**4.** $\frac{19}{27}$.　**5.** $\frac{9}{64}$.

三、**1.** (1) 0.94^n; (2) $0.003\,6\cdot C_n^2\cdot 0.94^n$; (3) $1-0.06n\cdot 0.94^{n-1}-0.94^n$.

2. $\alpha\approx 0.87$.　**3.** $T\sim E(3\lambda)$.　**4.** (1) $T\sim E(\lambda)$; (2) $e^{-8\lambda}$.

5. $F_Y(y)=\begin{cases}0, & y<0,\\ y, & 0\leqslant y<1,\\ 1, & y\geqslant 1.\end{cases}$　　**6.** $f_Y(y)=\begin{cases}\dfrac{2}{\pi\sqrt{1-y^2}}, & 0<y<1,\\ 0, & \text{其他}.\end{cases}$

四、证明略.

习题 3.1

1. (1) $F_X(x)=\begin{cases}1-e^{-2x}, & x>0,\\ 0, & x\leqslant 0;\end{cases}$ $F_Y(y)=\begin{cases}1-e^{-y}, & y>0,\\ 0, & y\leqslant 0.\end{cases}$

(2) $P\{0<X\leqslant 1, 0<Y\leqslant 1\}=(1-e^{-2})(1-e^{-1})$； (3) $P\{1<X\leqslant 2\}=e^{-2}-e^{-4}$.

2. $P\{X\leqslant 1, Y\geqslant 0\}=0.4$, $F(0, 0)=0.4$.

3.

X \ Y	0	1
0	0.3	0.3
1	0.3	0.1

4. (1)

X \ Y	0	1	2
0	0	0	$\frac{1}{35}$
1	0	$\frac{6}{35}$	$\frac{6}{35}$
2	$\frac{3}{35}$	$\frac{12}{35}$	$\frac{3}{35}$
3	$\frac{2}{35}$	$\frac{2}{35}$	0

(2) $P\{X>Y\}=\dfrac{19}{35}$, $P\{Y=2X\}=\dfrac{6}{35}$, $P\{X+Y=3\}=\dfrac{4}{7}$; $P\{X<3-Y\}=\dfrac{2}{7}$.

5. (1) $k=\dfrac{1}{3}$； (2) $F(x, y)=\begin{cases}0, & x<1 \text{ 或 } y<-1,\\ \dfrac{1}{4}, & 1\leqslant x<2, -1\leqslant y<0,\\ \dfrac{5}{12}, & x\geqslant 2, -1\leqslant y<0,\\ \dfrac{1}{2}, & 1\leqslant x<2, y\geqslant 0,\\ 1, & x\geqslant 2, y\geqslant 0.\end{cases}$

6. $P\{X=i, Y=j\}=C_3^jC_{3-j}^i\left(\dfrac{1}{2}\right)^{3-j}\left(\dfrac{1}{3}\right)^j\left(\dfrac{2}{3}\right)^{3-j}$ $(0\leqslant j\leqslant 3; 0\leqslant i\leqslant 3-j)$.

7.

X \ Y	0	1	2	3	$p_{i\cdot}$
0	$\frac{1}{8}$	$\frac{1}{8}$	0	0	$\frac{1}{4}$
1	0	$\frac{1}{4}$	$\frac{1}{4}$	0	$\frac{1}{2}$
2	0	0	$\frac{1}{8}$	$\frac{1}{8}$	$\frac{1}{4}$
$p_{\cdot j}$	$\frac{1}{8}$	$\frac{3}{8}$	$\frac{3}{8}$	$\frac{1}{8}$	1

8. (1) $P\{X=n\}=\dfrac{14^n e^{-14}}{n!}$ $(n=0,1,2,\cdots)$; $P\{Y=m\}=\dfrac{7.14^m e^{-7.14}}{m!}$ $(m=0,1,2,\cdots,n)$.

(2) 当 $m=0,1,2,\cdots$ 时, $P\{X=n \mid Y=m\}=\dfrac{6.86^{n-m}e^{-6.86}}{(n-m)!}$ $(n=m,m+1,\cdots)$;

当 $n=0,1,2,\cdots$ 时, $P\{Y=m \mid X=n\}=C_n^m 0.51^m 0.49^{n-m}$ $(m=0,1,\cdots,n)$.

(3) $P\{Y=m \mid X=20\}=C_{20}^m 0.51^m 0.49^{20-m}$ $(m=0,1,\cdots,20)$.

9. (1) $P(X=m,Y=n)=p^2q^{n-2}$ $(n=2,3,\cdots;\ m=1,2,\cdots,n-1)$;

(2) 当 $n=2,3,\cdots$ 时, $P\{X=m \mid Y=n\}=\dfrac{p^2q^{n-2}}{(n-1)p^2q^{n-2}}=\dfrac{1}{n-1}$ $(m=1,2,\cdots,n-1)$; 当 $m=1,2,\cdots$ 时, $P\{Y=n \mid X=m\}=\dfrac{p^2q^{n-2}}{pq^{m-1}}=pq^{n-m-1}$ $(n=m+1,m+2,\cdots)$.

习题 3.2

1. $P(X>Y)=\dfrac{1}{2}$, $P\{X+Y<1\}=\dfrac{1}{6}$.

2. (1) $F(x,y)=\begin{cases}\left(1-\dfrac{1}{x}\right)\left(1-\dfrac{1}{y}\right), & x>1,\ y>1,\\ 0, & \text{其他};\end{cases}$

(2) $F(x,y)=\begin{cases}1-\left(\dfrac{y^2}{2}+y+1\right)e^{-y}, & 0\leqslant y<x,\\ 1-(x+1)e^{-x}-\dfrac{x^2}{2}e^{-y}, & 0\leqslant x<y,\\ 0, & \text{其他}.\end{cases}$

3. (1) $A=6$; (2) $F(x,y)=\begin{cases}(1-e^{-2x})(1-e^{-3y}), & x>0,\ y>0,\\ 0, & \text{其他};\end{cases}$

(3) $F_X(x)=\begin{cases}1-e^{-2x}, & x>0,\\ 0, & x\leqslant 0,\end{cases}$ $F_Y(y)=\begin{cases}1-e^{-3y}, & y>0,\\ 0, & y\leqslant 0,\end{cases}$

$f_X(x)=\begin{cases}2e^{-2x}, & x>0,\\ 0, & x\leqslant 0,\end{cases}$ $f_Y(y)=\begin{cases}3e^{-3y}, & y>0,\\ 0, & y\leqslant 0;\end{cases}$

(4) $1-2e^{-2}+2e^{-3}$.

4. 0.090 7. **5.** $\frac{1}{16}$.

6. (1) $f_X(x)=\begin{cases}6(x-x^2), & 0\leqslant x\leqslant 1,\\ 0, & \text{其他},\end{cases}$ $f_Y(y)=\begin{cases}6(\sqrt{y}-y), & 0\leqslant y\leqslant 1,\\ 0, & \text{其他};\end{cases}$

(2) $f_X(x)=\begin{cases}2.4(2-x)x^2, & 0\leqslant x\leqslant 1,\\ 0, & \text{其他},\end{cases}$ $f_Y(y)=\begin{cases}2.4y(3-4y+y^2), & 0\leqslant y\leqslant 1,\\ 0, & \text{其他}.\end{cases}$

7. (1) $A=\frac{21}{4}$;

(2) $f_X(x)=\begin{cases}\frac{21}{8}x^2(1-x^4), & -1\leqslant x\leqslant 1,\\ 0, & \text{其他},\end{cases}$ $f_Y(y)=\begin{cases}\frac{7}{2}y^{\frac{5}{2}}, & 0\leqslant y\leqslant 1,\\ 0, & \text{其他}.\end{cases}$

8. $\frac{3}{4}$. **9.** 略.

10. (1) $f_X(x)=\begin{cases}2x, & 0\leqslant x\leqslant 1,\\ 0, & \text{其他},\end{cases}$ $f_Y(y)=\begin{cases}1-|y|, & |y|\leqslant 1,\\ 0, & \text{其他};\end{cases}$

(2) 当 $|y|<1$ 时, $f_{X|Y}(x\mid y)=\begin{cases}\frac{1}{1-|y|}, & |y|<x<1,\\ 0, & \text{其他},\end{cases}$

当 $0<x<1$ 时, $f_{Y|X}(y\mid x)=\begin{cases}\frac{1}{2x}, & |y|<x,\\ 0, & \text{其他}.\end{cases}$

11. $f_{X|Y}(x\mid y)=\frac{1}{\sqrt{2\pi}\sqrt{1-\rho^2}}e^{-\frac{(x-\rho y)^2}{2(1-\rho^2)}}, -\infty<x<+\infty$;

$f_{Y|X}(y\mid x)=\frac{1}{\sqrt{2\pi}\sqrt{1-\rho^2}}e^{-\frac{(y-\rho x)^2}{2(1-\rho^2)}}, -\infty<y<+\infty$.

习题 3.3

1. $a=\frac{2}{9}$, $b=\frac{1}{9}$,

2.

X \ Y	0.5	1	3
−2	0.125	0.062 5	0.062 5
−1	0.1	0.05	0.05
0	0.075	0.037 5	0.037 5
0.5	0.2	0.1	0.1

3.

X \ Y	0	1	2
0	0.16	0.32	0.16
1	0.08	0.16	0.08
2	0.01	0.02	0.01

4. 相互独立.　　**5.** 不相互独立.

6.

U \ V	0	1
0	$\frac{1}{4}$	0
1	$\frac{1}{4}$	$\frac{1}{2}$

,不相互独立.

7. (1) $f(x, y)=\begin{cases}2xe^{-y}, & 0\leqslant x\leqslant 1,\ y>0,\\ 0, & \text{其他};\end{cases}$ (2) $1-2e^{-2}$.　**8.** 0.144 5.

9. $P\{X=k, Y=i\}=\frac{\lambda^k e^{-\lambda}}{k!}C_k^i p^i(1-p)^{k-i}$　$(k=0, 1, \cdots; i=0, 1, \cdots, k)$.　**10.** $\frac{1}{48}$.

习题 3.4

1.

$X+Y$	-1	0	1	2
p_k	0.2	0.4	0	0.4

XY	-1	0	1
p_k	0.1	0.5	0.4

$\max\{X, Y\}$	0	1
p_k	0.5	0.5

2.

$X+Y$	0	1	2	3	4
p_k	0.56	0.30	0.12	0.02	0

3. (1) $F_Z(z)=\begin{cases}(1-e^{-\frac{z^2}{8}})^4, & z>0,\\ 0, & z\leqslant 0;\end{cases}$ (2) 0.441 0.

4. (1)

M \ N	1	2	3	$p_{i\cdot}$
1	$\frac{1}{9}$	0	0	$\frac{1}{9}$
2	$\frac{2}{9}$	$\frac{1}{9}$	0	$\frac{1}{3}$
3	$\frac{2}{9}$	$\frac{2}{9}$	$\frac{1}{9}$	$\frac{5}{9}$
$p_{\cdot j}$	$\frac{5}{9}$	$\frac{1}{3}$	$\frac{1}{9}$	1

(2) 不相互独立；(3) $\frac{1}{3}$.

5. $f_Z(z)=\begin{cases} z^2, & 0\leqslant z\leqslant 1, \\ 2z-z^2, & 1\leqslant z\leqslant 2, \\ 0, & \text{其他}. \end{cases}$

6. (1) $\frac{1}{1-\mathrm{e}^{-1}}$；(2) $f_X(x)=\begin{cases} \frac{\mathrm{e}^{-x}}{1-\mathrm{e}^{-1}}, & 0<x<1, \\ 0, & \text{其他}, \end{cases}$ $f_Y(y)=\begin{cases} \mathrm{e}^{-y}, & y>0, \\ 0, & \text{其他}; \end{cases}$

(3) $F_Z(z)=\begin{cases} 0, & z<0, \\ \frac{(1-\mathrm{e}^{-z})^2}{1-\mathrm{e}^{-1}}, & 0\leqslant z<1, \\ 1-\mathrm{e}^{-z}, & z\geqslant 1. \end{cases}$ **7.** 略.

总习题 3

一、**1.** A. **2.** B. **3.** D. **4.** A. **5.** B.

二、**1.** $\frac{13}{48}$. **2.** $\frac{1}{9}$. **3.** $\frac{3}{4}$. **4.** $\frac{1}{4}$. **5.** $\frac{1}{2}$.

三、**1.** (1) $F_Y(y)=\begin{cases} 0, & y<1, \\ \frac{18+y^3}{27}, & 1\leqslant y<2, \\ 1, & y\geqslant 2; \end{cases}$ (2) $\frac{8}{27}$.

2.

X	-1	0	1
p_k	0.134 4	0.731 2	0.134 4

.

3. (1) $\frac{7}{24}$；(2) $f_Z(z)=\begin{cases} 0, & z<0 \text{ 或 } z\geqslant 2, \\ 2z-z^2, & 0\leqslant y<1, \\ (2-z)^2, & 1\leqslant y<2. \end{cases}$

4. (1) $\frac{4}{9}$；(2)

X \ Y	0	1	2
0	$\frac{1}{4}$	$\frac{1}{3}$	$\frac{1}{9}$
1	$\frac{1}{6}$	$\frac{1}{9}$	0
2	$\frac{1}{36}$	0	0

.

5. (1) $\frac{1}{2}$；(2) $f_Z(z)=\begin{cases} \frac{1}{3}, & -1\leqslant z<2, \\ 0, & \text{其他}. \end{cases}$

6. $f_Y(y)=\begin{cases}-\ln(1-y), & 0<y<1, \\ 0, & \text{其他}.\end{cases}$

四、证明略.

习题 4.1

1. -0.2; 2.8; 13.4. **2.** 77.55. **3.** 0.5. **4.** (1) 0, 2; (2) 1, $\frac{7}{6}$.

5. $\frac{\pi(a^2+ab+b^2)}{12}$. **6.** $\frac{1}{2\lambda}$. **7.** 2, 0, $-\frac{1}{15}$. **8.** 1, 1, 1. **9.** $\frac{4}{5}$, $\frac{3}{5}$, $\frac{1}{2}$, $\frac{16}{15}$.

10. $-\frac{1}{3}$, $\frac{1}{3}$, $\frac{1}{12}$. **11.** (1) $\frac{20}{3}$, (2) 4. **12.** 70.

习题 4.2

1. $\frac{97}{72}$. **2.** 1. **3.** 36, $\frac{1}{3}$. **4.** (1) $\frac{3}{4}$, $\frac{3}{80}$; (2) 0, $\frac{1}{6}$.

5. 0.4, 1.2, $\frac{11}{150}$. **6.** $\frac{26}{3}$, 21.42. **7.** 10. **8.** 7, 37.25.

9. $Z_1\sim N(2\,080, 65^2)$, $Z_2\sim N(80, 1\,525)$, 0.979 8, 0.153 9.

10. $\sqrt{\frac{\pi}{2}}$, $2-\frac{\pi}{2}$.

习题 4.3

1. 0.142 5. **2.** 85, 37. **3.** 0. **4.** $\frac{4}{225}$, $\frac{1}{9}$. **5.** $\rho_{XY}=\begin{cases}1, & b>0, \\ -1, & b<0.\end{cases}$

6. 7, $\frac{2\sqrt{7}}{7}$. **7.** -1. **8.** 略. **9.** 略. **10.** 不相关,不独立. **11.** 1, 3.

总习题 4

一、**1.** C. **2.** B. **3.** C. **4.** A. **5.** D.

二、**1.** 2. **2.** $\sqrt{\frac{2}{\pi}}$. **3.** $\frac{9}{2}$. **4.** $\mu\sigma^2+\mu^3$. **5.** -0.02.

三、**1.** (1)

X_1 \ X_2	0	1
0	$1-e^{-1}$	0
1	$e^{-1}-e^{-2}$	e^{-2}

; (2) $e^{-1}+e^{-2}$.

2. 11.67. **3.** $\frac{1}{18}$. **4.** $\frac{1}{p}$, $\frac{1-p}{p^2}$.

5. (1)

$X \backslash Y$	0	1
0	$\frac{2}{3}$	$\frac{1}{12}$
1	$\frac{1}{6}$	$\frac{1}{12}$

; (2) $\frac{\sqrt{15}}{15}$.

6. (1) $E(X)=0$, $D(X)=2$; (2) 不相关; (3) 不独立.

四、证明略.

习题 5.1

1. $\geqslant 0.73$. 2. $\geqslant 0.975$. 3. $\leqslant \frac{1}{12}$. 4. $\geqslant \frac{8}{9}$. 5. $\frac{9}{25}$. 6. 略. 7. 略.

习题 5.2

1. 0.000 2. 2. $\geqslant 0.348$. 3. 0.211 9. 4. 0.201 3 . 5. 0.927.
6. 0.006 2. 7. 0.952 5. 8. 0.047 5. 9. $\geqslant 250$. 10. $\geqslant 121.8936E$.

总习题 5

一、1. B. 2. C. 3. D. 4. C.

二、1. $\frac{1}{9}$. 2. 0.271. 3. 0. 4. 0.816.

三、1. $Y_n \overset{\text{近似}}{\sim} N\left(\alpha_2, \frac{\alpha_4-\alpha_2^2}{n}\right)$. 2. 98 箱. 3. (1) ≈ 0.8944; (2) ≈ 0.1379.

四、证明略.

习题 6.1

1. 总体 X 表示一盒产品中的次品数, $X \sim B(m, p)$, 样本 $X_1, X_2, \cdots, X_n$ 表示所抽的 n 盒产品中各盒的次品数,

$$P\{X_1=x_1, X_2=x_2, \cdots, X_n=x_n\}=\left(\prod_{i=1}^{n} \mathrm{C}_m^{x_i}\right) p^{\sum\limits_{i=1}^{n} x_i}(1-p)^{nm-\sum\limits_{i=1}^{n} x_i}.$$

2. (1),(2),(6) 是统计量;(3),(4),(5) 不是统计量.

3. 4, 4, 3.6. 4. 10, 2 .

5. (1) $P\{X_1=x_1, X_2=x_2, \cdots, X_n=x_n\}=p^{\sum\limits_{i=1}^{n} x_i}(1-p)^{n-\sum\limits_{i=1}^{n} x_i}$ ($x_i=0, 1, i=1, 2, \cdots, n$); (2) p, $\frac{p(1-p)}{n}$, $p(1-p)$, $\frac{(n-1)p(1-p)}{n}$. 6. ± 2, ∓ 2. 7. 略.

习题 6.2

1. 0.829 3. 2. 3.816, 21.920. 3. $\chi^2(2)$. 4. $Z \sim t(9)$. 5. 略. 6. 略.

7. 0.9, $\frac{\sigma^4}{10}$. **8.** 0.674 2. **9.** $F(1, 1)$.

总习题 6

一、**1.** B. **2.** D. **3.** C. **4.** C. **5.** B.

二、**1.** σ^2. **2.** 2. **3.** $\sigma^2+\mu^2$. **4.** $\frac{2}{5n}$. **5.** 16.

三、**1.** 37.776. **2.** 0.05. **3.** $2(n-1)\sigma^2$. **4.** (1) $\frac{n-1}{n}\sigma^2$; (2) $-\frac{1}{n}\sigma^2$.

四、证明略.

习题 7.1

1. 100, 34. **2.** $\frac{5}{6}$. **3.** $\bar{x}$. **4.** $\frac{1}{\overline{X}}, \frac{1}{\overline{X}}$. **5.** $\left(\frac{\overline{X}}{1-\overline{X}}\right)^2, \frac{n^2}{\left(\sum_{i=1}^{n}\ln X_i\right)^2}$.

6. $\frac{2\overline{X}-1}{1-\overline{X}}, -1-\frac{n}{\sum_{i=1}^{n}\ln X_i}$. **7.** $\frac{\overline{X}}{m}, \frac{\overline{X}}{m}$.

8. $\overline{X}-\sqrt{\frac{3}{n}\sum_{i=1}^{n}(X_i-\overline{X})^2}, \overline{X}+\sqrt{\frac{3}{n}\sum_{i=1}^{n}(X_i-\overline{X})^2}$;

$\min\{x_1, x_2, \cdots, x_n\}, \max\{x_1, x_2, \cdots, x_n\}$.

9. (1) $1.64\sigma+\overline{X}$; (2) $1.64\sqrt{\frac{n-1}{n}}S+\overline{X}$.

习题 7.2

1. 略. **2.** 略. **3.** (1) $\frac{1}{2(n-1)}$; (2) $\frac{1}{n}$. **4.** $\hat{\mu}_2$ 最优.

5. 略. **6.** $k_1=\frac{1}{3}, k_2=\frac{2}{3}$. **7.** $\hat{\theta}_2$较$\hat{\theta}_1$有效.

习题 7.3

1. (4.412, 5.588). **2.** (1) (14.90, 15.10); (2) (14.84, 15.16). **3.** 44.

4. (0.419, 5.598); (0.647, 2.366). **5.** (56.84, 60.38); (23.1, 54.6).

6. (−4.9, 4.9). **7.** (−0.899, 0.019). **8.** (0.1267, 19.09).

9. (1) (−0.018, 0.318), (2) (−0.044, 0.344), (3) (0.227, 2.965).

10. 106.46.

总习题 7

一、**1.** A. **2.** D. **3.** D. **4.** C. **5.** C.

二、**1.** -1. **2.** $(21.537, 22.063)$. **3.** $(39.51, 40.49)$.

4. $(8.2, 10.8)$. **5.** $(0.000\,459, 0.002\,015)$.

三、**1.** $a_1=0$, $a_2=a_3=\frac{1}{n}$, $D(T)=\frac{\theta(1-\theta)}{n}$. **2.** (1) $2\overline{X}$; (2) $\frac{\theta^2}{5n}$.

3. $\min\{x_1, x_2, \cdots, x_n\}$. **4.** (1) $e^{\mu+\frac{1}{2}}$; (2) $(-0.98, 0.98)$; (3) $(e^{-0.48}, e^{1.48})$.

5. $\frac{1}{3n}\sum_{i=1}^{n}Z_i^2$. **6.** (1) $\frac{\overline{X}}{\overline{X}-1}$; (2) $\frac{n}{\sum_{i=1}^{n}\ln X_i}$.

四、证明略.

习题 8.1

1. (1) B. (2) C. (3) D. (4) D. **2.** $c=1.176$. **3.** (1) 0.554 8; (2) 0.002 1.

4. (1) $H_0: \mu_0=30\,000$; $H_1: \mu_0>30\,000$; (2) 单边检验; (3) $z>2.05$, Z 检验法.

5. 有. **6.** 可以断定.

习题 8.2

1. 能. **2.** 能. **3.** 可以. **4.** 相符. **5.** 接受 H_0.

6. 没有明显变化. **7.** 能. **8.** 接受 H_0.

习题 8.3

1. 无显著差异. **2.** 无显著差异. **3.** 是. **4.** 无显著差异. **5.** 是.

6. 无显著变化. **7.** 能. **8.** 不可以, $(-2.712, 4.462)$.

总习题 8

一、**1.** D. **2.** C. **3.** B.

二、**1.** $p\leqslant 5\%$. **2.** $\frac{\overline{X}}{Q}\sqrt{n(n-1)}$.

3. $\frac{1}{\sigma_0^2}\sum_{i=1}^{n}(x_i-\mu)^2\geqslant\chi^2_{\frac{\alpha}{2}}(n)$ 或 $\frac{1}{\sigma_0^2}\sum_{i=1}^{n}(x_i-\mu)^2\leqslant\chi^2_{1-\frac{\alpha}{2}}(n)$.

三、**1.** (1) 总体 $X=\begin{cases}1, & \text{取出白球},\\ 0, & \text{取出黑球},\end{cases}$ $X\sim B(1, p)$; (2) $n=4$;

(3) $\left\{(x_1, x_2, x_3, x_4)\,\middle|\,\sum_{i=1}^{4}x_i<2, x_i=0 \text{ 或 } 1, i=1, 2, 3, 4\right\}$;

(4) $\alpha=0.312\,5$, $\beta=0.180\,8$.

2. (1) 略; (2) β 增加; (3) α 增加, $n\geqslant 468$. **3.** 可以认为.

四、证明略.

参考文献

[1] 盛骤,谢式千,潘承毅.概率论与数理统计[M].4版.北京:高等教育出版社,2008.

[2] 韩明.概率论与数理统计[M].4版.上海:同济大学出版社,2016.

[3] 林伟初.概率论与数理统计[M].上海:同济大学出版社,2008.

[4] 同济大学应用数学系.概率论与数理统计简明教程[M].北京:高等教育出版社,2003.

[5] 梁飞豹.概率论与数理统计[M].2版.北京:高等教育出版社,2014.

[6] 吴赣昌.概率论与数理统计[M].4版.北京:中国人民大学出版社,2011.

[7] 吴传生.经济数学——概率论与数理统计[M].北京:高等教育出版社,2004.

[8] 丁志强.概率论与数理统计[M].沈阳:东北大学出版社,2018.

[9] 复旦大学.概率论[M].北京:人民教育出版社,1980.

[10] 魏宗舒,等.概率论与数理统计教程[M].北京:高等教育出版社,1983.

[11] 盛骤,谢式千,潘承毅.概率论与数理统计附册学习指导与习题选解[M].北京:高等教育出版社,2008.

[12] 刘龙章.概率论与数理统计学习指导书[M].南昌:江西高校出版社,2003.

[13] 教育部考试中心.全国硕士研究生入学统一考试数学考试大纲[M].北京:高等教育出版社,2015.

[14]《大学数学》编辑部.硕士研究生入学考试数学试题精解[M].合肥:合肥工业大学出版社,2003.